高 等 学 校 教 材

仪器分析实验

田林 李昭 主编

化学工业出版社

·北京·

内容简介

《仪器分析实验》内容涵盖光学分析法、热分析法、色谱分析法、电化学分析法和其他新的技术等，具有完整的知识体系，将网络资源与教材结合，加入课程思政元素，同时增加设计性实验、虚拟仿真实验，还用二维码呈现了仪器分析拓展内容。

本书适合用作化学、应用化学、高分子材料、环境工程、食品工程、中药学专业的本科实验教材，也可供相关专业从业人员使用。

图书在版编目（CIP）数据

仪器分析实验/田林，李昭主编．—北京：化学工业出版社，2024.1

ISBN 978-7-122-45031-9

Ⅰ.①仪… Ⅱ.①田…②李… Ⅲ.①仪器分析-实验-高等学校-教材 Ⅳ.①O657-33

中国国家版本馆 CIP 数据核字（2024）第 039470 号

责任编辑：李 琰　宋林青　　文字编辑：葛文文
责任校对：宋 夏　　　　　　装帧设计：韩 飞

出版发行：化学工业出版社
　　　　　（北京市东城区青年湖南街13号　邮政编码100011）
印　　装：河北延风印务有限公司
787mm×1092mm　1/16　印张17　字数417千字
2024年7月北京第1版第1次印刷

购书咨询：010-64518888　　售后服务：010-64518899
网　　址：http://www.cip.com.cn
凡购买本书，如有缺损质量问题，本社销售中心负责调换。

定　价：45.00元　　　　　　　　　　版权所有　违者必究

《仪器分析实验》编写人员

主　　　编　田　林　李　昭

副 主 编　符艳真　任记真　周颖梅

其他参编人员（排名不分先后）

　　　　　　张天舒　李钦堂　那伟丹　高美华　许雪娜

　　　　　　张　强　卫　帅　李　靖　万红日　何昌春

　　　　　　张　彩　宋　明

前 言

仪器分析是化学学科的一个重要分支，它是以物质的物理性质和化学性质为基础建立起来的一种分析方法，在化学、化工、材料、生物、食品、环境等领域中有着重要的应用。熟练掌握现代分析仪器也是目前相关专业本科生和研究生必备的基本科研素质，仪器分析及实验课程早已成为各高等院校化学类及相关专业必修的专业基础课。

目前已有多种仪器分析实验类教材出版，但是大多数侧重于实验内容，另外一部分仪器昂贵、学时较长的实验项目，无法满足课堂实际教学，造成学生对其实验原理、操作过程等知之甚少，我们在本书中专门将这部分知识设计成拓展阅读、虚拟仿真、设计性实验的形式，开拓学生的知识视野，锻炼学生的自主创新能力。

编写过程中，根据教育部高等学校教学指导委员会对仪器分析实验课程的基本要求、应用型本科院校的仪器设备实际情况和多年仪器分析实验教学改革结果，同时参考了国内外的一些优秀的仪器分析实验教材、专著和文献。本书仪器分析方法涵盖光学分析法、热分析法、色谱分析法、电化学分析法和其他新的技术等，具有完整的知识体系，在编写中力争做到精选内容、难度适宜，既符合工科仪器分析实验大纲的基本要求，具有一定的理论基础，又注重理论联系实际，具有较强的适用性。

本书有如下几个特点：（1）将网络资源与教材结合，加入课程思政元素，在提高教材的趣味性和可读性的同时培养学生的爱国热情，激发学生的创新意识；（2）增加设计性实验，培养学生思考问题、解决问题的能力；（3）增加虚拟仿真实验，对于不便于学生操作的仪器，通过虚拟仿真项目，让学生熟悉仪器原理、操作流程以及数据处理方法，拓宽学生的知识面。

本书由田林、李昭担任主编，符艳真、任记真、周颖梅担任副主编。第一篇由周颖梅和田林编写；第二篇由田林、李昭、那伟丹、李靖、宋明编写；第三篇由许雪娜、张天舒、高美华、李钦堂编写；第四篇由任记真编写；第五篇由符艳真编写；第六篇由万红日、张彩和李昭编写；第七篇由卫帅、张强、周颖梅编写；第八篇由田林、李昭、何昌春编写。全书由田林和李昭统稿、定稿。

由于编者水平有限，编写时间仓促，书中疏漏在所难免，恳请专家和读者批评指正。

编者
2024 年 4 月

目 录

第一篇 实验基础内容

第1章 仪器分析实验室基础知识 1
1.1 仪器分析实验室规则 1
1.2 仪器分析实验室安全知识 2
1.3 仪器分析实验预习和实验报告 4

第2章 实验数据记录与处理 6
2.1 有效数字 6
2.2 异常值的取舍 6
2.3 校正曲线和回归方程 7
2.4 分析结果表示 7

第3章 分析仪器的性能参数和分析方法的评价 8
3.1 分析仪器的性能参数 8
3.2 分析方法评价 8

第二篇 光学分析法——光谱分析法

第4章 红外光谱法 9
4.1 基本原理 9
4.2 仪器组成与分析技术 10
4.3 典型应用 13
4.4 实验 14
4.5 知识拓展 18

第5章 紫外-可见分光光度法 20
5.1 基本原理 20
5.2 仪器组成与分析技术 21
5.3 典型应用 23
5.4 实验 24
5.5 知识拓展 31

第6章　分子荧光光谱法 33
  6.1　基本原理 33
  6.2　仪器组成与分析技术 34
  6.3　典型应用 37
  6.4　实验 38
  6.5　知识拓展 42

第7章　原子吸收光谱法 44
  7.1　基本原理 44
  7.2　仪器组成与分析技术 45
  7.3　典型应用 48
  7.4　实验 49
  7.5　知识拓展 54

第8章　原子发射光谱法 56
  8.1　基本原理 56
  8.2　仪器组成与分析技术 56
  8.3　典型应用 59
  8.4　实验 60
  8.5　知识拓展 64

第9章　拉曼光谱法 66
  9.1　基本原理 66
  9.2　仪器组成与分析技术 67
  9.3　典型应用 69
  9.4　实验 70
  9.5　知识拓展 75

第三篇　光学分析法——非光谱法

第10章　X射线衍射法 77
  10.1　基本原理 77
  10.2　仪器组成与分析技术 78
  10.3　典型应用 80
  10.4　实验 81
  10.5　知识拓展 83

第11章　核磁共振波谱法 86
  11.1　基本原理 86
  11.2　仪器组成与分析技术 88
  11.3　典型应用 93
  11.4　实验 93

11.5 知识拓展 —— 97

第 12 章　偏光显微镜法 —— 99
12.1 基本原理 —— 99
12.2 仪器组成与分析技术 —— 100
12.3 典型应用 —— 101
12.4 实验 —— 102
12.5 知识拓展 —— 106

第 13 章　纳米粒度及 Zeta 电位仪法 —— 109
13.1 基本原理 —— 109
13.2 仪器组成与分析技术 —— 110
13.3 典型应用 —— 114
13.4 实验 —— 115
13.5 知识拓展 —— 121

第 14 章　小角 X 射线散射法 —— 123
14.1 基本原理 —— 123
14.2 仪器组成与分析技术 —— 124
14.3 典型应用 —— 126
14.4 实验 —— 130
14.5 知识拓展 —— 134

第四篇　热分析法

第 15 章　热重分析法 —— 136
15.1 基本原理 —— 136
15.2 仪器组成与分析技术 —— 137
15.3 典型应用 —— 138
15.4 实验 —— 140
15.5 知识拓展 —— 143

第 16 章　差示扫描量热法 —— 145
16.1 基本原理 —— 145
16.2 仪器组成与分析技术 —— 146
16.3 典型应用 —— 148
16.4 实验 —— 149
16.5 知识拓展 —— 152

第五篇　色谱分析法

第 17 章　气相色谱法 —— 155

17.1　基本原理 ……………………………………………………………………… 155
　　17.2　仪器组成与分析技术 ………………………………………………………… 156
　　17.3　典型应用 ……………………………………………………………………… 159
　　17.4　实验 …………………………………………………………………………… 159
　　17.5　知识拓展 ……………………………………………………………………… 163

第18章　高效液相色谱法　**165**
　　18.1　基本原理 ……………………………………………………………………… 165
　　18.2　仪器组成与分析技术 ………………………………………………………… 165
　　18.3　典型应用 ……………………………………………………………………… 170
　　18.4　实验 …………………………………………………………………………… 171
　　18.5　知识拓展 ……………………………………………………………………… 175

第19章　凝胶色谱法　**177**
　　19.1　基本原理 ……………………………………………………………………… 177
　　19.2　仪器组成与分析技术 ………………………………………………………… 178
　　19.3　典型应用 ……………………………………………………………………… 182
　　19.4　实验 …………………………………………………………………………… 183
　　19.5　知识拓展 ……………………………………………………………………… 186

第20章　离子色谱法　**187**
　　20.1　基本原理 ……………………………………………………………………… 187
　　20.2　仪器组成与分析技术 ………………………………………………………… 188
　　20.3　典型应用 ……………………………………………………………………… 192
　　20.4　实验 …………………………………………………………………………… 193
　　20.5　知识拓展 ……………………………………………………………………… 197

第六篇　电化学分析法

第21章　电位分析法　**199**
　　21.1　基本原理 ……………………………………………………………………… 199
　　21.2　仪器组成与分析技术 ………………………………………………………… 202
　　21.3　典型应用 ……………………………………………………………………… 203
　　21.4　实验 …………………………………………………………………………… 204
　　21.5　知识拓展 ……………………………………………………………………… 208

第22章　伏安法　**210**
　　22.1　基本原理 ……………………………………………………………………… 210
　　22.2　仪器组成与分析技术 ………………………………………………………… 211
　　22.3　典型应用 ……………………………………………………………………… 213
　　22.4　实验 …………………………………………………………………………… 214
　　22.5　知识拓展 ……………………………………………………………………… 222

第 23 章 修饰电极及其分析方法 224
- 23.1 基本原理 224
- 23.2 电极的制备与分析技术 225
- 23.3 典型应用 228
- 23.4 实验 230
- 23.5 知识拓展 232

第七篇 其他仪器分析方法

第 24 章 物理吸附法 233
- 24.1 基本原理 234
- 24.2 仪器组成与分析技术 236
- 24.3 典型应用 236
- 24.4 实验 239
- 24.5 知识拓展 242

第 25 章 化学吸附法 244
- 25.1 基本原理 244
- 25.2 仪器组成与分析技术 245
- 25.3 典型应用 247
- 25.4 实验 249
- 25.5 知识拓展 250

第 26 章 流变学分析法 252
- 26.1 基本原理 252
- 26.2 仪器组成与分析技术 253
- 26.3 典型应用 256
- 26.4 实验 257
- 26.5 知识拓展 258

第八篇 虚拟仿真实验

第 27 章 虚拟仿真实验项目 261

第一篇 实验基础内容

仪器分析实验是化学及相关专业本科生的必修课程,是以现代分析仪器为工具获取需要信息的科学实践活动,也是学生未来走向社会独立进行科学实践的预演。因此,必须充分重视仪器分析实验课的教学。教学内容包括光谱分析、色谱分析和电化学分析等方面的大中型仪器工作原理、操作方法、分析应用和数据处理。通过仪器分析实验的学习,学生可加深理解有关仪器分析的基本原理,掌握必要的实验基础知识和基本操作技能,同时学习实验数据的处理方法,正确地表达实验结果。

由于实验室不可能购置多套同类仪器设备,仪器分析实验教学一般采用循环或预约的方式进行。在这种情况下,对实验前的预习就提出了更高的要求。为此,本书在每章开头,简要介绍某类仪器分析的基本原理和特点,在每个实验之前,再进一步阐明该实验的要点及数据处理方法,并且本教材在纸质教材内容的基础上,集合动画、图片、拓展文本等数字素材,以便读者自学,做到在实验之前就能对实验内容有较为清晰的了解,做好各项准备工作,心中有数地走进实验室。

第1章 仪器分析实验室基础知识

1.1 仪器分析实验室规则

仪器分析实验室是大型、精密仪器运行的主要场所,由于不同仪器对实验室环境要求不同,部分仪器使用过程中还涉及危险气体等,所以仪器分析实验室的安全性和常规实验室既有相似之处,也存在明显的差异。因此每一位仪器使用者,在进入实验室前,必须充分了解仪器的概况,严格遵守仪器操作规程,遵守学生实验守则。

(1) 学生应按照课程教学计划,准时上实验课,不得迟到早退。

(2) 实验前应认真阅读实验指导书,明确实验目的、步骤、原理,预习有关的理论知识,并接受实验教师的提问和检查。

（3）进入实验室必须遵守实验室的规章制度。不得喧哗和打闹，不准抽烟、随地吐痰和乱丢纸屑杂物。有净化要求的实验室，进入必须换拖鞋。

（4）做实验时必须严格遵守仪器设备的操作规程，爱护仪器设备，节约使用材料，服从实验教师和技术人员的指导。未经许可不得动用与本实验无关的仪器设备及其他物品。

（5）实验中要细心观察，认真记录各种实验数据。不准敷衍，不准抄袭别组数据，不得擅自离开操作岗位。

（6）实验时必须注意安全，防止人身和设备事故的发生。若出现事故，应立即切断电源，及时向指导教师报告，并保护现场，不得自行处理。

（7）实验完毕，应清理实验现场。经指导教师检查仪器设备、工具、材料和实验记录后方可离开。

（8）实验后要认真完成实验报告，包括分析结果、处理数据、绘制曲线及图表。在规定的时间内交指导教师批改。

（9）在实验过程中，不慎造成仪器设备、器皿工具损坏者，应写出损坏情况报告，并接受检查，由领导根据情况进行处理。

（10）凡违反操作规程、擅自动用与本实验无关的仪器设备、私自拆卸仪器而造成事故和损失的，肇事者必须写出书面检查，视情节轻重和认识程度，按章予以赔偿。

1.2 仪器分析实验室安全知识

1.2.1 化学试剂规格及实验室用水

根据不同的分析需求，所用的化学试剂的规格也都有明确要求，比如在使用液相色谱分析化合物的浓度时，流动相需要用色谱纯试剂。在使用荧光分光光度计测试化合物的荧光性能时，则可以使用分析纯试剂。所以应根据具体实验要求选择试剂的规格。

根据国家标准及部颁标准，化学试剂纯度和杂质含量的高低分为四种等级，如表 1-1 所示。

表 1-1 化学试剂的级别

试剂级别	一级品	二级品	三级品	四级品
纯度分类	优级纯	分析纯	化学纯	实验试剂
符号	G. R.	A. R.	C. P.	L. P.
标签颜色	绿色	红色	蓝色	棕色

注：德、英、法等国化学试剂通用等级（符号）为一级品（G. R.）、二级品（A. R.）和三级品（C. P.）。

其中，优级纯试剂，亦保证试剂，为一级品，纯度高，杂质极少，主要用于精密分析和科学研究，常以 G. R. 表示；A. R. 代表的试剂纯度略低于优级纯，杂质含量略高于优级纯，适用于重要分析和一般性研究工作；C. P. 代表的试剂纯度较分析纯差，但高于实验试剂，L. P. 纯度比化学纯差，但比工业品纯度高，两者均适用于工厂、学校一般性的分析工作。

此外，还有基准试剂（P. T.）和部分特殊用途的高纯试剂。基准试剂作为基准物用，可直接配制标准溶液。光谱纯试剂（S. P.）表示光谱纯净，试剂中的杂质低于光谱分析法的检测限。色谱纯试剂是在最高灵敏度时以 10^{-10} g 下无杂质峰来表示的。超纯试剂用于痕量分析和一些科学研究工作,这种试剂的生产、储存和使用都有特殊的要求。

1.2.2 实验用气体钢瓶的使用

仪器使用过程中,常常需要用到各种气体,气体钢瓶是实验室储存气体的容器。由于气体压缩后压力非常大,所以钢瓶一般是由无缝碳素钢或合成钢制成,压力宜在 $1.520 \times 10^7 Pa$ 以下。为了便于识别不同气体,国家对盛放不同气体的钢瓶喷涂的颜色做了详细的规定。

气体钢瓶是储存压缩气体的特质耐压钢瓶。使用时,通过减压阀控制气体的流速,由于钢瓶的内压很大,而且有些气体易燃、易爆且存在一定的毒性,所以在使用钢瓶时一定要注意安全。气体钢瓶使用规范和注意事项有以下几点:

国家关于气瓶的相关规定

(1) 钢瓶应存放在相应的储气柜中,并放在阴凉、干燥、远离热源处。氧气钢瓶和可燃性气体钢瓶、氢气钢瓶和氯气钢瓶不能存放在一起。

(2) 气瓶应保持整洁,绝不可使油或其他易燃性有机物沾在气瓶上,特别是气门嘴和减压阀处,也不可用棉、麻等物堵漏,以防燃烧引起事故。

(3) 搬动钢瓶时要轻拿轻放,并旋上安全帽。避免沾有油脂的手、手套、破布接触气瓶。放置使用时,必须固定好,防止倒下爆炸。开启安全帽和阀门时,不能用锤或凿敲打,要用扳手慢慢开启。

(4) 使用钢瓶时需配套使用减压阀,检查钢瓶气门的螺丝扣是否完好。一般可燃性气体(如氢气、乙炔等)的钢瓶气门螺纹是反扣的。各种减压阀不能混用。

(5) 钢瓶附件各连接处都要使用合适的衬垫(如铝垫、铂金属片、石棉垫等)防漏,不能用棉、麻等织物,以防燃烧。检查接头或管道是否漏气时,对于可燃性气体可用肥皂水涂于被检查处进行观察,但氧气和氢气不可用此法。检查钢瓶气门是否漏气,可用气球扎紧于气门上进行观察。

(6) 钢瓶中气体不可用尽,应保持 0.05MPa 以上的残留量,可燃性气体,如乙炔、氢气等应保留在 0.2MPa(标压)以上,以便判断瓶中为何种气体、检查附件的严密性,也可防止大气的倒灌。

(7) 钢瓶每隔三年进厂检验一次,重涂规定颜色的油漆。装腐蚀性气瓶的钢瓶每隔两年检验一次,不合格的钢瓶要及时报废或降级使用。

1.2.3 分析仪器的规范使用

在进行仪器分析实验时,涉及的仪器一般价格不菲,特别是有些大型精密仪器,不仅结构复杂,运行成本也较高。为了保证仪器正常运行,顺利完成实验,需要注意以下几方面:

(1) 实验前,应充分预习,了解仪器的结构和工作原理,熟知仪器使用的注意事项,并做好预习记录。

(2) 实验开始时,应认真听取老师对仪器和实验的讲解,严格按照操作规程进行实验,当仪器发生故障时,应立即停止实验,并报告实验指导教师,由老师处理,切不可擅自处理。

(3) 仪器的配件一般是专用的，不能随便互用、调换，否则会导致较大的测量误差，如比色皿、荧光杯、样品瓶等。

(4) 实验结束后，按照操作规程关机，整理实验台面，并将所用到的仪器复原，清洗使用过的仪器，并保持环境卫生，最后填写实验记录。

1.3 仪器分析实验预习和实验报告

1.3.1 仪器分析实验预习报告

仪器分析实验是一门理论联系实践综合性较强的课程，对培养学生综合分析实践能力具有重要的意义。在实验预习、实验记录和实验报告三个环节中应严格要求，以达到仪器分析实验的教学目的。

(1) 对实验原理、仪器基本构造以及待分析样品性质应有充分了解。

(2) 注重安全问题，在预习过程中要注意预习实验过程中会遇到的气体以及药品的性质，避免使用不当造成危险。

(3) 预习时应有记录，简明扼要地写出预习记录有助于实验课堂的学习，使学生在实验过程中心中有数。预习记录内容包括：实验目的与要求；实验原理；所用试剂的物理化学性质以及用量；实验步骤，以提纲的形式简要表示出来；实验过程中可能出现的问题，尤其是安全问题，要写出防患措施和解决办法；预习中存在的疑难题，要有记录，以便课堂上针对疑问点进行提问。

1.3.2 实验数据记录

实验开始时，首先记录实验名称、实验日期、同组人员姓名等，必要时还要记录实验室气候条件，如气压、温度和湿度等。

实验中测量的原始数据应准确、清晰，并及时记录在实验记录本中。对于较多的数据和平行实验数据，应以表格的方法记录，要规范标出数据的名称和单位，名称应尽量用符号表示，单位采用斜线与名称区分。所有的原始数据都应一边实验一边准确地记录在报告本上，不要等到实验结束后才补记，更不要将原始数据记录在草稿本、小纸片或其他地方。记录本应预先编好页码，不应撕毁其中的任何一页。必须养成实事求是的科学态度，不凭主观意愿删去不好的数据，更不得随意涂改。若数据记录有误，可将错误的数据轻轻画一道杠，将正确的数据记在旁边，切不可乱涂乱改或用橡皮擦拭。任何随意拼凑、杜撰原始数据的做法都是不允许的。

实验所采用的仪器不同，实验测得数据的有效数字位数不同。有效数字位数代表一定的不确定值和测量误差，注意所记录原始数据的有效数字位数应与使用的仪器精度一致。实验数据必须按照有效数字的原则记录和保留，以便正确评价测量产生的误差。

实验记录要求文字清晰、整洁，实验完成后要将实验记录交给实验指导老师检查确认。

1.3.3　实验报告撰写格式要求

实验报告是对整个实验过程的体现，体现了实验者的实验方法、实验态度以及实验能力。实验报告首先应该具有真实性，包括实验报告和实验数据的真实性，一份不具有真实性的实验报告，即使写得再好也要给予不及格，这样既能培养学生严谨的工作态度，也能督促学生认真实验。而一份真实可靠的实验报告同样有着质量上的优劣，一份完整的实验报告应该包括实验目的、实验原理、仪器与试剂、实验步骤、数据记录与处理、实验注意事项以及思考题、实验小结八部分。

第 2 章 实验数据记录与处理

在仪器分析实验的各环节中，都有诸多因素影响所得实验结果的准确程度，所以最终得到的实验结果并不是绝对无误的真值，只是对研究对象作出的相对准确的估计。因此要求分析工作者必须要有正确的误差概念，以提高测定的准确度。

2.1 有效数字

(1) 有效数字的概念

能够正确反映分析对象量的多少的数字称为有效数字，由确定的数字和它后面第一位具有一定不确定度的不定数字构成。取决于单位的数字和多余的不定数字不能正确反映分析对象的量的多少，因而不是有效数字。如用示值变动性为±0.0001g 的分析天平称得样品的质量为 0.40237g，则末位数字 7 是多余的不定数字而首位数字 0 是决定于单位大小的数字，二者都不是有效数字；但数字 4，中间的 0、2 和 3 能够正确反映分析对象量的多少，都是有效数字，因此该数据只有四位有效数字。可见，实际能够测量到的数字就是有效数字的观点是错误的，但可以说准确测定的数字都是有效数字。

(2) 数字修约规则

为了适应生产和科技工作的需要，我国已经正式颁布了 GB/T 8170—2008《数值修约规则与极限数值的表示和判定》，通常称为"四舍六入五成双"法则。当尾数≤4 时舍去；尾数≥6 时进位；尾数=5 时，应视保留的末尾数是奇数还是偶数而定，5 前为偶数时 5 应舍去，5 前为奇数则进位。

(3) 近似运算规则

加减法：在加减法运算中，保留有效数字的位数，以小数点后位数最少的为准，即以绝对误差最大的数为准。

乘除法：在乘除法运算中，保留有效数字的位数，以位数最少的为准，即以相对误差最大的数为准。

自然数：在分析化学运算中，有时会遇到一些倍数或分数的关系，例如水的分子量=$2\times1.008+16.00=18.02$，其中"2"不能看作一位有效数字。因为它们是非测量所得到的数，是自然数，其有效数字位数可视为是无限的。

2.2 异常值的取舍

在实验中，一组测量数据值的随机误差符合正态分布。当其中有个别数据比别的数据显著变高或者变低，称为离群值。若离群值偏高或偏低的程度大于测量值的标准偏差的 2 倍（$2s$ 或 2σ）时，按照正态分布规律，事件发生的概率小于 5%，属于小概率事件，一般是不可能发生的，因此该测量值称为异常值。异常值的显著性水平 $\alpha=0.05$（置信度 95%）时，称为检出水平。异常值与平均值之差 $\geqslant 2s$（或 2σ）的概率为 0.3% 时，为高度异常值，显著性水平 α 为 0.01（置信度 99%）。

在数据分析工作中，面对实验得到的数据，异常值的判断与取舍是首要环节。异常值的处理更是其中一个重要部分。异常值是否要去除应该用检验异常值的统计学方法来判断，主要包括三种方法。

检验异常值的三种方法

2.3 校正曲线和回归方程

在仪器分析实验中，为了得到准确的定量分析结果，大多数仪器分析技术需要对不同待测物浓度下仪器的响应信号，建立校正曲线。

在绘制校正曲线进行回归分析时应注意：

① 被测物的浓度是独立变量，总是作为 x 轴；

② 每一坐标轴数据的有效数字应根据标准溶液浓度和测量的不确定度确定；

③ 图中必须有坐标轴的名称和正确的单位，图要有标题和适当的图例说明图中测量的内容，标题不能过于简单，必须能够说明实验内容；

④ 许多仪器软件具有回归分析功能，作为实验训练的一部分，回归分析应该自己进行；

⑤ 不能强行让回归曲线通过零点，如果测量了空白值，空白值应该包括在回归曲线中；

⑥ 在绘制校正曲线的同时，应计算回归方程、R^2 等数据，在后续的结果计算中可能会用到。

在分析实验中，定量分析是根据校正曲线或标准曲线、工作曲线进行的。标准曲线和工作曲线有时有所不同，标准曲线通常是直接配制标准溶液，测量相应溶液的仪器信号值绘制的。在进行实际样品测定时要使用工作曲线，配制相应浓度的标准溶液，经过和样品相同的处理过程，根据测量得到的仪器响应值绘制曲线，其中包括在样品处理过程中的各种影响因素。

定量分析方法的种类

2.4 分析结果表示

实验测得的分析结果必须给出测量平均值 $\bar{x}$、测量次数 n、实验数据的标准偏差 s，缺一不可。根据这三个基本参数，给出所测样品含量的置信区间：

$$\mu = \bar{x} \pm t_{\alpha,f} s_x$$

表明测定量真值 μ 落在以 n 次重复测定的平均值 $\bar{x}$ 为中心，置信限为 $t_{\alpha,f} s_x$ 所确定的置信区间内的概率为 p（$p=1-\alpha$）。式中，s_x 为平均值的标准偏差，如果平均值是从校正曲线（标准曲线）得到，则应为 s_{x_0}。

第 3 章　分析仪器的性能参数和分析方法的评价

3.1　分析仪器的性能参数

产品性能是指产品在一定条件下，实现预定目的或者规定用途的能力。任何产品都具有其特定的使用目的或者用途。产品性能包括性质和功能，不同的产品性能所包含的内容是不同的，例如最高速度、硬度等，所以每个产品都有详尽的性能参数，方便使用者为实现自己的分析目的而进行挑选。性能参数包括产品的功能指标和非功能指标。

功能指标就是该产品具有哪些功能，能不能满足使用者的需求。如扫描电子显微镜，该设备的功能指标能让使用者实现：三维形貌的观察和分析；在观察形貌的同时，进行微区的成分分析。

非功能指标就是该产品的性能指标，如灵敏度、平均响应时间、可扩展性及可靠性等。不同的产品有不同的性能参数，即使同一类型产品由于生产厂家不同，也会具有不同的性能指标。

评价仪器性能的常见非功能指标

3.2　分析方法评价

一个好的分析方法应具有良好的检测能力并易获得可靠的测定结果，且有广泛的实用性。此外，检测方法要尽可能简便。一般通过检测能力、检测结果的可靠性和适用性三个方面来衡量一个分析方法的好坏。其中检测能力用检测限表示，测定结果的可靠性用不确定度表示，适用性用校正曲线的线性范围和抗干扰能力来衡量。

评价分析方法的常用指标

第二篇　光学分析法——光谱分析法

　　光学分析法是根据物质发射的电磁辐射或电磁辐射与物质相互作用建立的一类分析方法，主要应用在物质组成和结构的研究、基团的识别、几何构型的确定、表面分析、定量分析等方面。光学分析法可分为光谱法和非光谱法两大类。

　　光谱法是基于物质与辐射能作用时，测量由物质内部发生量子化的能级之间的跃迁而产生的发射、吸收或散射辐射的波长和强度进行分析的方法。光谱法可分为原子光谱法和分子光谱法。原子光谱是由原子外层或内层电子能级的变化产生的，它的表现形式为线光谱。属于这类分析方法的有原子发射光谱法（AES）、原子吸收光谱法（AAS）、原子荧光光谱法（AFS）以及X射线荧光光谱法（XFS）等。分子光谱是由分子中电子能级、振动和转动能级的变化产生的，表现形式为带光谱。属于这类分析方法的有紫外-可见分光光度法（UV-Vis）、红外光谱法（IR）、分子荧光光谱法（MFS）和分子磷光光谱法（MPS）等。

第4章　红外光谱法

　　当一定频率的红外光照射到分子时，会引起分子的振动能级和转动能级的跃迁，利用红外光谱仪检测红外光被吸收的情况所得到的谱图，称为红外光谱（infrared spectrometry, IR）。因此，红外光谱属于分子振动转动光谱，也是一种分子吸收光谱。根据红外光谱图中的特征吸收可以判断化合物的结构特征。红外分析法在有机合成、高分子材料科学与工程、药物化学等领域有着广泛的应用。

4.1　基本原理

　　分子的振动、转动属于量子运动，其中分子的转动能级差比较小，所吸收的光频率低，波长较长，所以分子的纯转动光谱出现在远红外光区（25~300μm）。振动能级差比转动能级差要大很多，分子振动能级跃迁所吸收的光频率要高一些，分子的纯振动光谱一般出现在中红外光区（2.5～25μm）。在中红外光区，分子中的基团主要有两种振动模式，即伸缩振动和弯曲振动。伸缩振动指基团中的原子沿着价键方向来回运动（有对称和反对称两种），而弯曲振动指垂直于价键方向的运动（摇摆、扭曲、剪式等），如图 4-1 所示。

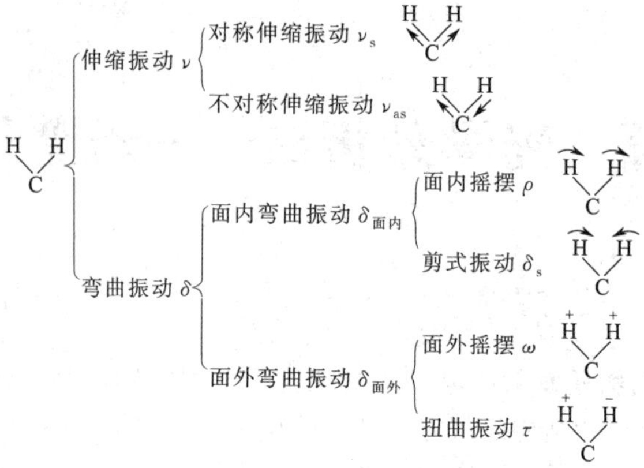

图 4-1　亚甲基的振动形式

并不是所有的振动都能产生红外吸收，分子的偶极矩发生变化时，振动才能够吸收红外光。而不同的化学键或官能团吸收频率不同，在红外光谱上处于不同位置，从而可进行定性或定量分析。

4.2　仪器组成与分析技术

红外光谱仪分为色散型红外光谱仪和傅里叶（Fourier）变换红外光谱仪。目前傅里叶变换红外光谱仪使用广泛，本章只介绍傅里叶变换红外光谱仪的组成与结构。

4.2.1　Fourier 变换红外光谱仪（FTIR）

Fourier 变换红外光谱仪的构造如图 4-2 所示。光谱仪没有色散元件，主要由光源（硅碳棒、高压汞灯）、迈克尔逊（Michelson）干涉仪、检测器、计算机和记录仪组成。核心部分为 Michelson 干涉仪，它将光源来的信号以干涉图的形式送往计算机进行 Fourier 变换数学处理，最后将干涉图还原成光谱图。它与色散型红外光谱仪的主要区别在于干涉仪和电子计算机两部分。

Michelson 干涉仪（图 4-3）的作用是将光源发出的光分成两光束，然后再以不同的光程差重新组合，发生干涉现象。当两束光的光程差为 $\lambda/2$ 的偶数倍时，落在检测器上的相干光相互叠加，产生明线，其相干光强度有极大值；相反，当两束光的光程差为 $\lambda/2$ 的奇数倍时，则落在检测器上的相干光相互抵消，产生暗线，相干光强度有极小值。由于多色光的干涉图等于所有各单色光干涉图的加和，故得到的是中心极大，并向两边迅速衰减的对称干涉图。干涉图包含光源的全部频率和与该频率相对应的强度信息，当有一个有红外吸收的样品放在干涉仪的光路中，由于样品能吸收特征波数的能量，所得到的干涉图强度曲线就会相应地产生一些变化。可借助数学上 Fourier 变换技术对每个频率的光强进行计算，从而得到吸收强度或透过率和波数变化的普通光谱图。

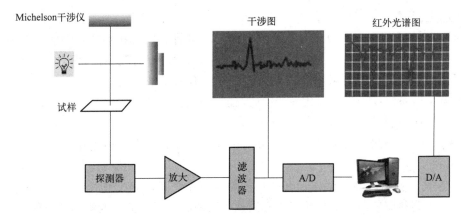

图 4-2　Fourier 红外光谱仪的构造

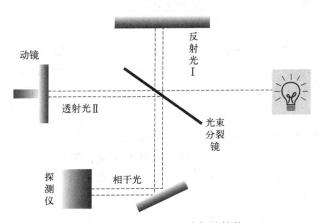

图 4-3　Michelson 干涉仪的结构

4.2.2　常用分析技术

(1) 红外光谱法对试样的要求

红外光谱法的试样可以是液体、固体或气体，一般要求：

① 试样应该是单一组分的纯物质，纯度＞98％或符合商业规格才便于与纯物质的标准光谱进行对照。多组分试样在测定前尽量先用分馏、萃取、重结晶或色谱法进行分离提纯，否则各组分光谱相互重叠，难于判断。

② 试样中不应含有游离水。水本身有红外吸收，会严重干扰样品谱，而且会侵蚀吸收池的盐窗。

③ 试样的浓度和测试厚度应选择适当，以使光谱图中的大多数吸收峰的透射比处于10％～80％范围内。

(2) 固体样品制样

① 压片法。将 1～2mg 试样与 200mg 纯 KBr 混合均匀研细，置于模具中，在 80MPa 左右，稳定 5s，在油压机上压成透明薄片，即可用于测定。试样和 KBr 都应经干燥处理，研磨到粒度小于 2μm，以免散射光影响。

② 石蜡糊法。将干燥处理后的试样研细，与液体石蜡或全氟代烃混合，调成糊状，夹

在盐片中测定。

③ 薄膜法。主要用于高分子量化合物的测定。可将它们直接加热熔融或压制成膜,也可将试样溶解在低沸点的易挥发溶剂中,涂在盐片上,待溶剂挥发后成膜测定。当样品量特别少或样品面积特别小时,采用光束聚光器,并配有微量液体池、微量固体池和微量气体池,采用全反射系统或用带有卤化碱透镜的反射系统进行测量。

(3) 液体样品制样

① 液体池法。沸点较低、挥发性较大的试样,可注入封闭液体池中,液层厚度一般为 $0.01\sim1mm$。

② 液膜法。沸点较高的试样,直接滴在两片盐片之间,形成液膜。对于一些吸收很强的液体,当用调整厚度的方法仍然得不到满意的谱图时,可用适当的溶剂配成稀溶液进行测定。一些固体也可以溶液的形式进行测定。红外光谱溶剂应在所测光谱区内本身没有强烈的吸收,不侵蚀盐窗,对试样没有强烈的溶剂化效应等。

(4) 载样材料的选择

目前以中红外光区($4000\sim400cm^{-1}$)应用最为广泛,一般的光学材料为氯化钠($4000\sim600cm^{-1}$)、溴化钾($4000\sim400cm^{-1}$)。这些晶体很容易吸水使表面发乌,影响红外光的透过。因此,所用的窗片应放在干燥器内,要在湿度较小的环境下操作。

(5) 红外谱图解析

红外光谱是研究结构与性能关系的基本手段之一,可用于研究有机物和部分无机化合物,具有分析速度快、试样用量少、能分析各种状态下试样的特点,主要用于定性分析和准确度不高的定量研究。现对分析红外光谱图中涉及的知识进行简单介绍。

① 红外谱图的分析步骤

a. 首先依据谱图推测出化合物碳架类型,根据分子式计算不饱和度。公式如下:

$$不饱和度 = F + 1 + (T - O)/2$$

式中,F 为化合价为 4 的原子个数(主要是 C 原子);T 为化合价为 3 的原子个数(主要是 N 原子);O 为化合价为 1 的原子个数(主要是 H 原子)。例如苯(C_6H_6)不饱和度 $= 6 + 1 + (0 - 6)/2 = 4$,3 个双键加 1 个环,不饱和度正好为 4。

b. 分析 $3300\sim2800cm^{-1}$ 区域 C—H 伸缩振动吸收,以 $3000cm^{-1}$ 为界,高于 $3000cm^{-1}$ 为不饱和碳 C—H 伸缩振动吸收,有可能为烯、炔、芳香化合物,而低于 $3000cm^{-1}$ 一般为饱和 C—H 伸缩振动吸收。若在稍高于 $3000cm^{-1}$ 处有吸收,则应在 $2250\sim1450cm^{-1}$ 频区,分析不饱和碳键的伸缩振动吸收特征峰,其中炔 C≡C 伸缩振动吸收特征谱带在 $2200\sim2100cm^{-1}$,烯的为 $1680\sim1640cm^{-1}$,芳环的为 $1600cm^{-1}$、$1580cm^{-1}$、$1500cm^{-1}$、$1450cm^{-1}$。

若已确定为烯或芳香化合物,则应进一步解析指纹区,即 $1000\sim650cm^{-1}$ 的频区,以确定取代基个数和位置(顺、反、邻、间、对)。

c. 碳骨架类型确定后,再依据其他基团,如 C=O、O—H、C—N 等的特征吸收来判定化合物的官能团。

d. 解析时应注意把描述各官能团的相关峰联系起来,以准确判定官能团的存在。如 $2820cm^{-1}$、$2720cm^{-1}$ 和 $1750\sim1700cm^{-1}$ 的三个峰,说明醛基的存在。

② 主要官能团的特征吸收范围

为了从红外谱图中获取正确的信息和合理的解释,尚需注意以下几点:

主要官能团的特征吸收范围

a. 应了解样品的来源、用途、制备方法、分离方法、理化性质、元素组成,以及其他光谱分析数据如 UV、NMR、MS 等有助于对样品结构进行归属和辨认的信息。

b. 注意红外谱图中的峰位、强度和峰形三个要素,吸收峰的波数和强度都在一定范围时,才可推断某些基团的存在。

c. 在谱图解析时还应注意同一基团出现几个吸收峰之间的相关性。例如,醇羟基应在 $3300cm^{-1}$ 附近和 $1050\sim1150cm^{-1}$ 附近同时出现吸收峰。

d. 对化合物结构的最终判定必须借助于标准样品或标准谱图。Sadtler 谱图库收集标准化合物样图达 20 余万张。亦可用计算机网络检索。

4.2.3 红外光谱仪的日常维护

红外光谱仪的日常维护

压片机的操作规程

4.3 典型应用

红外吸收峰的位置与强度反映了分子结构上的特点,可以用来鉴别未知物的结构组成或确定其化学基团;而吸收谱带的吸收强度与化学基团的含量有关,可用于定量分析和纯度鉴定。另外,在化学反应的机理研究上,红外光谱也发挥了一定的作用,但其应用最广的还是未知化合物的结构鉴定。

4.3.1 定性分析

分子中的基团或化学键都具有各自特征的振动频率,红外光谱图上的吸收带的位置、形状和强度可以用来推断分子可能存在的官能团和化学键。再根据其他信息,便可确定化合物的结构。

已知物的鉴定:将试样的谱图与标样的谱图进行对照,或者与文献上的标准谱图进行对照。如果两张谱图各吸收峰的位置和数目完全相同,峰的相对强度一致,就可以认为样品与该种标准物是同一化合物。如果两张谱图不一样,或峰位不对,则说明两者不是同一物质,或样品中有杂质。如用计算机谱图检索,则采用相似度来判别。使用文献上的谱图应当注意试样的物态、结晶状态、溶剂、测定条件,以及所用仪器类型等均应与标准谱图相同。

未知物结构的测定:测定未知物的结构,是红外光谱法定性分析的一个重要用途。如果未知物不是新化合物,可以通过两种方式利用标准谱图来进行查对:一种是查阅标准谱图的谱带索引,寻找与试样光谱吸收带相同的标准谱图;另一种是进行光谱解析,判断试样的可能结构,然后再通过化学分类索引查找标准谱图对照核实。

近年来,利用计算机方法解析红外光谱,在国内外已有了比较广泛的研究,新的成果不断涌现,不仅提高了解谱的速度,而且成功率也很高。随着计算机技术的不断进步和解谱思路的不断完善，计算机辅助红外解谱必将对提高教学、科研的工作效率产生更加积极的影响。

4.3.2 定量分析

红外光谱定量分析法的依据是朗伯-比尔定律。红外光谱定量分析法与其他定量分析方法相比，定量灵敏度较低，尚不适用于微量组分的测定，因此只在特殊的情况下使用。它要求所选择的定量分析峰应有足够的强度，即摩尔吸光系数大的峰，且不与其他峰相重叠。可直接从谱图中读取纵坐标的透过率，再由朗伯-比尔定律计算吸光度。也可采用基线法，即通过谱带两翼透过率最大点作光谱吸收的切线，作为该谱线的基线，则分析波数处的垂线与基线的交点，与最高吸收峰顶点的距离为峰高。红外光谱的定量方法主要有直接计算法、工作曲线法、吸收度比较法和内标法等，常常用于异构体的分析。

随着化学计量学以及计算机技术等的发展，利用各种方法对红外光谱进行定量分析也取得了较好的结果，如最小二乘回归、相关分析、因子分析、遗传算法、人工神经网络等的引入，使得红外光谱对于复杂多组分体系的定量分析成为可能。

4.3.3 原位红外的应用

所谓原位红外光谱法是将装好样品的样品池放于仪器样品室中，吸附吸附质后边升温脱附边测谱，使红外光照在样品上的位置不变，来观察其吸附态在加热情况下的脱附情况。该装置是一套较精密的光学与反应相结合的系统。它由反应器或预热器和原位池组成，反应器可由两路质量流量配气或气瓶配气，可变化多种气路物料输入，有独立的温度控制，可程序升温，可加压，可真空，可液氮降温。窗口由氟化钙晶体组成。该装置可做原位反应。将催化剂样品压片装入原位池中，根据需要，该装置可做真空预处理，也可加压、升温，进行原位反应，了解反应过程中催化剂的红外谱图的变化情况。液体试样也可在反应池内进行原位监控，但反应条件要有特殊的限制。

随着科学技术的发展，科学领域对实验手段、技术各方面都提出了更高的要求，原位红外光谱技术是傅里叶变换技术在光谱学领域应用以及高灵敏检测器出现后发展起来的，是一项新的原位技术。原位光谱技术由于能探测反应条件下的催化剂表面反应本质，因而发展十分迅速。它能够研究表面吸附、热分解、加氢反应、负载、催化氧化还原、电化学催化、光催化降解、表面酸性质、配位取代及物质相变等，应用十分广泛。

4.4 实验

实验 4-1 | 红外光谱法分析未知化合物的官能团

一、【实验目的】

1. 掌握利用红外光谱仪分析未知物的一般步骤。

2. 掌握常见基团的特征吸收峰并以此来分析未知物的结构。

二、【实验原理】

红外光谱是分子振动转动光谱，也是一种分子吸收光谱。当样品受到频率连续变化的红外光照射时，分子吸收了某些频率的辐射，并由其振动或转动运动引起偶极矩的净变化，产生分子振动和转动能级从基态到激发态的跃迁，使对应于这些吸收区域的透射光强度减弱。记录红外光的透过率与波数或波长关系的曲线，就得到红外光谱。通过分子的特征吸收可以鉴定化合物和对分子结构进行分析。

三、【仪器与试剂】

1. 仪器：Bruker ALPHA 型傅里叶变换红外光谱仪，769YP-15A 型压片机（包括压模），玛瑙研钵，红外烤灯。
2. 试剂：香草醛，苯甲醛，肉桂醛，正丁醛等。

四、【实验步骤】

（1）准备

检查实验室电源、温度和湿度等环境条件，当电压稳定，室温在 15～25℃，湿度≤60% 才能开机。

（2）开机

首先打开仪器的外置电源，稳定 20min，使得仪器能量达到最佳状态。开启电脑，打开红外操作软件，运行诊断菜单，检查仪器稳定性。

（3）背景扫描

将 200～400mg 干燥的 KBr 放入研钵中研磨至细。用压片机进行压片（压力 15MPa 左右维持 1min）。放气卸压后，取出模具脱模，得一圆形空白样品片。将空白样品片放于样品支架上并盖上盖子，点击测量选择扫描背景。

（4）醛类化合物红外光谱的测定

① 固体压片法：将 2～4mg 香草醛放在玛瑙研钵内，然后加入 200～400mg 干燥的 KBr，研磨至颗粒直径小于 $2\mu m$。将适量研磨好的样品装于干净的模具内，用压片机进行压片。样品压好后，将样品片快速放于样品支架上并迅速盖上盖子，点击测量选择测量样品。得到香草醛的红外光谱图。

② 液体涂膜法：按照步骤（3）压制一空白样品片，然后用毛细管取出少量的苯甲醛滴到空白样品片上，待样品渗入空白片以后，将样品片快速放于样品支架上并迅速盖上盖子，点击测量选择测量样品。得到苯甲醛的红外吸收光谱图。

将研钵、模具洗净烘干后，再用同样的方法测得肉桂醛和正丁醛的红外光谱图。

五、【数据处理】

1. 对所做样品的红外光谱归属 3～5 个特征吸收峰。
2. 根据特征吸收峰推断出化合物的具体分子结构。

六、【思考题】

1. Fourier 变换红外光谱仪的主要优点有哪些？
2. 简述官能团区和指纹区的主要区别。
3. 压片法对 KBr 有哪些要求？为什么研磨后的粉末颗粒直径不能大于 $2\mu m$？

实验 4-2 红外光谱法分析高分子材料聚乙烯

一、【实验目的】

1. 学习并掌握利用红外光谱仪分析高分子材料聚乙烯的实验方法。
2. 掌握高分子材料聚乙烯的红外光谱的解析。

二、【实验原理】

一般高聚物的红外光谱中谱带的数目很多，而且不同种类的物质其光谱不相同，故特征性很强。此外，红外光谱法的制样和实验技术相对比较简单，适用于各种物理状态的样品。目前，红外光谱法已经成为高聚物材料分析和鉴定工作中最重要的手段之一。

为了便于查找和记忆，通常把一些常用的高聚物光谱按最强吸收谱带位置分为如下六个区域：Ⅰ区最强吸收带在 $1800\sim1700cm^{-1}$，主要是聚酯类、聚羧酸类和聚酰亚胺类等；Ⅱ区最强吸收带在 $1700\sim1500cm^{-1}$，主要是聚酰胺类、聚脲和天然的多肽等；Ⅲ区最强吸收带在 $1500\sim1300cm^{-1}$，主要是饱和聚烃类和一些具有极性取代基团的聚烃类；Ⅳ区最强吸收带在 $1300\sim1200cm^{-1}$，主要是芳香族聚醚类、聚砜类和一些含氯的高聚物；Ⅴ区最强吸收带在 $1200\sim1000cm^{-1}$，主要是脂肪族的聚醚类、醇类和含硅、含氟高聚物；Ⅵ区最强吸收带在 $1000\sim600cm^{-1}$，主要是含有取代苯、不饱和双键的聚合物和一些含氯的高聚物。应用以上分类来综合分析样品高聚物的红外谱图。

三、【仪器与试剂】

1. 仪器：傅里叶变换红外光谱仪，压片机（包括压模），玛瑙研钵，红外烤箱。
2. 试剂：聚乙烯薄膜。

四、【实验步骤】

将聚乙烯薄膜展平并铺于固体样品架上，将样品架插入红外光谱仪的样品池处，从 $4000\sim400cm^{-1}$ 进行扫描，得到红外吸收光谱。

五、【数据处理】

解析聚乙烯红外吸收光谱图，指出谱图上主要吸收峰的归属。

六、【思考题】

1. 试样含有水分及其他杂质时，对红外吸收光谱分析有何影响？如何消除？
2. 红外光谱仪与紫外-可见分光光度计在光路设计上有何不同？为什么？

实验 4-3 | 设计性实验

青蒿素的红外光谱鉴定

一、【实验目的】

1. 了解青蒿素的发现过程，培养不畏困难、大胆创新和勇于担当的精神。
2. 掌握检索收集资料的方法，并能根据文献资料设计实验。
3. 掌握红外光谱解析的一般方法。

二、【设计提示】

1. 青蒿素有两种晶型：三斜晶型、正交晶型（图 4-4）。
2. $1738cm^{-1}$ 附近为内酯键（O—C=O）的伸缩振动峰，峰型较好，可选择该峰为定量峰。
3. 可结合拉曼光谱法鉴定青蒿素的活性基团 O—O（过氧键，吸收峰在 $724cm^{-1}$）。

三、【要求】

1. 设计一种快速鉴定青蒿素的方法。
2. 按照详细的设计实验方法，利用红外光谱法测定青蒿素的含量，并写出详细的实验报告。

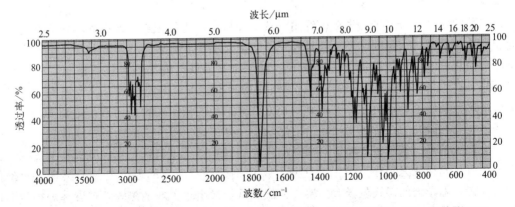

图 4-4 青蒿素（正交晶型）对照图谱（1995 年《药品红外光谱集》第一卷，光谱号 220）

4.5 知识拓展

光谱分析法的起源

提起光谱分析法，首先要提到德国化学家罗伯特·威廉·本生（Robert Wilhelm Bunsen，1811—1899）。他发明了本生灯（图 4-5），由于火焰无色且温度高，现在有的化学实验室还在使用。

图 4-5　本生和本生灯

1859 年，在使用本生灯时，本生注意到不同物质的灼烧会让火焰的颜色发生变化，于是他开始研究焰色和物质的关系。灼烧食盐（氯化钠），发现火焰变成黄色。为了分辨是氯还是钠让焰色变黄，本生又分别使用纯碱（碳酸钠）和芒硝（硫酸钠）来做实验，发现也是黄色。最后他将金属钠放到火焰里，火焰立刻变成亮黄色，由此证明是钠对焰色起了作用。

现在我们把某些金属或它们的化合物在无色火焰中灼烧时使火焰呈现特征颜色的反应称为焰色反应。比如锂离子为紫红色、钡离子为黄绿色、钙离子为砖红色、钾离子为浅紫色、铜离子为绿色等。节日五颜六色的烟花就是各种金属离子焰色反应的全面展示。

本生为自己发明了一种新的化学分析方法而高兴，但是在对混合溶液的分析中遇到了困难。这时，本生的好朋友，物理学家基尔霍夫（1824—1887）来帮忙了。

在之前的物理学研究中，牛顿曾经用三棱镜分析太阳光的色彩，德国光学家方和斐曾用狭缝和三棱镜研究过太阳的光谱，并且发现了太阳光谱中有许多黑线。基尔霍夫参照方和斐的方法，使用三棱镜、望远镜、一片打了一道狭缝的圆铁片等简陋的设备搭建了一套仪器（图 4-6），确定了每种物质特有的谱线，最终成功辨别出混合溶液中含有的金属离子。光谱分析法就这样诞生了。这个方法灵敏好用，他们又据此发现了两种新元素：铯和铷。

基尔霍夫在研究中注意到太阳光谱的黑线中，有两条恰好和钠的两条黄线位置一样。难道太阳上缺少钠吗？基尔霍夫使用同样发出白光的石灰替代太阳，发现没有方和斐黑线。基尔霍夫在石灰光和分光镜中间放上本生灯，烧起钠盐，石灰光的连续光谱上出现了两条黑线，正好在太阳光谱的黑线位置上。换一种盐试试，又出现了新的黑线，位置和那种盐的谱线的位置一样。经过反复对比实验，基尔霍夫证明太阳上有钠。

太阳中心的温度极高，发出来的光本来是连续光谱，但是太阳外围的气体温度比较低，在这外围气体中有什么元素，就会把连续光谱中的相应的谱线吸收掉。这正像本生灯中的钠

图 4-6　首个光谱仪

蒸气，能使石灰光的连续光谱出现两条黑线一样。

方和斐黑线的谜解开了。原来这些黑线和亮线一样，也能表示太阳大气中有什么元素。

1825 年法国哲学家孔德在他的《实证哲学讲义》中断言："恒星的化学组成是人类绝不能得到的知识。"这说明了人类认识的局限性。1859 年 10 月 20 日，基尔霍夫向柏林科学院报告了他的发现。他根据太阳光谱中方和斐黑线的位置，证明太阳上有氢、钠、铁、钙、镍等元素。

光谱分析法推广得很快，现在的光谱分析仪不仅能分析物质的组成，还能求出其中各种元素的含量，已经成为各行各业必不可少的技术手段。天文学家也在利用光谱分析法，不断地揭露遥远星球的秘密。

第5章 紫外-可见分光光度法

紫外-可见分光光度法（Ultraviolet-Visible spectrophotometry，UV-Vis）是基于分子内电子跃迁产生的吸收光谱进行分析的一种常用的光谱分析法。分子在紫外-可见区的吸收与其电子结构紧密相关。紫外光谱的研究对象大多是具有共轭双键结构的分子。与其他仪器分析方法相比，紫外-可见分光光度法应用广泛，所用的仪器简单、价廉，分析操作也比较简单，而且分析速率较快。在有机化合物的定性、定量分析方面，例如化合物的鉴定、结构分析和纯度检查以及在药物、天然产物化学中应用较多。如医院的常规化验中，95%的定量分析都用紫外-可见分光光度法。在化学研究中，如平衡常数的测定、求算主-客体结合常数等都离不开紫外-可见吸收光谱。

5.1 基本原理

紫外-可见分光光度法是物质吸收了一定波长的紫外-可见光引起分子中价电子能级跃迁而形成的一种分析方法。紫外-可见吸收光谱属于分子吸收光谱，是由分子的外层价电子跃迁产生的，也称电子光谱。紫外-可见吸收光谱是分子内电子跃迁的结果，它反映了分子中价电子跃迁时的能量变化与化合物所含生色基团之间的关系。不同物质分子中电子类型、分布和结构不同，紫外-可见吸收光谱就不同，每种电子能级的跃迁伴随着若干振动和转动能级的跃迁，因此，紫外-可见吸收光谱为"带状光谱"。

当分子吸收紫外-可见光区的辐射后，产生价电子跃迁。这种跃迁有三种形式：形成单键的σ电子跃迁；形成双键的π电子跃迁；未成键的n电子跃迁。分子内的电子跃迁能级如图5-1所示。

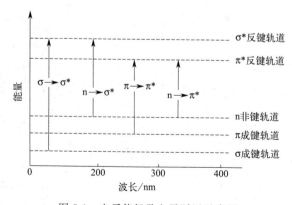

图 5-1　电子能级及电子跃迁示意图

由图 5-1 可知，电子跃迁有 n→π*、n→σ*、σ→σ* 和 π→π* 四种类型。各种跃迁所需能量的大小顺序为：

$$\sigma \rightarrow \sigma^* > n \rightarrow \sigma^* \geqslant \pi \rightarrow \pi^* > n \rightarrow \pi^*$$

通常，未成键的孤对电子较易激发，成键电子中 π 电子比相应的 σ 电子具有更高的能量，反键电子则相反，故简单分子中 n→π* 跃迁需能量最小，吸收带出现在长波方向；n→σ* 及 π→π* 跃迁的吸收带出现在较短波段；σ→σ* 跃迁吸收带则出现在远紫外光区（图 5-2）。

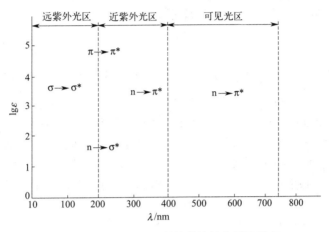

图 5-2 常见电子跃迁所处的波长范围及强度

5.2 仪器组成与分析技术

5.2.1 紫外-可见分光光度计

紫外-可见分光光度法用到的仪器称为紫外-可见分光光度计，其装置如图 5-3 所示，主要包括：光源、单色器、样品池、检测器和记录器等。按其光学系统可分为单光束和双光束分光光度计，单波长和双波长分光光度计。

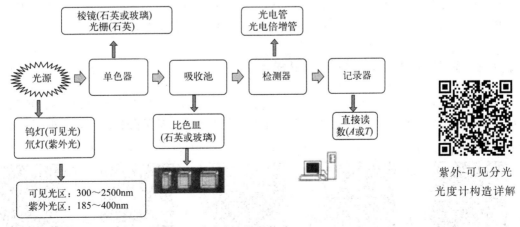

图 5-3 紫外-可见分光光度计的构造

紫外-可见分光光度计构造详解

5.2.2 常用分析技术

(1) 示差法

吸光度为 0.2~0.8 时测量误差较小，超出此范围（如高浓度或低浓度溶液的测量），误差较大。在此种情况下，可应用示差法测量，即选用一已知浓度的溶液作参比。如当测定高浓度溶液时，选用比待测溶液浓度稍低的已知浓度溶液作参比溶液，调节透过率为 100%；当测定低浓度溶液时，选用比待测液浓度稍高的已知浓度溶液作参比溶液，调节透过率为 0。

(2) 双波长法及三波长法

通过两个单色器分别将光源发出的光分成 λ_1、λ_2 两束单色光，经斩光器并束后交替通过同一吸收池，因此检测的是试样溶液对两波长光吸收后的吸光度差。两束光通过吸收池后的吸光度差与待测组分浓度成正比，一般有等吸收法和系数倍率法。

三波长分光光度法也是对多组分混合物进行定量的一种方法。三个波长在干扰物质的吸收光谱上应为一条直线，在三波长处分别测定混合物的吸光度，根据相似三角形的等比特性，ΔA 只与待测组分浓度有关，可有效消除干扰组分对待测组分测定的干扰，尤其适用于浑浊样品分析。

(3) 胶束增溶分光光度法

胶束增溶分光光度法是利用表面活性剂胶束的增溶、增敏、增稳、褪色、析相等作用，提高显色反应的灵敏度、对比度或选择性，改善显色反应条件，并在水相中直接进行光度测量的光度分析方法。表面活性剂的存在提高了分光光度法测定的灵敏度。

(4) 导数分光光度法

用吸光度对波长求一阶或高阶导数并对波长 λ 作图，可以得到导数光谱。对朗伯-比尔定律公式 $A = \varepsilon bc$ 求导得：

$$\frac{d^n A}{d\lambda^n} = \frac{\varepsilon d^n}{d\lambda^n} bc$$

可见吸光度 A 的导数值与浓度 c 成比例。随着导数阶数的增加，谱带变得尖锐，分辨率提高。导数光谱的特点在于灵敏度高，可减小光谱干扰，因而在分辨多组分混合物的谱带重叠、增强次要光谱（如肩峰）的清晰度以及消除浑浊样品散射的影响时有利。

5.2.3 紫外-可见分光光度计的日常维护

分光光度计是光学、精密机械和电子技术三者紧密结合而成的光谱仪器。正确使用、维护和保养仪器，才能保证仪器良好的工作性能，获得准确可靠的分析结果，也能延长仪器的使用寿命。

使用安装注意事项

波长及吸光度校正

样品的制备与要求

吸收池的使用

测量条件的选择

5.3 典型应用

5.3.1 定性分析

以紫外-可见吸收光谱鉴定有机化合物为例，通常是在相同的测定条件下，比较未知物与已知标准物的紫外-可见吸收光谱图，若两者的谱图相同，则可以认为待测试样与已知化合物具有相同的生色团。如果没有标准物，也可借助于标准谱图或有关电子光谱数据表进行比较。

但应注意，紫外-可见吸收光谱相同，两种化合物不一定相同。因为紫外-可见吸收光谱常有 2～3 个较宽的吸收峰，具有相同生色团的不同分子结构，有时在较大分子中不影响生色团的紫外吸收峰，导致不同分子结构产生相同的紫外-可见吸收光谱，但它们的吸光系数是有差别的，所以在比较的同时，还要比较它们的 ε_{max} 或 $A_{1cm}^{1\%}$。如果待测物和标准物的吸收光波长相同，吸光系数也相同，则可认为两者是同一物质。

(1) 有机化合物分子结构的推断

根据化合物的紫外-可见吸收光谱可以推测化合物所含的官能团。例如一化合物在 200～800nm 范围内无吸收峰，它可能是脂肪族碳氢化合物，胺、腈、醇、羧酸、氯代烃和氟代烃，不含双键或环状共轭体系，没有醛、酮或溴、碘等基团。如果在 210～250nm 有强吸收带，可能含有两个双键的共轭单位；在 260～350nm 有强吸收带，表示有 3～5 个共轭单位；在 250～300nm 有中等强度吸收带且有一定的精细结构，则表示有苯环的特征吸收。紫外吸收光谱除可用于推测所含官能团外，还可用来对某些同分异构体进行判别。例如乙酰乙酸乙酯存在下述酮-烯醇互变异构体。

酮式　　　烯酮式

(2) 利用紫外-可见吸收光谱对化合物进行定性鉴定的主要步骤

① 将样品尽可能提纯，以除去干扰杂质。
② 选择一种合适的溶剂，将样品制成适宜浓度，吸光度控制在 0.2～0.8 范围内。
③ 在相同条件下分别测定样品与标准品的吸收光谱图并进行比较。
④ 应用化学法、红外、质谱和核磁等分析方法进一步验证。

5.3.2 定量测定

紫外-可见吸收光谱定量分析的依据是 Lambert-Beer 定律，即在一定波长处被测定物质的吸光度与浓度呈线性关系。一些国家已将数百种药物的紫外吸收光谱的最大吸收波长和吸收系数载入药典，紫外-可见分光光度法可方便地用来直接测定混合物中某些组分的质量分数，如环己烷中的苯，四氯化碳中的二硫化碳，鱼肝油中的维生素 A 等。

(1) 纯度测定

如果一化合物在紫外-可见光区没有吸收峰，而其中的杂质有较强吸收，就可方便地检验出该化合物中的微量杂质。例如检定甲醇或乙醇中的杂质苯，可利用苯在 256nm 处的吸收带，而甲醇或乙醇在此波长处几乎没有吸收。又如四氯化碳中有无二硫化碳杂质，只要观察在318nm处有无二硫化碳的吸收峰即可。如果一化合物，在可见光区或紫外光区有较强的吸收带，有时可用摩尔吸光系数来检查其纯度。例如菲的氯仿溶液在296nm处有强吸收（$\lg\varepsilon=4.10$）。用某法精制的菲，熔点110℃，沸点340℃，似乎很纯，但紫外-可见吸收光谱测得的$\lg\varepsilon$值比标准菲低10%，实际质量分数只有90%，其余很可能是蒽等杂质。

（2）氢键强度的测定

$n\to\pi^*$吸收带在极性溶液中比在非极性溶液中的波长更短一些。在极性溶液中，分子间形成了氢键，实现$n\to\pi^*$跃迁时，氢键也随之断裂，此时物质吸收光能，一部分用以实现$n\to\pi^*$跃迁，另一部分用以破坏氢键。而在非极性溶液中，不可能形成分子间氢键，吸收的光能仅为了实现$n\to\pi^*$跃迁，故所吸收的光波的能量较低，波长较长。由此可见，只要测定同一化合物在不同溶剂中的$n\to\pi^*$跃迁吸收带，就能计算出其在极性溶剂中氢键的强度。

5.4 实验

实验 5-1 邻二氮菲分光光度法测定微量铁

一、【实验目的】

1. 了解紫外-可见分光光度计的构造和使用方法。
2. 掌握邻二氮菲分光光度法测定铁的原理和方法。
3. 学习选择分光光度法分析的条件。

二、【实验原理】

邻二氮菲，又称邻二氮杂菲、邻菲罗啉（简写作phen），是一种常用的氧化还原指示剂，具有很强的螯合作用，会与大多数金属离子形成很稳定的配合物，是测定微量铁的一种较好的试剂。在pH为3~9的范围内，Fe^{2+}与邻二氮菲反应生成橘红色配合物，为邻二氮菲铁，稳定性较好，$\lg K_{稳}=21.3$（20℃）。邻二氮菲铁的最大吸收峰在510nm处，摩尔吸光系数$\varepsilon_{510}=1.1\times10^4 L/(mol\cdot cm)$。$Fe^{3+}$与邻二氮菲也能生成3:1的淡蓝色配合物，其稳定性较差，$\lg K_{稳}=14.1$，因此在显色之前应预先用盐酸羟胺将Fe^{3+}还原为Fe^{2+}，反应如下：

$$2Fe^{3+}+2NH_2OH\cdot HCl\longrightarrow 2Fe^{2+}+N_2\uparrow+2H_2O+4H^++2Cl^-$$

测定时，控制溶液的pH值在5左右较为适宜。酸度高，反应进行较慢；酸度低，则Fe^{2+}水解，影响显色。此测定法不仅灵敏度高，稳定性好，而且选择性也高。相当于含铁量5倍的Co^{2+}、Cu^{2+}，20倍的Cr^{3+}、Mn^{2+}、PO_4^{3-}，40倍的Sn^{2+}、Al^{3+}、Ca^{2+}、Mg^{2+}、Zn^{2+}、SiO_3^{2-}都不干扰测定。分光光度法测定微量铁时，一般选择最大吸收波长，因为在此波长下摩尔吸光系数最大，测定的灵敏度也最高。通常对待测物质进行光谱扫描，找出该物质的最大吸收波长。采用标准曲线法进行定量分析，即先配制一系列不同浓度的标准溶液,在选定的反应条件下使被测物质显色,测得相应的吸光度,以浓度为横坐标,吸光度为纵坐标绘制标准曲线。本实验要经过取样、显色及测量等步骤,为了使测定有较高的灵敏度和准确度,必须选择合适的显色反应条件和测量吸光度的条件。通常研究的显色反应的条件有溶液的酸度、显色剂用量、显色时间、温度、溶剂以及共存离子干扰及其消除方法等。测量吸光度的条件主要是测量波长、吸光度范围和参比溶液的选择。

三、【仪器与试剂】

1. 仪器:紫外-可见分光光度计,电子天平。
2. 试剂:6mol/L HCl 溶液,10％盐酸羟胺溶液,0.15％邻二氮菲溶液(溶解时需加热),1mol/L NaAc 溶液,$NH_4Fe(SO_4)_2 \cdot 12H_2O$。

四、【实验步骤】

1. 铁标准溶液(10mg/L)的配制

准确称取 0.2159g 分析纯 $NH_4Fe(SO_4)_2 \cdot 12H_2O$,加入少量蒸馏水及 20.00mL 6mol/L HCl,使其溶解后,转移至 250mL 容量瓶中,用蒸馏水稀释至刻度,摇匀,此溶液 Fe^{3+} 浓度为 100mg/L。吸取此溶液 25.00mL 于 250mL 容量瓶中,用蒸馏水稀释至刻度,摇匀,此溶液 Fe^{3+} 浓度为 10mg/L。

2. 标准工作曲线的绘制

取 50mL 容量瓶 6 个,分别吸取铁标准溶液 0mL、4.00mL、6.00mL、8.00mL、10.00mL、12.00mL 于 6 个容量瓶中。然后各加入 1.00mL 盐酸羟胺,摇匀,再各加 5.00mL 1mol/L NaAc 溶液和 2.00mL 0.15％邻二氮菲溶液,以蒸馏水稀释至刻度,摇匀。用 1cm 比色皿在最大吸收波长 510nm 处,测各溶液的吸光度。以 Fe^{3+} 浓度为横坐标、吸光度为纵坐标,绘制标准工作曲线,得到标准工作曲线方程及相关系数。

3. 总铁含量的测定

吸取 2.00mL 未知样代替标准溶液,其他步骤均同上,测定吸光度。根据未知液的吸光度和标准工作曲线方程,计算出未知液中的铁含量,以 mg/L 表示结果。

4. Fe^{2+} 含量的测定

操作步骤与总铁含量的测定相同,但不加盐酸羟胺。根据所测的吸光度和标准工作曲线方程,计算出未知液中的 Fe^{2+} 含量,以 mg/L 表示结果。未知液中的 Fe^{3+} 含量为总铁的含量与 Fe^{2+} 的含量之差。

五、【数据处理】

1. 根据不同条件实验的数据分别绘制各种变化的曲线,得出最佳的实验条件。
2. 绘制标准曲线。
3. 由未知试样测定结果求出试样中铁含量。

六、【注意事项】

1. 试样和标准工作曲线测定的实验条件应保持一致,所以最好两者同时测定。
2. 盐酸羟胺易氧化,不能久置,现用现配。

七、【思考题】

1. 邻二氮菲分光光度法测定铁时,为什么在测定前加入盐酸羟胺?如用配制已久的盐酸羟胺溶液,将给测定结果带来什么影响?
2. 还原剂、缓冲溶液和显色剂的加入顺序是否可以颠倒?为什么?
3. 参比溶液的作用是什么?
4. 标准曲线的绘制过程中,哪些试剂的体积要准确量度,而哪些试剂的加入量不必准确量度?

实验 5-2　紫外-可见分光光度法同时测定维生素 C 和维生素 E

一、【实验目的】

1. 熟悉 T6 紫外-可见分光光度计的构造和使用方法。
2. 掌握紫外-可见分光光度法测定维生素 C 和维生素 E 的原理和方法。
3. 掌握利用朗伯-比尔定律对多组分浓度的分析计算。

二、【实验原理】

根据朗伯-比尔定律,用紫外-可见分光光度法很容易定量测定在此光谱区内有吸收的单一组分。由两种组分组成的混合物中,若彼此都不影响另一种物质的光吸收性质,可根据相互光谱重叠的程度,采用相对的方法来进行定量测量。例如:当两组分吸收峰部分重叠时,选择适当的波长,仍可按测定单一组分的方法处理;但当两组分吸收峰大部分重叠时,则宜采用解联立方程组或双波长等方法进行测定。

混合组分中在 λ_1 处的吸收等于组分 A 和组分 B 分别在 λ_1 处的吸光度之和 $A_{\lambda_1}^{A+B}$,即:

$$A_{\lambda_1}^{A+B} = \varepsilon_{\lambda_1}^{A} bc^{A} + \varepsilon_{\lambda_1}^{B} bc^{B}$$

同理,混合组分在 λ_2 处吸光度之和 $A_{\lambda_2}^{A+B}$ 应为:

$$A_{\lambda_2}^{A+B} = \varepsilon_{\lambda_2}^{A} bc^{A} + \varepsilon_{\lambda_2}^{B} bc^{B}$$

若先用 A、B 组分的标样,分别测得 A、B 两组分在 λ_1 和 λ_2 处的摩尔吸光系数 $\varepsilon_{\lambda_1}^{A}$、$\varepsilon_{\lambda_2}^{A}$、$\varepsilon_{\lambda_1}^{B}$、$\varepsilon_{\lambda_2}^{B}$,当测得未知样在 λ_1 和 λ_2 处的吸光度 $A_{\lambda_1}^{A+B}$ 和 $A_{\lambda_2}^{A+B}$ 后,解下列二元一次方程组:

$$A_{\lambda_1}^{A+B} = \varepsilon_{\lambda_1}^{A} bc^{A} + \varepsilon_{\lambda_1}^{B} bc^{B}$$
$$A_{\lambda_2}^{A+B} = \varepsilon_{\lambda_2}^{A} bc^{A} + \varepsilon_{\lambda_2}^{B} bc^{B}$$

即可求得 A、B 两组分各自的浓度 c^{A} 和 c^{B}。

一般来说,为了提高检测的灵敏度,λ_1 和 λ_2 宜分别选择在 A、B 两组分最大吸收峰处或其附近。

三、【仪器与试剂】

1. 仪器:紫外-可见分光光度计(北京普析 T6),石英吸收池一对。

2. 试剂：维生素 C（抗坏血酸），维生素 E（α-生育酚），无水乙醇。

四、【实验步骤】

1. 检查仪器

开机预热 20min，并调试至正常工作状态。

2. 配制系列标准溶液

配制维生素 C 系列标准溶液：称取 0.0132g 维生素 C，溶于无水乙醇中，定量转移至 1000mL 容量瓶中，用无水乙醇稀释至刻度，摇匀。分别吸取上述溶液 2.00mL、4.00mL、6.00mL、8.00mL、10.00mL 于 5 个洁净干燥的 50mL 容量瓶中，用无水乙醇稀释至刻度，摇匀备用。

配制维生素 E 系列标准溶液：称取 0.0488g 维生素 E，溶于无水乙醇中，定量转移至 1000mL 容量瓶中，用无水乙醇稀释至刻度，摇匀。分别吸取上述溶液 2.00mL、4.00mL、6.00mL、8.00mL、10.00mL 于 5 个洁净干燥的 50mL 容量瓶中，用无水乙醇稀释至刻度，摇匀备用。

3. 绘制吸收光谱曲线

以无水乙醇为参比，在 220～320nm 范围测定维生素 C 和维生素 E 的吸收光谱曲线，确定维生素 C 和维生素 E 的最大吸收波长 λ_{max}^{C} 和 λ_{max}^{E}，分别作为 λ_1 和 λ_2。

4. 绘制标准曲线

维生素 C 标准曲线：以无水乙醇为参比，分别在波长 λ_1 和 λ_2 处测定 5 个维生素 C 标准溶液的吸光度值。

维生素 E 标准曲线：以无水乙醇为参比，分别在波长 λ_1 和 λ_2 处测定 5 个维生素 E 标准溶液的吸光度值。

5. 未知液的测定

取未知液 5.00mL 于 50mL 容量瓶中，用无水乙醇稀释至刻度，摇匀。在波长 λ_1 和 λ_2 处分别测定其吸光度值。

6. 实验完毕

实验完毕，关闭电源。取出吸收池，清洗晾干后入盒保存。清理工作台，罩上仪器防尘罩，填写仪器使用记录。

五、【数据处理】

1. 将维生素 C 和维生素 E 标准系列溶液在 λ_1 和 λ_2 处的吸光度与其所对应的浓度填在表 5-1 中。

表 5-1 标准系列溶液及其吸光度

参数	1	2	3	4	5
$c_C/(\times 10^{-5} \mathrm{mol/L})$					
A_{λ_1}					
A_{λ_2}					
$c_E/(\times 10^{-5} \mathrm{mol/L})$					
A_{λ_1}					
A_{λ_2}					

2. 以浓度为横坐标，吸光度为纵坐标，绘制标准工作曲线，得到标准工作曲线方程（校正曲线）及相关系数，这 4 条标准曲线的斜率分别为 $\varepsilon_{\lambda_1}^C$、$\varepsilon_{\lambda_2}^C$、$\varepsilon_{\lambda_1}^E$、$\varepsilon_{\lambda_2}^E$。

3. 根据未知待测溶液在 λ_1 和 λ_2 处的吸光度及稀释倍数，解上面的二元一次方程组，求出未知溶液中维生素 C 和维生素 E 的含量。

六、【注意事项】

维生素 C 会缓慢氧化成脱氢抗坏血酸，所以每次实验时需配制新鲜溶液。

七、【思考题】

1. 写出维生素 C 和维生素 E 的结构式，并解释一个是水溶性，一个是脂溶性的原因。
2. 根据实验数据计算维生素 C 和维生素 E 的摩尔吸光系数，使用本方法测定维生素 C 和维生素 E 是否灵敏，并解释原因。

实验 5-3 │ 紫外-可见分光光度法测定化妆品中的氨基酸含量

一、【实验目的】

1. 进一步熟悉 T6 紫外-可见分光光度计的构造和使用方法。
2. 掌握紫外-可见分光光度法测定化妆品中氨基酸含量的方法。

二、【实验原理】

氨基酸及其衍生物易被皮肤吸收，使老化和硬化的表皮恢复弹性，延缓皮肤衰老，具有保水、抗菌、缓冲、保护作用，以及某些有利机体的生理作用。如氨基酸和高级脂肪酸制成的表面活性剂、抗菌剂，已成为高效的添加剂而被广泛应用。丙氨酸、甘氨酸、苯丙氨酸等制成的护发剂、染发剂已发展成为实用商品供应市场。目前化妆品中作为保湿剂的氨基酸有小分子量氨基酸以及大分子量氨基酸聚合体。氨基酸类保湿剂有蛋白类，例如植物蛋白、大豆蛋白、动物蛋白、水解蛋白等，这一类保湿剂的来源成本较高，被视为较珍贵的保湿剂。有效地检测化妆品中氨基酸的含量，可以有效控制化妆品的质量。本实验主要利用蛋白质经水解成为氨基酸，而氨基酸在一定的 pH 条件下，与茚三酮水合物反应可生成蓝紫色化合物，对其进行比色定量测定，从而计算出相应的氨基酸含量。该化合物最大吸收峰在 570nm 波长处，且此吸收峰值的大小与氨基酸释放出的氨基成正比，因此可作为氨基酸的定量分析方法。

三、【仪器与试剂】

1. 仪器：紫外-可见分光光度计（北京普析 T6），石英吸收池一对，50mL、100mL、250mL 容量瓶，1mL、2mL、5mL、10mL 移液管，恒温水浴锅，25mL 比色管，AL204-IC 分析天平，标准型 pH 计，烧杯，量筒。

2. 试剂：爽肤水，盐酸，氢氧化钠，蜡块（蜂蜡：石蜡＝1：9），磷酸二氢钾，磷酸氢二钠，丙氨酸，茚三酮，双氧水。

四、【实验步骤】

1. 溶液的配制

① 磷酸二氢钾溶液：称取磷酸二氢钾 2.2675g，溶于水中后定容至 250mL。

② 磷酸氢二钠溶液：称取磷酸氢二钠 5.9690g，溶于水中后定容至 250mL。

③ 磷酸盐缓冲溶液：取 5.0mL 磷酸二氢钾溶液于 100mL 容量瓶中，用磷酸氢二钠溶液稀释至刻度，摇匀。

④ 丙氨酸标准溶液（200μg/mL）：准确称取丙氨酸（含量不小于 98%）0.2000g，用水溶解并定容至 100mL，摇匀后再吸取 10mL 于 100mL 容量瓶中加水稀释至刻度。

⑤ 2%茚三酮溶液：称取茚三酮 1.0g，溶于一定量热水中，待冷却后定容至 50mL。该溶液每隔 2～3 天需重新配制一次。

2. 实验方法

（1）测量波长的选择

取丙氨酸标准溶液 1mL 于 3 个 25ml 比色管中，加茚三酮溶液 1mL 和磷酸盐缓冲液 1mL，摇匀，水浴加热 30min，取出，冷却，用蒸馏水定容至 25mL。用紫外-可见分光光度计进行全波长测定。

（2）显色剂用量的选择

分别准确吸取 2mL 丙氨酸标准溶液于 5 个 25mL 容量瓶中，加磷酸盐缓冲液 1mL，分别加茚三酮溶液 0.1mL、0.5mL、1.0mL、1.5mL、2.0mL，摇匀，水浴加热 30min，取出，冷却，用蒸馏水定容至 25mL，进行显色后，在 570nm 处测定其吸光度 A，以茚三酮体积为横坐标，吸光度 A 为纵坐标，绘制吸光度-显色剂用量曲线，从而确定最佳显色剂用量。

（3）酸碱度的选择

在 5 个容量瓶中，分别加入 2mL 丙氨酸标准溶液、1mL 茚三酮溶液、1mL 磷酸盐缓冲液，分别加入 0mL、0.5mL、1.0mL、2.0mL、3.0mL 的 1.0mol/L NaOH 溶液，以水稀释至刻度，进行显色后，在 570nm 处测定其吸光度 A，以氢氧化钠体积为横坐标，吸光度 A 为纵坐标，绘制吸光度-氢氧化钠试剂用量曲线。

另取 5 个容量瓶，分别加入 2mL 丙氨酸标准溶液、1mL 茚三酮溶液、1mL 磷酸盐缓冲液，分别加入 0mL、0.5mL、1.0mL、2.0mL、3.0mL 的 1.0mol/L HCl 溶液，以水稀释至刻度，进行显色后，在 570nm 处测定其吸光度 A，以盐酸体积为横坐标，吸光度 A 为纵坐标，绘制吸光度-盐酸试剂用量曲线。

（4）显色时间的考察

取 2mL 丙氨酸标准溶液于 25mL 比色管中，加 1mL 茚三酮溶液和 1mL 磷酸盐缓冲液，摇匀，水浴加热 30min，取出，冷却，用蒸馏水定容至 25mL，进行显色后，每 5min 测一次吸光度 A，绘制吸光度-时间的关系曲线。得出最佳显色时间。

（5）标准曲线的绘制

准确移取丙氨酸标准溶液 0mL、0.60mL、0.80mL、1.00mL、1.20mL、1.40mL（相

当于丙氨酸 0μg、120μg、160μg、200μg、240μg、280μg）分别置于 25mL 容量瓶中，加水补充至 4mL，然后分别加入 2% 茚三酮溶液和磷酸盐缓冲溶液各 1mL，摇匀。置沸水浴中加热，取出冷却至室温，加水至刻度，摇匀。静置 15min，测吸光值，绘制标准曲线。

(6) 样品氨基酸的提取

准确称取样品 5g（准确至 0.0001g）于 100mL 烧杯中，加入 6mol/L 盐酸溶液 10~20mL 于沸水浴中水解约 6h（对于乳化体，可先将试样置于沸水浴中破乳 1~2h）。加入 1~2g 蜡块，约 30min 后，冷却至室温。抽滤去除蜡块，将溶液移至 100mL 烧杯中，调节 pH 至 7.5~8.0，再将溶液移入 100mL 容量瓶，稀释至刻度，摇匀备用。

(7) 样品中氨基酸含量测定

准确吸取澄清的样品溶液 4mL，加入 2% 茚三酮溶液和磷酸盐缓冲溶液各 1mL，摇匀，置沸水浴中加热，取出冷却至室温，加水至刻度，摇匀。静置 15min，测吸光度。通过标准曲线计算氨基酸的含量，同时做一空白样，平行测定 3 次。

(8) 结果表示

样品中氨基酸含量（以丙氨酸计）按下式进行计算：

$$氨基酸含量(\%) = \frac{(m_1 - m_0) \times 100/V}{M \times 10^6} \times 100$$

式中，m_1 为从标准曲线上查得样品中氨基酸的含量，μg；m_0 为从标准曲线上查得空白样的数值，μg；V 为移取样品溶液的体积，mL；M 为样品量，g。

所得结果保留两位小数。

五、【数据处理】

将样品及空白试样的吸光度与其所对应的浓度填在表 5-2 中。

表 5-2 样品中氨基酸的含量

编号	样品1	样品2	样品3	空白1	空白2	空白3
吸光度						
含量/μg						
平均含量/μg						
质量分数/%						

六、【注意事项】

1. 茚三酮每隔 2~3 天需重新配置一次，尽量在使用当天配制，茚三酮与氨基酸显色反应的最佳 pH 值与氨基酸种类有关，需考察 pH 值对显色的影响。

2. 消化剂种类及其用量对消化结果有影响，化妆品前处理需考虑消化时间及温度对消化的影响。

3. 本实验氨基酸标准溶液可选择其他 α-氨基酸替代丙氨酸，如亮氨酸、甘氨酸等。

七、【思考题】

1. 用方程式表示氨基酸显色的原理。

2. 本方法测得并计算的含量是否准确，能否用于实际质量控制？

实验 5-4 设计性实验

紫外-可见分光光度法测定化妆品中透明质酸含量

一、【实验目的】

1. 掌握紫外-可见分光光度法的定量分析原理。
2. 掌握检索收集资料的方法,并能根据文献资料设计实验。
3. 建立一种简便、迅速、准确地检测化妆品中保湿剂含量的方法。

二、【设计提示】

1. 透明质酸的物理化学性质如何?
2. 常用的检测透明质酸含量的方法有哪些?基本原理是什么?
3. 根据现有文献报道还可以用哪些方法测定化妆品中的透明质酸含量?

三、【要求】

1. 设计一种利用紫外-可见分光光度法测定化妆品中透明质酸含量的方法。
2. 按照详细的设计实验方法,利用紫外-可见分光光度法测定化妆品中透明质酸的含量,并写出详细的实验报告。

5.5 知识拓展

紫外-可见分光光度计发展史

分光光度法始于牛顿(Newton)。早在 1665 年牛顿做了一个色散的实验:让太阳光透过暗室窗上的小圆孔,在室内形成很细的太阳光束,该光束经棱镜色散后,在墙壁上呈现红、橙、黄、绿、蓝、靛、紫的色带。这色带就称为"光谱"。牛顿通过这个实验,揭示了太阳光是复合光的事实。

1859 年本生(R. Bunsen)和基尔霍夫(G. Kirchhoff)发现食盐发出的黄色谱线的波长和方和斐黑线中的 D 线波长完全一致,才知一种物质所发射的光波长(或频率),与它所能吸收的波长(或频率)是一致的。

1862 年密勒(Miller)应用石英摄谱仪测定了一百多种物质的紫外吸收光谱。他把光谱图从可见光区扩展到了紫外光区,并指出吸收光谱与组成物质的基团有关。接着,哈托莱(Hartolay)和贝利等人,又研究了各种溶液对不同波段的截止波长,并发现吸收光谱相似的有机物质,它们的结构也相似,并且吸收光谱可以解释用化学方法所不能说明的分子结构问题,初步建立了分光光度法的理论基础,由此推动了分光光度计的发展。1918 年美国国家标准局研制成了世界上首台紫外-可见分光光度计(不是商品仪器,很不成熟)。此后,紫外-可见分光光度法很快在各个领域的分析工作中得到应用。

朗伯（Lambert）早在 1760 年就发现物质对光的吸收与物质的厚度成正比，后被人们称为朗伯定律。比尔（Beer）在 1852 年又发现物质对光的吸收与物质浓度成正比，后被人们称为比尔定律。在应用中，人们把朗伯定律和比尔定律联合起来，称为朗伯-比尔定律。随后，人们开始重视研究物质对光的吸收，并试图在物质的定性、定量分析方面予以使用。因此，许多科学家开始研究以朗伯-比尔定律为理论基础的仪器装置。经过一个漫长的时期后，美国 Beckman 公司于 1945 年，推出世界上第一台成熟的紫外-可见分光光度计商品仪器。从此，紫外-可见分光光度计的仪器研发和应用开始得到飞速发展。

附：仪器操作规程

T6 紫外-可见分光光度计操作规程　　　　　　Lambda PE750 紫外-可见-近红外光谱仪操作规程

第6章 分子荧光光谱法

日常生活中我们经常接触到分子发光现象，比如夏日夜晚中飞舞的萤火虫可以发出绿色的荧光，海洋馆里会发光的水母，演唱会中挥舞的荧光棒，人民币上的荧光防伪标志等。分子发光的本质其实是某些物质的分子吸收一定能量跃迁到较高的电子激发态后，在返回电子基态的过程中伴随的光辐射现象。按照分子激发态的类型，分子发光可分为荧光和磷光。由于荧光特性对于微环境的敏感性，荧光分析法已广泛作为一种表征技术，用于表征所研究体系的物理、化学性质及其变化情况。例如，在生命科学领域的研究中，人们经常利用荧光探针，通过检测探针的某种荧光特性参数的变化情况来表征生物大分子在性质和构象上的变化。荧光分析法由于灵敏度高、取样量小、有多种特性参数可供选择测定，已经成为一种在生物医学、临床检验、基因测定、药物分析、环境监测、食品分析等方面广泛应用的分析方法。

6.1 基本原理

每种物质分子中都具有一系列严格分立的能级，称为电子能级，而每个电子能级中又包含一系列的振动能级和转动能级。多数分子在常温时处在基态最低振动能级，而基态分子中偶数电子成对地存在于各分子轨道中，同一轨道中两电子自旋方向相反，净电子自旋为零（$S=0$），多重态 $M=1$（$M=2S+1$），这种电子称为基态单重态，以 S_0 表示。当基态分子中的一个电子被激发至较高能级的激发态时，若仍是 $S=0$，这种激发态称为激发单重态。第一、第二激发单重态分别以 S_1、S_2 表示。若电子平行自旋（$S=1$），多重态 $M=3$，这种激发态称为激发三重态，以 T_1、T_2 表示。

可以用雅布隆斯基（Jablonski）能级图（图6-1）来说明分子发光的基本原理。物质在吸收特定频率的辐射后，电子从基态跃迁到激发态，处于激发态的分子不稳定，它可能通过辐射跃迁和非辐射跃迁的衰变过程而返回基态。当某个分子的 S_0 态的电子受到波长为 λ_1、λ_2 入射光的激发后，该分子的基态电子跃迁到能量较高的 S_1、S_2 态上。如果 λ_1 大于 λ_2 则 S_2 能量高于 S_1，位于 S_2 的高振动能级的电子，可以通过振动弛豫逐步回到 S_2 态的最低振动能级上，再经过内转换形式，从 S_2 态的最低振动能级经非辐射跃迁到 S_1 态的高振动能级。再由 S_1 态的高振动能级，经过一系列的振动弛豫回到其最低振动能级上，此时位于 S_1 态的最低振动能级的电子如果通过辐射光子的形式回到基态 S_0，那么就会发出波长为 λ'_2 的荧光。

此外，位于 S_1 态的最低振动能级的电子也可以通过非辐射的外转换的形式，即激发态的电子将能量传递给溶液或其他分子而降低能量回到基态，此时就不会有荧光产生，称之为荧光的猝灭。

如果激发单重态和三重态之间有部分振动能级的能量相同,单重态的电子可通过系间跨越的形式转变为三重态,位于三重态的最低振动能级的电子也可以通过辐射光子的形式回到基态,此时发射的光称为磷光。

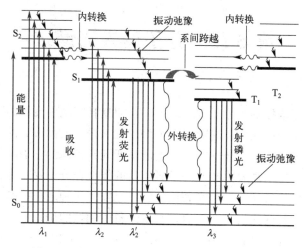

图 6-1　分子吸收和发射过程的 Jablonski 能级图

6.2　仪器组成与分析技术

6.2.1　荧光光谱仪

荧光光谱仪由光源、激发单色器、样品池、发射单色器及检测器等组成,如图 6-2 所示。

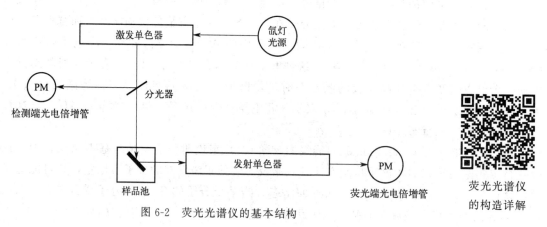

图 6-2　荧光光谱仪的基本结构

6.2.2　常用分析技术

（1）时间分辨技术

时间分辨荧光光谱技术可实现对光谱重叠但发光寿命不同的组分进行分辨和分别测定。或者固定激发与发射波长,对门控时间扫描,得到发光强度随时间的衰减曲线,从而实现对发光寿命的测量。另外,时间分辨技术还能利用不同发光体形成速率的不同进行选择性测定。时间分辨技术也可利用发光体形成速率的差异进行选择性测定。例如，钍-桑色素-TOPO-SLS体系，钍、锆、铝的配合物都可以产生荧光，但钍的配合物一旦光致激发立即产生荧光，而锆和铝的配合物在光致激发12s之后才产生荧光，并不断增强，此时钍的配合物荧光强度基本保持恒定。因此，在12s之内测定荧光信号，可基本消除锆、铝对钍测定的干扰。12s之后可获取三者的总荧光强度。

(2) 荧光偏振和各向异性荧光光谱

此项分析技术在生化领域中应用广泛。例如蛋白质的衰变和转动速度的研究、荧光免疫分析等，若采用脉冲偏振光激发荧光体，还可以进行荧光偏振及各向异性的时间分辨测量。

(3) 同步扫描荧光光谱

根据激发和发射单色器在扫描过程中彼此间所保持的关系，同步扫描技术可分为固定波长差、固定能量差和可变角(可变波长)同步扫描。同步扫描技术具有使光谱简化、谱带窄化、提高分辨率、减少光谱重叠、提高选择性、减少散射光影响等诸多优点。

(4) 三维荧(磷)光光谱

三维荧(磷)光光谱(也称总发光光谱或激发-发射矩阵图)技术与常规荧(磷)光分析的主要区别是能获得激发波长和发射波长同时变化时的荧(磷)光强度信息。三维光谱技术能获得完整的光谱信息，是一种很有价值的光谱指纹技术。可在石油勘采中用于油气显示和矿源判定；在环境监测和法庭判证中用于类似可疑物的鉴别；在临床医学中用于癌细胞的辅助诊断和不同细菌的表征和鉴别。另外，二维荧(磷)光光谱作为一种快速检测技术，对化学反应的多组分动力学研究具有独特的优点。

(5) 室温固体基质发光技术

室温固体基质发光技术包括荧光测定和磷光测定。通常将被测组分吸附在滤纸、氧化铝、硅胶、溴化钾、乙酸钠、纤维素等基质上，然后进行发光测定。工作时，一般需要标准物质对照进行，常与薄层色谱法联合使用，经色谱分离后对各组分进行定性和定量分析。荧光既可以发生在固体表面的单层分子上，也可以发生在被吸附的多层分子上，而磷光只能来自吸附在表面上的单层分子。

近年来，出现了表面敏化发光法，在基体表面加上敏化剂，敏化剂能吸收大量激发光并将激发能量转移至荧光体，使难以检测的低浓度的荧光体发光强度得到极大提高。例如，1.0×10^{-4} mol/L 的蒽在滤纸基质上检测不出荧光信号，但如果添加1.80mol/L的萘作为敏化剂，由于形成了混合微晶，蒽的荧光信号增加了40多倍而易于测定。

室温固体基质发光技术具有简单、快速、取样量少、灵敏度高、成本低廉的优点，已在食品分析、生物化学、农药残留、法医检测、临床检测、环境保护等领域得到广泛应用。但是，固体表面荧光测定的精密度不太理想，因此从选择和制备基质到点样都应控制相同的条件，标准溶液和试液也应在同一基质表面上进行测定，这样，才有可能获得满意的分析结果。

6.2.3 荧光强度的影响因素

分子结构和化学环境是影响物质发射荧光和荧光强度的重要因素。

(1) 分子结构对荧光强度的影响

① 共轭效应。物质分子必须具有能吸收一定频率紫外光的特定结构才能产生荧光。至

少具有一个芳环或具有多个共轭双键的有机化合物才容易产生荧光,并环化合物也会产生荧光。因为这些化合物都具有易发生 π→π* 或 n→π* 跃迁的电子共轭结构,π 电子的非定域性越大,就越容易被激发,分子的荧光效率越大,因此凡能提高 π 电子共轭程度的结构,如对苯基化、间苯基化、乙烯化的作用都会增大荧光的强度。饱和的或只有一个双键的化合物,不呈现显著的荧光。最简单的杂环化合物,如吡啶、呋喃、噻吩和吡咯等,不产生荧光。

② 苯环上取代基的影响。取代基的性质对荧光体的荧光特性和强度均有强烈影响。苯环上的取代基会引起最大吸收波长的位移及相应荧光峰的改变。通常给电子基团,如 —NH_2、—OH、—OCH_3、—$NHCH_3$ 和 —$N(CH_3)_2$ 等,使荧光增强;吸电子基团,如 —Cl、—Br、—I、—$NHCOCH_3$、—N=N—、—CHO、—NO_2 和 —COOH,使荧光减弱甚至猝灭。与 π 电子体系互相作用较小的取代基,如 —SO_3H 对分子荧光影响不明显;高原子序数原子,体系间跨越的概率增大,使荧光减弱甚至猝灭,如 Br、I。

③ 刚性结构和平面效应。刚性的不饱和的平面结构具有较高的荧光效率,分子刚性及共平面性越大,荧光效率越高。例如:酚酞和荧光素比较,荧光素中多一个氧桥,使分子的三个环成一个平面,其共平面性增加,使 π 电子的共轭度增加,因而荧光素有强烈荧光,而酚酞分子由于不易保持平面结构,故而荧光很弱。大多数无机盐类金属离子不能产生荧光,而某些情况下,金属螯合物却能产生很强的荧光。

④ 高的荧光效率 φ。物质分子在吸收了一定频率的紫外光之后,具有较高的荧光效率。效率越高,荧光发射强度越大,无辐射跃迁的概率就越小;荧光效率等于零就意味着不能发出荧光。

(2) 化学环境对荧光强度的影响

① 激发光源。一般选用最大激发波长。但对某些易感光、易分解的荧光物质,尽量采用长波长、低电流及短时间光照,防止发生光漂白现象。

② 温度。温度改变并不影响辐射过程,但非辐射去活的效率将随温度升高而增大,因此当温度升高时荧光强度通常会下降。大多数分子在温度升高时,分子与分子之间、分子与溶剂分子之间的碰撞频率增加,非辐射能量转移过程增强,φ 降低。因此,降低温度,有利于提高荧光效率。一般来说,温度升高 1℃,荧光强度下降 1%～10%。因此测定时,温度必须保持恒定。

③ 溶液的 pH。当荧光物质是弱酸或弱碱时,溶液的 pH 对荧光强度有较大影响。因为弱酸或弱碱在不同酸度中,分子和离子的电离平衡会发生改变,而荧光物质的荧光强度会因其解离状态发生改变。以苯胺为例,在 pH 为 7～12 的溶液中会产生蓝色荧光,在 pH<2 或 pH>13 的溶液中都不产生荧光。

④ 溶剂。随溶剂极性的增加,荧光物质的 π→π* 跃迁概率增加,荧光强度将增加。溶剂黏度减小,可以增加分子间的碰撞机会,使无辐射跃迁概率增加而使荧光强度减弱。若溶剂和荧光物质形成氢键或溶剂使荧光物质的电离状态改变,则荧光波长与荧光强度也会发生改变。

⑤ 内滤。当荧光波长与荧光物质或其他物质的吸收峰相重叠时,将发生自吸收使荧光物质的荧光强度下降,此现象称"内滤"。

⑥ 散射光(溶剂的两种散射)。物质(溶剂或其他分子)分子吸收光能后,跃迁到基态的较高振动能级,在极短时间(10^{-2}s)内返回到原来的振动能级,并发出和原来吸收光相同波长的光,这种光称为瑞利散射光。物质分子吸收光能后,若电子返回到比原来能级稍高

（或稍低）的振动能级而发射的光称为拉曼散射光。瑞利散射光波长与激发光波长相同，拉曼散射光波长与激发光波长不同，而荧光物质波长与激发光波长无关，因此可以通过选择适当的激发波长将拉曼散射光与荧光分开。

⑦ 荧光猝灭剂。荧光分子与溶剂或其他溶质分子之间相互作用，使荧光强度减弱的现象，称作荧光猝灭。引起荧光强度降低的物质称为荧光猝灭剂，如卤素、重金属离子、氧分子、硝基化合物、重氮化合物等。溶液中的溶解氧能引起几乎所有的荧光物质产生不同程度的荧光猝灭现象，因此，在较严格的荧光实验中必须除 O_2。当荧光物质浓度过大时，会产生自猝灭现象。

⑧ 表面活性剂。表面活性剂形成的胶束使生色团所处的微环境发生改变，可以对荧光强度起到增敏、增稳的作用，可提高荧光强度。

⑨ 光分解。荧光物质吸收紫外-可见光后，发生光化学反应，导致荧光强度下降。因此，荧光分析仪要采用高灵敏度的检测器，而不是用增强光源来提高灵敏度。测定时用较窄的激发光部分的狭缝，以减弱激发光。同时，用较宽的发射狭缝引导荧光。荧光分析应尽量在暗环境中进行。

6.3 典型应用

荧光分析的高灵敏度、高选择性，使它在医学检验、卫生检验、药物分析、环境检测及食品分析等方面有广泛的应用。

(1) 有机物的荧光分析

芳香族及具有芳香结构的物质，在紫外光照射下能产生荧光。因此，荧光分析法可直接用于这类有机物的测定，如多环胺类、萘酚类、嘌呤类、吲哚类、多环芳烃类、具有芳环或芳杂环结构的氨基酸及蛋白质等，有 200 多种。食品中维生素含量的测定是食品分析的常规项目，几乎所有种类的维生素都可以用荧光法进行分析。多环芳烃普遍存在于大气、水、土壤、动植物及加工食品中，大家所熟知的苯并芘是致癌活性最强的一种，通过萃取或色谱分离后，可采用荧光法进行测定。该方法准确可靠，测定最低浓度可达 0.1g/mL。

石油中的多环芳烃和非烃引起发光，只要溶剂中含有十万分之一石油或者沥青物质，即可发光。因此，在油气勘探工作中，常用荧光分析来鉴定岩样中是否含油，并粗略确定其组分和含量。这个方法简便快速，经济实用。

(2) 无机元素的荧光分析

能产生荧光的无机物较少，对其进行分析通常是将待测元素与荧光试剂反应，生成具有荧光特性的配合物，进行间接测定。目前利用该法可进行荧光分析的无机元素已近 70 种。常见的有铬、铝、铍、硒、锗、镉等及部分稀土元素。例如 Al^{3+} 与桑色素或 8-羟基喹啉的配合物就可产生荧光，从而用于铝的测定。有些元素虽不能与有机试剂形成能产生荧光的配合物，但它可使荧光物质的荧光猝灭。例如 F^- 在一定 pH 的溶液中，能从 Al^{3+} 与桑色素的荧光配合物中夺取 Al^{3+}，从而导致荧光配合物的荧光强度降低，其荧光强度与 F^- 的浓度成反比，利用这一性质可间接测定样品中的氟离子含量。

(3) 分子荧光探针

由于生物分子自身的荧光较弱，目前多采用荧光探针法检测，荧光探针法较传统的同位素检测快速、重复性好、用样量少、无辐射，在DNA自动测序、抗体免疫分析、疾病诊断、抗癌药物分析等方面已得到广泛应用。DNA分子荧光探针可分为吖啶、菲啶类，菁染料类，荧光素和罗丹明类，稀土元素类和量子点类。目前，DNA分子荧光探针要解决的问题是提高灵敏度，增强光稳定性，降低合成成本。不同的DNA分子荧光探针各有优缺点。在光电、有机类染料中近红外染料具有一定的优势，尤其是近红外菁染料将会更多地被合成并应用于生物分子的检测，其光稳定性有待提高。量子点荧光探针作为一个新兴领域，必将受到越来越多的重视。相信不久的将来，随着新型、性能优异的荧光探针的开发，人类将能够实现对一些生物过程运用多种方法、多种参数进行实时观测、动态研究，这将极大地推动基因组学及相关学科的发展。

近年来在特定蛋白质的光学标记方面，尤其是小分子、高量子效率、荧光探针分子设计与应用方面的研究取得了较大进展。但仍存在着许多有待解决的问题，如小分子标记，对于细胞内存在的各种复杂情形而言，其标记的特异性目前仍旧具有挑战性，尚未在真正意义上实现运用多种参数对生物活体内各类蛋白质进行实时观测及动态研究。

6.4 实验

实验 6-1 荧光光谱法测定维生素 B_2 的含量

一、【实验目的】

1. 了解荧光光谱法的基本原理。
2. 熟悉荧光分光光度计的结构、性能及操作。

二、【实验原理】

某些物质被某种波长的光（如紫外光）照射后，会在极短时间内，发射出较入射光波长更长的光，这种光称为荧光。吸收什么波长范围的光和发射什么波长范围的光，与被照射的物质有关。在稀溶液中，当实验条件一定时（入射光强度、样品池厚度、仪器工作条件等），荧光强度与荧光物质的浓度呈线性关系，这是荧光光谱法定量分析的理论依据。维生素 B_2（又名核黄素）是橘黄色无臭的针状结晶，易溶于水而不溶于乙醚等有机溶剂，在中性或酸性溶液中稳定，光照易分解，对热稳定。在 230~490nm 范围波长的光照下，激发出峰值在 525nm 左右的绿色荧光，在 pH=6~7 范围内荧光强度最大，在 pH=11 时荧光消失。基于上述性质建立维生素 B_2 的荧光分析法，选择合适的激发波长、荧光波长和实验条件，即可进行定量测定。维生素 B_2 在碱性溶液中经光线照射会发生分解而转化为光黄素，光黄素的荧光比核黄素的荧光强得多，故测维生素 B_2 的荧光时，溶液要控制在酸性范围内，且在避光条件下进行。

三、【仪器与试剂】

1. 仪器：荧光分光光度计，酸度计（或 pH 试纸）。
2. 试剂：维生素 B_2 标样，乙酸，盐酸，氢氧化钠，维生素 B_2 药片。

$10.0\mu g/mL$ 维生素 B_2 标准溶液：称取 10.0mg 维生素 B_2，用 1% 乙酸溶液溶解，并定容至 1000mL。溶液应该保存在棕色瓶中，置于阴凉处。

四、【实验步骤】

1. 标准系列溶液的配制

取 6 个 25mL 容量瓶，分别加入 0mL、0.50mL、1.00mL、1.50mL、2.00mL 及 2.50mL 维生素 B_2 标准溶液（$10.0\mu g/mL$），蒸馏水稀释至刻度，摇匀，按浓度从低到高依次编为 1~6 号。

2. 激发波长和发射波长的选择

取上述 3 号标准系列溶液，测定激发光谱和发射光谱。先固定发射波长为 525nm，在 400~500nm 区间进行激发波长扫描，获得溶液的激发光谱和荧光最大激发波长 λ_{ex}；再固定激发波长为 λ_{ex}，在 480~600nm 区间进行发射波长扫描，获得溶液的发射光谱和荧光最大发射波长 λ_{em}。

3. 标准曲线的绘制

根据激发波长和发射波长扫描确定的 λ_{ex} 和 λ_{em} 值，用 1 号标准溶液将荧光强度调零，然后分别测定 2~6 号标准溶液的荧光强度，然后由荧光强度与样品浓度绘制标准曲线。

4. 未知试样的测定

取维生素 B_2 药片 5~10 片，研细。准确称取维生素 B_2 药片粉末约 10mg，置于 100mL 容量瓶中，用 1% 乙酸溶液溶解（若有不溶杂质，过滤即可）。吸取滤液 10.00mL 于 50mL 容量瓶中，用 1% 乙酸溶液稀释至刻度，摇匀。测定此溶液的荧光强度。

5. 酸度的影响

于一组 25mL 容量瓶中各加入 1.00mL 维生素 B_2 标准溶液（$10.0\mu g/mL$），然后分别用 1∶1 盐酸、1% 乙酸、5% 乙酸和 10% 氢氧化钠溶液稀释至刻度，摇匀后用酸度计或 pH 试纸测定溶液的 pH 值，并于荧光分光光度计上测出相应的荧光强度，考察酸度对荧光强度的影响，从中确定最佳 pH 值的溶液。

五、【数据处理】

1. 根据维生素 B_2 的激发光谱和发射光谱曲线，确定其最大激发波长 λ_{ex} 和最大发射波长 λ_{em}。
2. 绘制维生素 B_2 的标准曲线，并从标准曲线上确定原始样品中维生素 B_2 的含量。
3. 测定不同溶液的 pH 值及相应的荧光强度，分析酸度对荧光强度的影响。

六、【注意事项】

1. 维生素 B_2 水溶液遇光易变质，标准溶液应新鲜配制，维生素 B_2 的碱性水溶液亦易变质。

2. 测定顺序要从稀到浓，以减少测量误差。

3. 实验所用的样品池是四面透光的石英池，拿取时用手指捏住池体棱边，不能接触到透光面，清洗样品池后应用擦镜纸对其四个面进行轻轻擦拭。

4. 在测试样品时，应注意样品的浓度不能太高，否则存在荧光猝灭效应，样品浓度与荧光强度不呈线性关系，造成定量工作出现误差。

七、【思考题】

1. 什么是荧光激发光谱和荧光发射光谱？如何绘制？
2. 维生素 B_2 在 pH＝6～7 时荧光强度最强，本实验为何在酸性溶液中测定？
3. 测定荧光强度时，为什么不需要参比溶液？

实验 6-2　奎宁的荧光特性和含量测定

一、【实验目的】

1. 掌握荧光法的原理与定量分析方法（标准曲线法）。
2. 学会绘制激发光谱和荧光谱图。
3. 利用标准曲线法定量测定奎宁的含量。

二、【实验原理】

利用荧光分析方法，测定能产生荧光的物质含量，对不能产生荧光的物质，可以利用某些具有能发生荧光基团的有机试剂，与非荧光物质形成较纯的荧光化合物，然后进行测定。荧光分析法是一种高灵敏度的分析方法。

奎宁在稀酸溶液中是强荧光物质，它有两个激发波长，分别为 250nm 和 350nm，荧光发射峰在 450nm。在低浓度时，溶液的荧光强度与溶液中荧光物质的浓度呈线性关系

$$I_f = kc$$

所以，配制一系列浓度标准试样测定荧光强度，绘制标准曲线，再在相同条件下测量未知试样的荧光强度，根据标准曲线求出浓度。

三、【仪器与试剂】

1. 仪器：荧光分光光度计，刻度吸管，研钵，容量瓶。
2. 试剂：10.0μg/mL 奎宁储备液，0.05mol/L H_2SO_4 溶液，奎宁药片。

四、【实验步骤】

1. 标准系列溶液的配制

取 6 个 25mL 的容量瓶，分别加入 10.0μg/mL 奎宁储备液 0mL、1.00mL、2.00mL、

3.00mL、4.00mL、5.00mL，用 0.05mol/L H_2SO_4 溶液稀释至刻度，摇匀。

2. 绘制激发光谱和荧光发射光谱（以 1.2μg/mL 的标样找最大 λ_{em} 和 λ_{ex}）

将 λ_{ex} 固定在 350nm，选择合适的实验条件，在 400～600nm 范围内扫描即得荧光发射光谱（可排除 λ_{ex} 的干扰），从谱图找出最大 λ_{em} 值。

将 λ_{em} 固定在 450nm，选择合适的实验条件，在 200～400nm 范围内扫描即得荧光激发光谱（可排除 λ_{em} 的干扰），从谱图找出最大 λ_{ex} 值。

3. 绘制标准曲线

将激发波长 λ_{ex} 固定在 350nm（或 250nm）左右处，荧光发射波长 λ_{em} 固定在 450nm 左右处，在选定条件下，测量标准系列溶液的荧光强度。

4. 未知试样的测定

取 4～5 片奎宁药片，在研钵中研细，准确称取约 0.1g，用 0.05mol/L H_2SO_4 溶解，全部转移至 1000mL 容量瓶中，以 0.05mol/L H_2SO_4 稀释至刻度，摇匀。取此溶液 2.0mL 于 100mL 容量瓶中，用 0.05mol/L H_2SO_4 溶液稀释至刻度，摇匀，在标准系列溶液同样条件下，测量试样的荧光发射强度。

五、【数据处理】

绘制荧光强度 I 对奎宁溶液浓度 c 的标准曲线，并由标准曲线求算未知试样的浓度 c（μg/mL），计算药片中奎宁的质量分数。

$$w_{奎宁} = c(\mu g/mL) \times 1000mL \times 50/(0.1g)$$

六、【注意事项】

奎宁溶液必须当天配制，避光保存。

七、【思考题】

1. 能用 0.05mol/L HCl 来代替 0.05mol/L H_2SO_4 稀释溶液吗？为什么？
2. 哪些因素可能会对奎宁荧光产生影响？

实验 6-3 设计性实验

荧光碳量子点检测金属离子

一、【实验目的】

1. 掌握荧光分析法的定量分析原理。
2. 掌握检索收集资料的方法，并能根据文献资料设计实验。
3. 建立一种简便、迅速、准确的检测金属离子含量的方法。

二、【设计提示】

1. 选择合适的生物质作为碳源。
2. 制备的碳量子点需要具备专一的选择性和高度的灵敏性。

三、【要求】

1. 设计一种制备高荧光产率碳量子点的方法。
2. 按照详细的设计实验方法,利用荧光分析法测定金属离子的含量,并写出详细的实验报告。

6.5 知识拓展

荧光探针应用技术

在生命科学、材料科学等的研究中,荧光探针起重要作用。在许多领域荧光探针已经取代放射性核素标记技术成为标准的研究工具,在检测速度和易用性方面都具有无可比拟的优点。随着激光扫描共聚焦显微镜在国内的引进和广泛应用,以及流式细胞仪和荧光显微镜在国内的普及,对各种荧光标记物的需求日益迫切。

(1) 食品检测领域

荧光成像技术凭借其无创伤性、快速响应、高灵敏度等优点而受到广泛关注,将荧光探针和相关载体结合形成复合体系更具有应用潜力。荧光成像技术在食品质量检测方面也有大量的研究,并取得了一定影响力的成果。如在柔性衬底上掺杂 Eu-MOF-FITC 探针后,所获得的金属有机框架(MOF)复合膜可以很容易地集成在便携式智能手机平台,研究人员随后将该系统用于现场检测市场上生鱼样品的新鲜度,监测了三种不同温度(-21℃、0℃和25℃)下,5天内生鱼类样品的新鲜度动态变化。实验结果表明,该智能颜色识别系统能够有效、直观地实时监测食品质量。

(2) 生物成像领域

碳点作为新型的荧光探针,具有优异的荧光性能且耐光漂白,无光闪烁,同时碳点的粒径小、毒性低,具有良好的生物相容性,是一种新型环境友好的生物标记试剂和成像试剂,目前碳点已经广泛地应用于细胞成像和活体成像。研究者们将碳点与大肠杆菌共同孵育24小时后,碳点成功进入大肠杆菌菌体内,使用共聚焦显微镜成像发现,选择不同激发波长激发大肠杆菌中的碳点,可以观察到不同颜色的碳点荧光。也有人将荧光碳点与人乳腺癌细胞进行孵育,使用双光子荧光成像方法进行观察,发现碳点通过内吞作用进入细胞,主要存在于细胞膜和细胞质中,而不能进入细胞核。利用碳点的双光子吸收性质,采用双光子激发成像可以避免紫外光对细胞核生物组织的损伤。

荧光碳点不仅可以应用于细胞成像,其在活体成像方面的研究也开始值得关注。将碳点通过皮下注射的方式进入小鼠体内,在成像系统下即可观察到碳点的荧光。而且由于碳点粒径小,在体内代谢过程中能及时被肾脏吸收并以排泄物的方式排出体外。最后测定小鼠各项生理参数和观察器官组织切片,发现碳点对小鼠基本无毒性反应。因此碳点有希望替代传统荧光染料和量子点而应用于生物医学和光学成像领域。

（3）分析检测领域

作为一种良好的电子供受体，分子的荧光可以被多种物质猝灭，利用金属离子可以有效地猝灭荧光的特点，可建立简单的荧光猝灭体系来检测金属离子。如，使用阳离子染料亚甲基蓝通过电荷转移有效猝灭碳点荧光，再加入双链 DNA 后，亚甲基蓝与 DNA 结合作用更强，使碳点的荧光恢复。基于这种碳点荧光猝灭恢复体系，可成功地检测 DNA。而后又使用铜离子猝灭碳点的荧光，当向体系中加入生物巯基化合物时，碳点的荧光又可以被恢复，从而成功地建立了检测总巯基化合物的新方法，并用于血清实际样中总巯基化合物的检测。基于同样的原理，研究者们也利用碳点检测了汞离子和巯基化合物。将三价铈离子加入碳点溶液中，铈离子与碳点表面的羧基发生配位作用而使碳点发生聚集，从而导致碳点的荧光猝灭。再向体系中加入磷酸根，通过磷酸根和铈离子的强配位作用，使碳点的荧光恢复，从而实现选择性检测磷酸根。

第 7 章 原子吸收光谱法

1955年澳大利亚的沃尔什（A. Walsh）发表了著名论文"原子吸收光谱在化学分析中的应用"，文中首次对原子吸收光谱分析原理及实验技术的可能性进行了论述，从而奠定了原子吸收光谱分析方法的基础。沃尔什设计了简单的仪器进行多种痕量金属元素的分析，开创了原子吸收光谱分析方法（atomic absorption spectroscopy，AAS）。目前这种方法可对70余种金属元素及类金属元素进行常量、微量甚至痕量的测定，已广泛应用于化学、物理、地质、环境、食品等领域。

7.1 基本原理

原子吸收光谱法的原理为：由待测元素空心阴极灯发射出一定强度和一定波长的特征谱线的光，当它通过含有待测元素基态原子的蒸气时，其中一部分被吸收，而未被吸收的光经单色器分光后，照射到光电检测器上以检测，根据该特征谱线被吸收的程度，测得试样中待测元素的含量。

在光源发射线的半宽度小于吸收线的半宽度（锐线光源）的条件下，光源的发射线通过一定厚度的原子蒸气，并被基态原子所吸收，吸光度与原子蒸气中待测元素的基态原子数的关系遵循朗伯-比尔定律：

$$A = \lg(I_0/I) = KN_0L \tag{7-1}$$

式中，I_0 和 I 分别为入射光和透射光的强度；N_0 为单位体积基态原子数；L 为光程长度；K 为与实验条件有关的常数。式(7-1) 表示吸光度与蒸气中基态原子数呈线性关系。常用的火焰温度低于3000K，火焰中基态原子占绝大多数，因此可以用基态原子数 N_0 代表吸收辐射的原子总数。实际工作中，要求测定的是试样中待测元素的浓度 c_0，在确定的实验条件下，试样中待测元素浓度与蒸气中原子总数有确定的关系：

$$N_0 = ac \tag{7-2}$$

式中，a 为比例常数；c 为待测元素浓度。将式(7-2) 代入式(7-1) 得：

$$A = KLac = K'c \tag{7-3}$$

式中，$K' = KLa$。

这就是原子吸收光谱法的基本公式。它表示在确定实验条件下，吸光度与试样中待测元素浓度呈线性关系。

原子吸收光谱法具有快速、灵敏、准确、选择性好、干扰少和操作简便等优点，目前已得到广泛应用。然而原子吸收光谱法对多元素同时测定尚有困难，并且有相当一些元素的测定灵敏度还不能令人满意。

7.2 仪器组成与分析技术

7.2.1 原子吸收分光光度计

原子吸收分光光度计又称原子吸收光谱仪,按照加热方式不同可分为火焰型和石墨炉型(无火焰)两种类型。其主要组成部分包括光源、原子化器装置、分光系统、检测放大系统。火焰型原子吸收分光光度计组成如图 7-1 所示。

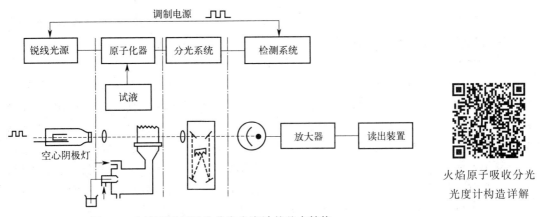

图 7-1 火焰型原子吸收分光光度计的基本结构

石墨炉型原子吸收分光光度计的原子化器是石墨管,它是用电加热的方法使试样干燥、灰化、原子化。试样用量只需几微升。由于不需要喷雾过程,溶液的浓度不会被稀释,采用石墨炉的原子化方式灵敏度较高。缺点是基体干扰及背景吸收较大,测定重现性较火焰原子化法差。

7.2.2 常用分析技术

原子吸收光谱法是一种相对测量而不是绝对测量的方法,即定量的结果是通过与标准溶液相比较而得出的。所以为了获得准确的测量结果,应根据实际情况选择合适的分析方法。常用的分析方法有标准曲线法和标准加入法。

(1) 标准曲线法

标准曲线法是常用的基本分析方法,主要适用于组分比较简单或共存组分互相没有干扰的情况。配制一组合适的浓度不同的标准溶液,由低浓度到高浓度依次喷入火焰,分别测定它们的吸光度 A,以 A 为纵坐标、被测元素的浓度 c 为横坐标,绘制 A-c 标准曲线。在相同的测定条件下,测定未知样品的吸光度,从 A-c 标准曲线上用内标法求出未知样品中被测元素的浓度。

(2) 标准加入法

对于比较复杂的样品溶液,有时很难配制与样品组成完全相同的标准溶液。这时可以采用标准加入法。

分取几份等量的被测试样,其中一份不加入被测元素,其余各份试样中分别加入不同已知量(c_1,c_2,c_3,…)的被测元素的标准溶液,然后在测定条件下,分别测定它们的吸光度 A_i,绘制吸光度 A_i 对被测元素加入量 c_i 的曲线。

如果被测试样中不含被测元素，在校正背景之后，曲线应通过原点。如果曲线不通过原点，说明被测试样中含有被测元素，截距所对应的吸光度就是被测元素所引起的效应。

外延曲线与横坐标轴相交，交点至原点的距离所对应的浓度 c，即为所求的被测元素的含量。

标准加入法只有在待测元素浓度与吸光度呈线性关系的范围内才能得到正确的结果。加入标准溶液的浓度要与样品浓度接近，才能得到准确的结果。

7.2.3 溶液的配制

（1）样品预处理

原子吸收光谱分析通常是溶液进样，被测样品需要先转化为溶液样品，样品的处理方法和通常的化学分析相同，要求试样分解完全，在分解过程中不能引入污染和造成待测组分的损失，所用试剂及反应产物对后续测定应无干扰。

分解试样最常采用的方法是用酸溶解或碱熔融，近年来微波溶样法获得了广泛的应用。有机试样通常先进行灰化处理，以除去有机物基体。灰化处理主要有干法灰化和湿法消化两种。干法灰化是在较高的温度下将样品氧化，然后再用酸溶解，溶解时务必将残渣溶解完全，最后将溶液转移到容量瓶中定容，对于易挥发的元素（如 Hg、As、Pb、Sb、Se 等）不能采用干法灰化，因为这些元素在灰化过程中损失严重。湿法消化是将样品用合适的酸升温氧化溶解。最常采用的是盐酸＋硝酸法、硝酸＋高氯酸法或硫酸＋硝酸法等混合酸法。微波溶样技术可将样品放在聚四氟乙烯高压反应罐中，于专用微波炉中加热消化样品。至于采用何种混合酸消化样品需要视样品类型来确定。

（2）标准溶液的配制

原子吸收光谱法的定量结果是通过与标准溶液相比较而得出的。配制的标准溶液的组成要尽可能接近未知试样的组成。溶液中含盐量对雾珠的形成和蒸发速度都有影响，其影响大小与盐类性质、含量、火焰温度、雾珠大小均有关。当总含盐量在 0.1% 以上时，在标准样品中也应加入等量的同一盐类，以期在喷雾及火焰中所发生的过程相似。非水标准溶液，是将金属有机化合物（如金属环烷酸盐）溶于合适的有机溶剂中来配制，或者将金属离子转为可萃取配合物，用合适的有机萃取溶剂萃取。有机相中的金属离子的含量可通过测定水相中其含量间接地加以标定。合适的有机溶剂是 C_6 或 C_7 脂肪族酯或酮、C_{10} 烷烃（例如甲基异丁酮、石油溶剂等）。芳香族化合物和卤素化合物不适合作有机溶剂，因为它们燃烧不完全，且产生浓烟，会改变火焰的物理化学性质。简单的溶剂如甲醇、乙醇、丙酮、乙醚、低分子量的烃等，因为其易挥发，也不适合作有机溶剂。

（3）试样的处理

对于溶液样品，处理比较简单。如果浓度过大，无机样品用水（或稀酸）稀释到合适的浓度范围。有机样品用甲基异丁酮或石油作溶剂，稀释到样品的黏度接近水的黏度。

7.2.4 测定条件的选择

（1）吸收线的选择

原子吸收强度正比于谱线振子强度与处于基态的原子数，因而从灵敏度的观点出发，通常选择元素的共振谱线作分析线。这样可以使测定具有高的灵敏度。但是共振线不一定是灵敏的吸收线，如过渡元素 Al，又如 As、Se、Hg 等元素的共振吸收线位于远紫外光区（波长小于 200nm），背景吸收强烈，这时就不宜选择这些元素的共振线作分析线。当测定浓度较高的样品时，或是为了避免邻近光谱线的干扰等，有时宁愿选取灵敏度较低的谱线，以便得到适度的吸光度值，改善标准曲线的线性范围。

（2）狭缝宽度的选择

在原子吸收光谱中，谱线重叠的概率是较小的。因此，在测量时允许使用较宽的狭缝，这样可以提高信噪比和测定的稳定性。但对于谱线复杂的元素（如 Fe、Co、Ni 等），因为在分析线附近还有很多发射线，它们不是被测元素的共振线，因此不被基态原子吸收，这样就会导致测定灵敏度下降、工作曲线弯曲。此时，应选用较窄的狭缝。决定狭缝宽度的一般原则是在不减小吸光度值的条件下，尽可能使用较宽的狭缝。

合适的狭缝宽度可用实验方法确定：将试液喷入火焰中，调节狭缝宽度，测定不同狭缝宽度时的吸收值。在狭缝宽度较小时，吸收值是不随狭缝宽度的增加而变化的，但当狭缝增宽到一定程度时，其他谱线或非吸收光出现在光谱通带内，吸收值就开始减小。不引起吸收值减小的最大狭缝宽度，就是理应选用的合适的狭缝宽度。

（3）灯电流的选择

空心阴极灯的发射特性取决于工作电流。空心阴极灯需要经过预热才能稳定输出，预热时间一般为 10~20min。一般商品空心阴极灯均标有允许使用的大工作电流和正常使用的电流。在实际工作中，通常是通过测定吸收值随灯工作电流的变化来选定适宜的工作电流。选择灯工作电流的原则是在保证稳定和合适光强输出的条件下，尽量选用低的工作电流。若空心阴极灯有时呈现背景连续光谱，则使用较高的工作电流是有利的，这样可以得到较高的谱线强度和背景强度比。

（4）原子化条件的选择

① 火焰原子化条件的选择。在火焰原子化条件选择之前，应安装和调整空心阴极灯、狭缝及波长，然后按下述步骤进行。

a. 按测定元素性质选定火焰种类。不同类型的火焰所产生的火焰温度差别较大，对于难解离化合物的元素，应选择温度较高的乙炔-空气火焰或乙炔-氧化亚氮火焰。对于易电离的元素，如 K、Na 等宜选择低温的丙烷-空气火焰。

b. 助燃气压力的调节，一般是在 $0.15\sim0.20MPa/cm^2$ 之间调定。在测定过程中，一般不再变动助燃气的流量。

c. 选定燃气流量，调定火焰的状态。选择时可用标准溶液吸喷，并改变燃气流量（改变流量时要重新调零），再根据吸收值-流量变化情况，选用具有大吸收值的中小流量。

d. 确定助燃比。燃气和助燃气的比例不同，火焰的特点也不同。易生成难解离氧化物的元素，用富燃火焰；氧化物不稳定的元素，宜用化学计量火焰或贫燃火焰。合适的燃助比应通过实验确定。

e. 燃烧器高度的选择。燃烧器的高度也直接影响测定的灵敏度、稳定性和干扰程度。在火焰中，自由原子的空间分布是不均匀的。因此，应该吸喷标准溶液，调节火焰燃烧器的高度，选取大吸收值的燃烧高度，从而获得高的灵敏度。

② 石墨炉原子化条件的选择。影响石墨炉原子化效率的因素较多，主要包括干燥、灰化、原子化及净化等阶段的温度和时间。干燥的主要作用是去除溶剂成分的干扰，一般在 $105\sim125$℃ 的条件下进行。干燥时间、一般灰化阶段温度和时间的选择要以尽可能除去试样

中基体与其他组分而被测元素不损失为前提。原子化阶段是要使待测元素尽可能多地被原子化，应选择能使待测元素原子化的最低温度，原子化时间为 5～10s。净化阶段，温度应高于原子化温度，以便消除试样的残留物产生的记忆效应，一般时间为 5～10s。

7.2.5 干扰因素及消除方法

原子吸收光谱法中，干扰效应按其性质和产生的原因，可以分为四类：物理干扰、化学干扰、电离干扰和光谱干扰。

干扰因素及消除方法

7.3 典型应用

(1) 元素分析

原子吸收光谱分析，由于其灵敏度高、干扰少、分析方法简单快速，现已广泛地应用于工业、农业、生化、地质、冶金、食品、环保等各个领域，目前原子吸收已成为金属元素分析的强有力工具之一，而且在许多领域已作为标准分析方法。原子吸收光谱分析的特点决定了它在地质和冶金分析中的重要地位，它不仅取代了许多一般的湿法化学分析，而且与X射线荧光分析，甚至与中子活化分析有着同等的地位。目前原子吸收法已用来测定地质样品中70多种元素，并且大部分能够达到足够的灵敏度和很好的精密度。钢铁、合金和高纯金属中多种痕量元素的分析现在也多用原子吸收法。原子吸收光谱法在食品分析中的应用越来越广泛。食品和饮料中的20多种元素已有满意的原子吸收分析方法。生化和临床样品中必需元素和有害元素的分析现已采用原子吸收法。有关石油产品、陶瓷、农业样品、药物和涂料中金属元素的原子吸收分析的文献报道近些年来越来越多。水体和大气等环境样品的微量金属元素分析已成为原子吸收分析的重要领域之一。利用间接原子吸收法可测定某些非金属元素。

(2) 理论研究

原子吸收可作为物理和物理化学的一种实验手段，对物质的一些基本性能进行测定和研究。电热原子化器容易做到控制蒸发过程和原子化过程，所以用它测定一些基本参数有很多优点。用电热原子化器所测定的一些参数有气态原子扩散系数、解离能、振子强度、光谱线轮廓的变宽、溶解度、蒸气压等。

(3) 有机物分析

利用间接法可以测定多种有机物。8-羟基喹啉（Cu）、醇类（Cr）、醛类（Ag）、酯类（Fe）、酚类（Fe）、联乙酰（Ni）、酞酸（Cu）、脂肪胺（Co）、氨基酸（Cu）、维生素 C（Ni）、氨茴酸（Co）、异烟肼（Cu）、甲酸奎宁（Zn）、有机酸酐（Fe）、苯甲基青霉素（Cu）、葡萄糖（Ca）、环氧化物水解酶（PbO）、含卤素的有机化合物（Ag）等多种有机物，均可通过与相应的金属元素之间的化学计量反应而间接测定。

(4) 金属化学形态分析

通过气相色谱和液体色谱分离然后以原子吸收光谱加以测定，可以分析同种金属元素的不同有机化合物。例如汽油中的5种烷基铅，大气中的5种烷基铅、烷基硒、烷基胂、烷基锡，水体中的烷基胂、烷基铅、烷基汞、有机铬，生物中的烷基铅、烷基汞、有机锌、有机铜等多种金属有机化合物，均可通过不同类型的色谱-原子吸收联用方式加以鉴别和测定。

7.4 实验

实验 7-1 | 火焰原子吸收光谱法测定自来水中的钙、镁含量（标准曲线法）

一、【实验目的】

1. 掌握原子吸收光谱法的基本原理。
2. 了解原子吸收分光光度计的基本结构及操作技术。
3. 掌握应用标准曲线法测自来水中钙、镁含量的方法。

二、【实验原理】

由待测元素的空心阴极灯发射出一定强度和一定波长的特征谱线的光，当它通过含待测元素基态原子蒸气的火焰时，其中部分特征谱线的光被吸收，而未被吸收的光经单色器照射到光电检测器上被检测，根据该特征谱线光强度被吸收的程度，即可测得试样中待测元素的含量。

原子所吸收特征谱线被吸收的程度可用朗伯-比尔定律表示：

$$A = \lg \frac{I_0}{I} = KLN_0$$

式中，A 为原子吸收分光光度计所测吸光度；I_0 为入射光强；I 为透射光强；K 为被测组分对某一波长光的吸收系数；L 为吸收层厚度即燃烧器的长度，在实验中为一定值；N_0 为待测元素的基态原子数，由于在火焰温度下待测元素原子蒸气中的基态原子的分布占绝对优势，因此可用 N_0 代表在火焰吸收层中的原子总数。当试液原子化效率一定时，待测元素在火焰吸收层中的原子总数 N_0 与试液中待测元素的浓度 c 成正比，即 $N_0 = ac$，则 $A = KLac$，式中 K、L、a 均为常数，令 $K' = KLa$，则上式可写作 $A = K'c$，即吸光度 A 与浓度 c 成正比，遵循朗伯-比尔定律。

三、【仪器与试剂】

1. 仪器：原子吸收分光光度计，钙、镁空心阴极灯，空气压缩机，高纯乙炔。
2. 试剂：钙、镁标准储备液（100μg/mL），去离子水，自来水。

四、【实验步骤】

1. 钙、镁标准溶液的配制

在 5 个 100mL 容量瓶中，各准确移取 2mL、4mL、6mL、8mL、10mL 的储备液（100μg/mL），去离子水定容，形成质量浓度分别为 2μg/mL、4μg/mL、6μg/mL、8μg/mL、10μg/mL 的标液。

2. 测定参数的设置

钙空心阴极灯工作波长 422.7nm，镁空心阴极灯工作波长 285.2nm，光谱带宽 0.2nm，灯电流 3.0mA，燃烧器高度 10.0mm，乙炔燃气流量 2.0L/min，空气压缩机压力 0.25MPa。

3. 样品的测定

准确吸取 25.0mL 自来水样于 100mL 容量瓶中，超纯水定容，摇匀，根据测定条件测定标准系列溶液和自来水样中钙、镁的吸光度。

五、【数据处理】

1. 将钙、镁标准系列溶液的吸光度值记录于表 7-1 中，然后以标准溶液的浓度为横坐标，以吸光度为纵坐标绘制标准曲线。

2. 在绘制的标准曲线上求出样品吸光度对应的浓度，再乘以稀释倍数分别求出自来水中的钙、镁含量。

表 7-1　火焰原子吸收光谱法测定自来水中钙、镁含量数据记录

钙的测定	钙标准溶液浓度/(μg/mL)	2	4	6	8	10
	吸光度 A					
镁的测定	镁标准溶液浓度/(μg/mL)	2	4	6	8	10
	吸光度 A					

六、【注意事项】

1. 自来水中含有大量的杂质，如氯离子、硫酸根离子等，这些杂质会影响原子吸收的灵敏度和准确性。因此，在进行原子吸收分析之前，需要对样品进行前处理，去除其中的杂质。

2. 样品浓度越高，原子吸收的灵敏度就越高。但是，如果样品浓度过高，会导致峰形变宽或出现多重峰，从而影响分析结果。因此，在进行原子吸收分析时，需要选择适当的样品浓度。

七、【思考题】

1. 为什么用于测定的自来水要被稀释，稀释的倍数是怎么确定的？
2. 原子吸收光谱分析的优点是什么？
3. 如果标准系列溶液浓度范围过大则标准曲线会弯曲，为什么会有这种情况？
4. 原子吸收光谱分析的理论依据是什么？
5. 原子吸收分析为何要用待测元素的空心阴极灯作光源？能否用氢灯或钨灯代替？为什么？

实验 7-2 ｜火焰原子吸收光谱法测定化妆品中的铅（标准加入法）

一、【实验目的】

1. 了解原子吸收测定过程中化学干扰的产生及消除方法。

2. 学习化妆品试样的处理方法。
3. 学习标准加入法进行定量测定的原理。

二、【实验原理】

试样基体成分一般不能准确知道，当它对原子化效率的影响较大时，采用标准曲线法就会产生较大误差，这时可采用另一种定量方法——标准加入法。吸取若干等体积试液置于等容积的容量瓶中，从第二个容量瓶开始，分别按比例递增加入待测元素的标准溶液，然后用溶剂稀释至刻度，摇匀，分别测定浓度为 c_x，c_x+c_0，c_x+2c_0，c_x+3c_0，…的溶液，测量得到的吸光度为 A_x，A_1，A_2，A_3，…，然后以吸光度 A 对待测元素标准溶液的加入量作图，得如图 7-2 所示的直线，其纵轴上截距 A_x 为只含试样 c_x 的吸光度，直线延长线与横坐标轴相交于 c_x，即为所要测定的试样中该元素的浓度。

在使用标准加入法时应注意：至少配制四种不同加入量的待测元素标准溶液，尽量减少偶然误差；绘制的工作曲线斜率不能太小，否则外延后将引入较大误差，为此应使一次加入量 c_0 与未知量 c_x 尽量接近；本法能消除基体效应带来的干扰，但不能消除背景吸收带来的干扰；待测元素的浓度与对应的吸光度应呈线性关系，即绘制的工作曲线应呈直线，而且当待测元素不存在时，工作曲线应该通过原点。

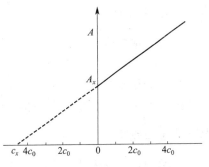

图 7-2　标准加入法工作曲线

三、【仪器与试剂】

1. 仪器：原子吸收分光光度计，铅空心阴极灯，空气压缩机，高纯乙炔。
2. 试剂：样品，铅标准储备液（1mg/mL），去离子水，稀盐酸，试样，盐酸羟胺溶液（取 12g 盐酸羟胺和 12g 氯化钠溶于 100mL 水中）。

四、【实验步骤】

1. 样品处理（可任选一种方法）

2. 标准系列溶液配制

取 1 个 100mL 容量瓶，加入 1000μg/mL 铅标准储备液 2.00mL，用稀盐酸稀释至刻度，摇匀，得 20.00μg/mL 铅标准溶液。另取 5 个 50mL 容量瓶，先加入 5.00mL 待测试样，再分别加入上述溶液 20.00μg/mL 铅标准溶液 0mL、1.00mL、2.00mL、3.00mL、4.00mL，用稀盐酸稀释至刻度，摇匀。

样品处理方法

3. 参数设置

根据仪器设置参数。

4. 样品测定

按照浓度由低到高依次测定 5 个标准系列溶液，记录溶液吸光度值。

5. 实验完毕

样品测量完毕后把进样管放入纯化水中两到三分钟对雾化器和燃烧头进行清洗。所有测量结束后点击火焰熄火，关闭乙炔气瓶，先关闭空气压缩机工作开关，再关风机开关，并按下排气阀把残余的空气排出，关闭软件，关闭主机。

五、【数据处理】

1. 以所测得的吸光度为纵坐标，相应的外加铅浓度为横坐标，绘制标准曲线。
2. 将绘制的标准曲线延长，交横坐标于 c_x，再乘以样品稀释的倍数，即求得化妆品中铅的含量。

六、【注意事项】

1. 化妆品中含有大量的杂质，如油脂、水分等，这些杂质会影响原子吸收光谱的灵敏度和准确性。因此，在进行原子吸收分析之前，需要对样品进行前处理，去除其中的杂质。
2. 火焰原子吸收光谱仪是一种精密仪器，需要进行定期校准才能保证分析结果的准确性。在校准过程中，需要使用标准溶液来确定仪器的灵敏度和准确度。

七、【思考题】

1. 采用标准加入法定量测定应注意哪些问题？
2. 为什么标准加入法中工作曲线外推与浓度轴相交点，就是试样中待测元素的浓度？
3. 标准曲线法与标准加入法的选取原则是什么？

实验 7-3　原子吸收光谱法测定豆乳粉中的铁、铜、锌、锰

一、【实验目的】

1. 掌握原子吸收光谱法测定食品中微量元素的方法。
2. 学习食品试样的处理方法。

二、【实验原理】

原子吸收光谱法是测定多种试样中金属元素的常用方法。测定食品中微量金属元素，首先要处理样品，使其中的金属元素以可溶的状态存在。试样可以用湿法处理，即试样在酸中消化制成溶液，也可以用干法灰化处理，即将试样置于马弗炉中，在 400～500℃ 高温下灰化，再将灰分溶解在盐酸或硝酸中制成溶液。本实验采用干法灰化法处理样品，然后测定其中 Fe、Cu、Zn、Mn 等元素。此法可用于食品如糕点，水果，蔬菜等中微量元素的测定。

三、【仪器与试剂】

1. 仪器：原子吸收光谱仪，空心阴极灯，瓷坩埚，马弗炉，电炉等。
2. 试剂：试样，Fe、Cu、Zn、Mn 标准储备液（1mg/mL），盐酸（G.R.），硝酸（G.R.）。

四、【实验步骤】

1. 试样的制备

准确称取 2g 试样于瓷坩埚中，放入马弗炉中 500℃灰化 2～3h，取出样品冷却，加入 6mol/L 盐酸 4mL，加热促使残渣完全溶解。移入 50mL 容量瓶中，用 0.2%硝酸稀释定容至刻度，摇匀。

2. 标准混合工作溶液的配制

将各储备液逐级稀释配制含 Cu、Fe 100μg/mL，含 Zn、Mn 10μg/mL 的混标液。在 6 个 100mL 容量瓶中分别加入 0mL、1.00mL、2.00mL、3.00mL、4.00mL、5.00mL 混标液，再加入 8mL 6mol/L 盐酸，用 0.2%硝酸稀释定容，摇匀，其 Cu、Fe 浓度为 0μg/mL、1.00μg/mL、2.00μg/mL、3.00μg/mL、4.00μg/mL、5.00μg/mL，Zn、Mn 浓度为 0μg/mL、0.10μg/mL、0.20μg/mL、0.30μg/mL、0.40μg/mL、0.50μg/mL。

3. 样品测试

根据仪器工作条件，分别测量标准混合工作溶液中 Fe、Cu、Zn、Mn 的吸光度，并在相同条件下，测量试样中 Fe、Cu、Zn、Mn 的吸光度。

五、【数据处理】

1. 绘制 Fe、Cu、Zn、Mn 的标准曲线。
2. 根据各元素在标准曲线上求出的浓度及样品的稀释倍数，确定这些元素的含量。

六、【注意事项】

1. 原子吸收光谱仪是一种精密仪器，需要进行定期校准才能保证分析结果的准确性。在校准过程中，需要使用标准溶液来确定仪器的灵敏度和准确度。
2. 若样品中某些元素含量较低，可以增加取样量。若某些元素含量较高，可以稀释溶液。
3. 处理好的样品溶液应该澄清透明，若出现浑浊，可用滤膜或滤纸过滤。

七、【思考题】

1. 在原子吸收光谱法中为什么要用待测元素的空心阴极灯作为光源？可否用氘灯或钨灯代替，为什么？
2. 为什么稀释后的标准溶液只能放置较短的时间，而储备液可以放置较长时间？

实验 7-4 设计性实验

大米中镉含量的测定

一、【实验原理】

1. 掌握原子吸收光谱法的定量分析原理。

  2. 掌握检索收集资料的方法，并能根据文献资料设计实验。
  3. 建立一种简便、迅速、准确的检测大米中镉含量的方法。

二、【设计提示】

  1. 镉元素的物理化学性质如何？
  2. 常用的检测镉含量的方法有哪些？基本原理是什么？
  3. 根据现有文献报道还可以用哪些方法测定大米中的镉含量？

三、【要求】

  1. 设计一种利用原子吸收光谱法测定大米中镉含量的方法。
  2. 按照详细的实验设计方法，利用原子吸收光谱法测定大米中的镉含量，并写出详细的实验报告。

7.5　知识拓展

原子吸收分光光度计发展史

  1859 年，基尔霍夫（G. Kirchhoff）与本生（R. Bunsen）（图 7-3）在研究碱金属和碱土金属的火焰光谱时，发现钠蒸气发出的光通过温度较低的钠蒸气时，会引起钠光的吸收，并且根据钠发射线与暗线在光谱中位置相同这一事实，断定太阳连续光谱中的暗线，正是太阳外围大气圈中的钠原子对太阳光谱中的钠辐射吸收的结果。

  1955 年澳大利亚的沃尔什（A. Walsh）发表了他的著名论文"原子吸收光谱在化学分析中的应用"，文中首次对原子吸收光谱分析原理及实验技术的可能性进行了论述，从而奠定了原子吸收光谱分析方法的基础。沃尔什设计了简单的仪器进行了多种痕量金属元素的分析，开创了原子吸收光谱分析方法（图 7-4）。

图 7-3　基尔霍夫（左）和本生（右）

图 7-4　艾伦·沃尔什与第一台原子吸收光谱仪

  1959 年，里沃夫发表了电热原子化技术的第一篇论文。电热原子吸收光谱法使原子吸收光谱法向前发展了一步。塞曼效应和自吸效应扣除背景技术的发展，使在很高的背景下亦可顺利地实现原子吸收测定。基体改进技术的应用、平台及探针技术的应用以及在此基础上发展起来的稳定温度平台石墨炉技术（STPF）的应用，可以有效地实现对许多复杂组成的试样进行原子吸收测定。

1961 年美国 Perkin-EImer 公司推出了世界上第一台火焰原子吸收分光光度计，1970 年 Perkin-EImer 又推出第一台商品化石墨炉原子吸收仪。1972 年中国第一台火焰原子吸收商品仪器（WFD-Y2 型），由北京第二光学仪器厂（北京瑞利分析仪器公司前身）研制成功并批量生产，从此揭开中国原子吸收仪器研究发展的序幕。第一台石墨炉/火焰数字式原子吸收仪、第一台自吸效应背景校正原子吸收仪等都是在此基础上研制成功的。我国诸多原子吸收光谱专家及学者早期也是在此仪器上开始实验研究并推动了中国原子吸收光谱事业发展的。

原子吸收技术的发展，推动了原子吸收仪器的不断更新和发展，而其他科学技术进步，为原子吸收仪器的不断更新和发展提供了技术和物质基础。近年来，使用连续光源和中阶梯光栅，结合使用光导摄像管、二极管阵列多元素分析检测器，设计出了微机控制的原子吸收分光光度计，为解决多元素同时测定问题开辟了新的前景。微机控制的原子吸收光谱系统简化了仪器结构，提高了仪器的自动化程度，改善了测定准确度，使原子吸收光谱法发生了重大的变化。联用技术（色谱-原子吸收联用、流动注射-原子吸收联用）日益受到人们的重视，色谱-原子吸收联用，不仅在元素的化学形态分析方面，而且在测定有机化合物的复杂混合物方面，都有着重要的用途。原子吸收光谱分析法凭借其诸多优势，已成为普及程度最高的仪器分析方法之一。

第 8 章 原子发射光谱法

原子发射光谱法（atomic emission spectroscopy，AES）是利用物质受电能或热能作用，产生的气态原子或离子的价电子跃迁所产生的特征光谱线来研究物质组成的分析方法。它一般是通过记录和测量元素的激发态原子所发出的特征辐射的波长和强度对其进行定性、半定量和定量分析。原子发射光谱是目前应用较多的多元素分析技术之一，由于其具有检测限较低、准确度较高和多元素同时检测的能力，广泛应用于常量和微量元素分析。

8.1 基本原理

不同物质由不同元素的原子所组成，原子被激发后，其外层电子有不同的跃迁，但这些跃迁遵循"光谱选律"，因此特定元素的原子产生一系列不同波长的特征光谱线。识别这些元素的特征光谱线即可鉴别元素的存在。由于这些光谱线的强度与元素的含量有关，利用其谱线强度即可测定元素的含量。一般情况下，原子发射光谱法适用于 1% 以下含量的组分测定，检出限可达 10^{-6}，精密度为 ±10% 左右，线性范围约 2 个数量级。

不同元素的原子结构不同，因而原子各能级之间的能量差 ΔE 也不相同，各能级间的跃迁所对应的辐射也不同，可根据所检测到的辐射的频率 ν 或波长 λ 对样品进行定性分析。另外，当元素含量不同时，同一波长所对应的辐射强度也不相同，可根据所检测到的辐射强度对各元素进行定量测定。

8.2 仪器组成与分析技术

8.2.1 原子发射光谱仪

原子发射光谱仪主要包括光源、分光系统和观测系统三大部分。

（1）光源

光源使试样蒸发、解离、原子化、激发、跃迁产生光辐射的作用。目前常用的光源有直流电弧、交流电弧、电火花及电感耦合等离子体（inductively coupled plasma，ICP）。

① 直流电弧。电源一般为可控硅整流器，常用高频电压引燃直流电弧。直流电弧的最大优点是电极头温度高、蒸发能力强，缺点是放电不稳定，且弧较厚，自吸现象严重，故不适宜用于高含量定量分析，但可很好地应用于矿石等的定性、半定量及痕量元素的定量分析。

② 交流电弧。因为电极间没有导电的电子和离子，普通的 220V 交流电直接连接在两个

电极间是不可能形成弧焰的,可以采用高频高压引火装置。交流电弧是介于直流电弧和电火花之间的一种光源,与直流电弧相比,交流电弧的电极头温度稍低一些,但由于有控制放电装置,故电弧较稳定。这种电源常用于金属、合金中低含量元素的定量分析。

③ 电火花。通常使用10000V以上的高压交流电,通过间隙放电产生电火花。由于高压火花放电时间极短,故在这一瞬间内通过分析间隙的电流密度很大,因此弧焰瞬间温度很高,可达10000K以上,故激发能量高,可激发电离电位高的元素。由于电火花是以间隙方式进行工作的,平均电流密度并不高,所以电极头温度较低,且弧焰半径较小。这种光源主要用于易熔金属合金试样的分析及高含量元素的定量分析。

④ 电感耦合等离子体。ICP是指由电子、离子、原子、分子组成的在总体上显中性的物质状态。当有高频电流通过线圈时,产生轴向磁场,这时若高频点火装置产生火花,形成的载流子(离子与电子)在电磁场作用下,与原子碰撞并使之电离,形成更多的载流子,当载流子多到足以使气体有足够的电导率时,在垂直于磁场方向的截面上就会感生出流经闭合圆形路径的涡流,强大的电流产生的高热又将气体加热,瞬间使气体形成最高温度可达10000K的稳定的等离子炬。感应线圈将能量耦合给等离子体,并维持等离子炬。当载气带着试样气溶胶通过等离子体时,被加热至6000~7000K,并被原子化和激发产生发射光谱。ICP样品引入系统示意图,如图8-1所示。

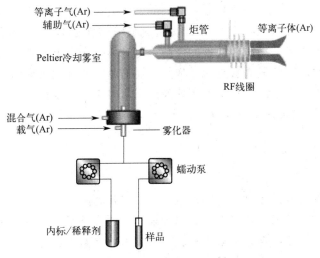

图 8-1 ICP样品引入系统示意图

(2) 分光系统

分光系统通常由照明系统、准光系统、色散系统和投影记录系统组成。其工作过程是:由光源发出的光,经照明系统后均匀地照在狭缝上,然后经准光系统的准直物镜变成平行光,照射到色散原件上,色散后各种波长的平行光由聚焦物镜聚焦投影在其焦面上,获得按波长次序排列的光谱,并进行记录或检测。光谱仪根据使用色散元件的不同,分为棱镜光谱仪和光栅光谱仪;按照检测方法的不同,又可以分为照相式摄谱仪和光电直读光谱仪。

原子发射光谱仪构造详解

(3) 光谱观测设备

光谱投影仪是原子发射光谱定性和半定量分析的主要工具。它把光谱感光板上的谱线放大,以便查找元素的特征谱线。

8.2.2 常用分析技术

(1) 样品处理与条件优化

① 固体金属及合金等导电材料的处理

块状金属及合金试样的处理：用金刚砂纸将金属表面打磨成均匀光滑表面。表面不应有氧化层，试样应有足够的质量和大小（至少应大于燃斑的直径 3~5mm）。

棒状金属及合金试样的处理：用车床加工成直径 8~10mm 的棒。若加工成锥体，放电更加稳定。圆柱形棒状金属也不应有氧化层，以免影响导电。

丝状金属及合金试样的处理：细金属丝可作卷置于石墨电极孔中，或者重新熔化成金属块，较粗的金属丝可卷成直径 8~10nm 的棒状。

碎金属屑试样的处理：首先用酸或丙酮洗去表面污物，烘干后磨成粉状，用石墨电极全燃烧法测定，或者将粉末混入石墨粉末后压成片状进行分析。

② 非导电固体试样的处理

非金属氧化物、陶瓷、土壤等试样在烧 20~30min 后，磨细，加入缓冲剂及内标，置于石墨电极孔中用电弧激发。

③ 电感耦合等离子体光源法的试样前处理

电感耦合等离子体光谱法一般采用溶液样品，各类样品均应转化为溶液进行分析（个别仪器有固体进样器，可分析块状金属试样）。转化成液体样品的方法常用酸溶解法，极个别用碱熔融法。等离子体光谱用试样处理的原则是尽量不引入盐类或其他成盐的试剂，以免增加溶液中固体物的量，含盐量高会造成进样雾化器的堵塞及雾化效率的改变，引入误差。一般尽量采用硝酸或盐酸等处理，尽量不用硫酸或高氯酸等黏稠度较大的浓酸溶解样品。处理后的试样中残余酸不宜过高，一般为 5%~10%。样品溶液的酸度和标准溶液的酸度应一致。

(2) 光谱干扰与校正

① 光谱干扰

在发射光谱中最重要的光谱干扰是背景干扰。带状光谱、连续光谱以及光学系统的杂散光等，都会造成光谱的背景干扰。其中光源中未解离的分子所产生的带状光谱是传统光源背景的主要来源，光源温度越低，未解离的分子就越多，因而背景就越强。此外，仪器光学系统的杂散光到达检测器，也产生背景干扰。背景干扰的存在使校正曲线发生弯曲或平移，因而影响光谱分析的准确度，故必须进行背景校正。

② 校正

校正背景的基本原则是，谱线的表观强度 I_{L+B} 减去背景强度 I_B。背景的扣除，可以用摄谱法。测出背景的黑度 S_B，然后测出被测元素谱线黑度，此时为分析线与背景相加的黑度 $S_{(L+B)}$。由乳剂特征曲线查出 $\lg I_{(L+B)}$ 与 $\lg I_B$，再计算出谱线的表观强度 $I_{(L+B)}$ 与背景强度 I_B，两者相减，即可得出被测元素的谱线强度 I_L，用同样方法可得出内标线谱线强度 $I_{(IS)}$。值得注意的是，用摄谱法记录谱线强度时，不能用黑度相减的方法来校正背景，因为黑度与谱线强度之间是对数关系，黑度相减不等于强度相减。也不能用对背景调零的方法来校正背景。

8.3 典型应用

8.3.1 定性分析

在定性分析中所依据的谱线有灵敏线、最后线及特征线组。灵敏线是指各元素谱线中最容易激发或激发电位较低的谱线，通常是该元素光谱中最强的谱线。最后线是指随着元素含量减小，最后才消失的线，一般而言，最后线是第一共振线（由第一激发态跃迁至基态时所辐射的谱线称为第一共振线），也是理论上的灵敏线。特征线组是指为某种元素所特有的、容易辨认的多重线组。在光谱分析中，用于鉴定元素的存在及测定元素含量的谱线称为分析线。

每种元素的原子都有它的特征发射光谱，根据原子发射光谱中的元素特征谱线就可以确定试样中是否存在被检元素。只要在试样光谱中检出了某元素的灵敏线，就可以确定试样中存在该元素。反之，若在试样中未检出某元素的灵敏线，则说明试样中不存在该元素，或者该元素的含量在检测灵敏度以下。

定性分析方法主要有标准试样比较法和铁光谱比较法。

① 标准试样比较法。将欲检出元素的物质或纯化合物与未知试样在相同条件下并列摄谱于同一块感光板上。显影、定影后在映谱仪上对照检查两列光谱，以确定未知样中某元素是否存在。此法多用于不经常遇到的元素分析。

② 铁光谱比较法。铁的谱线多，并且分布在较广的波长范围（201～660nm 内有几千条谱线），相距很近，分配均匀，每条谱线的波长已精确测定/定位，载于谱线表内。以铁的光谱线作为波长的标尺，将各元素的最后线按波长位置标插在铁光谱上方位置，制成元素标准光谱图。定性分析时，将待测样品和纯铁并列置于同一感光板，在映谱仪上用元素标准光谱图与样品的光谱对照检查，如待测元素与标明的某元素谱线重合，则认为可能存在该元素。

8.3.2 半定量分析

摄谱法是目前光谱半定量分析最重要的手段，它可以迅速地给出试样中待测元素的大致含量，常用的方法有谱线黑度比较法和谱线呈现法等。

(1) 谱线黑度比较法

将试样与已知不同含量的标准样品在一定条件下摄谱于同一光谱感光板上，然后在映谱仪上用目视法直接比较被测试样与标准样品光谱中分析线的黑度，若黑度相等，则表明被测试样中待测元素的含量近似等于该标准样品中待测元素的含量。该法的准确度取决于被测试样与标准样品组成的相似程度及标准样品中待测元素含量间隔的大小。

(2) 谱线呈现法

元素含量低时，仅出现少数灵敏线，随着元素含量增加，一些次灵敏线与较弱的谱线相继出现，于是可以编成一张谱线出现与含量的关系表，以后根据某一谱线是否出现来估计试样中该元素的大致含量。该法的优点是简便快速，其准确程度受试样组成与分析条件的影响较大。

8.3.3 定量分析

定量分析常用的方法有校正曲线法和标准加入法。

(1) 校正曲线法

在选定的分析条件下,用两个以上的含有不同浓度的被测元素的标样激发光源,以分析谱线强度 I,或者分析谱线对强度比 R 或者 $\lg R$ 对浓度 c 或者 $\lg c$ 建立校正曲线。在同样的分析条件下,测量未知试样光谱的 I、R 或者 $\lg R$,由校正曲线求得未知试样中被测元素含量 c。

如用照相法记录光谱,分析线与内标线的黑度都落在感光板乳剂特性曲线的正常曝光部分,这时可直接用分析线对黑度差 ΔS 与 $\lg c$ 建立校正曲线,进行定量分析。

校正曲线法是光谱定量分析的基本方法,应用广泛,特别适用于成批样品的分析。

(2) 标准加入法

在标准样品与未知样品基体匹配有困难时,采用标准加入法进行定量分析,可以得到比校正曲线法更好的分析结果。

在几份未知试样中,分别加入不同已知量的被测元素,在同一条件下激发光谱,测量不同加入量时的分析线对强度比。在被测元素浓度低时,自吸收系数 b 为 1,谱线强度比 R 直接正比于浓度 c,将校正曲线 R-c 延长交于横坐标,交点至坐标原点的距离所对应的含量,即为未知试样中被测元素的含量。

标准加入法可用来检查基体纯度,估计系统误差,提高测定灵敏度等。

8.4 实验

实验 8-1 原子发射光谱分析测定矿泉水试样中的微量金属元素

一、【实验目的】

1. 学习原子发射光谱定性分析和定量分析的原理和方法。
2. 了解电感耦合等离子体发射光谱仪的使用。

二、【实验原理】

原子发射光谱定性分析的依据是各种元素的原子被激发后,可发射许多波长不同的光谱线,根据量子理论,谱线的波长 λ 和能级的能量 E 的关系为:

$$\lambda = c/\nu$$
$$\Delta E = E_2 - E_1 = h\nu$$

式中,c 为光速;h 为普朗克常数;ν 为光的频率;ΔE 为两能级的能量差。各种原子的原子结构不同,其发射的谱线也不同,根据各元素的特征谱线,可对该元素进行定性分析。

实际应用时,不必检查所有谱线,可根据待测元素的几条"灵敏线"或"最后线"判断该元素存在与否。所谓元素的最后线是指当试样中元素含量降低至最低可检出量时，仍能观察到的几条光谱谱线，一般情况下也是最灵敏线。通常不能仅凭一条谱线判定某元素的存在，应考虑谱线重叠的干扰，特别是对于成分复杂的试样，需要继续查找该元素的其他灵敏线是否出现，一般是两条以上才可以确认。

定性分析时，若试样光谱中没有某种元素的谱线，并不表示该元素绝对不存在，仅表示其含量低于检测方法的灵敏度。灵敏度与元素种类有关，还与光源、摄谱仪及试样的引入等实验条件有关。

原子发射光谱定量分析的依据是谱线强度 I 与试样中该元素含量 c 符合经验公式：

$$I = ac^b$$
$$\lg I = b\lg c + \lg a$$

式中，a 为常数，与试样的蒸发、激发和组成有关；b 为自吸系数，与谱线的自吸有关，通常 $b \leq 1$，在浓度较低以及ICP光源时，$b=1$。该公式又称塞伯-罗马金公式，可通过配制标准溶液，测量待测元素谱线强度，再和样品中的待测元素谱线强度比较，得到定量信息。具体方法有标准曲线法、内标法等。

本实验先对矿泉水试样中的微量元素进行定性分析，然后对 Ca、Mg、Sr、Zn、Li 等微量金属元素进行定量分析，实验时可根据具体情况，选择其中 2～5 种进行测试。

三、【仪器与试剂】

1. 仪器：等离子体原子发射光谱仪，氩气。
2. 试剂：Ca、Mg、Sr、Zn、Li 等金属元素标准溶液（浓度为 $100\mu g/mL$），HNO_3。

四、【实验步骤】

1. 定性分析

① 未知试样的定性分析按照仪器操作规程设置仪器参数，点燃等离子体。

② 点击"Run"选择"FullFrame"命令，运行全谱指令，获得试样的 UV 和 Vis 全谱，然后点击观察到的某条强谱线，用谱线库对其进行鉴别，同时寻找该元素的其他二级谱线进行辅助证明。

③ 试样中指定元素的检查，如 Ca 定性检测（或其他已有标准溶液的元素），先建立一个 Ca 元素的方法，选择待测元素的某条谱线，用一份含有 Ca 元素的溶液，运行全谱指令，得到的全谱谱图中会将选定元素和谱线标记出来。在待测溶液测量时标记处有光斑则可以证明 Ca 元素的存在。

2. 定量分析

（1）混合标准溶液的配制

分别移取 Ca、Mg、Sr、Zn、Li 标准溶液 5.00mL 于 50mL 容量瓶中，加入 2mL HNO_3（1:1，下同），用去离子水稀释至刻度，得到浓度分别为 $10.00\mu g/mL$ 的混合标准溶液 1。

吸取上述 $10.00\mu g/mL$ 的混合标准溶液 5.00mL，加入 2mL HNO_3，用去离子水稀释至刻度，得到浓度分别为 $1.00\mu g/mL$ 的混合标准溶液 2。

再取一 50mL 容量瓶，吸取 $1.00\mu g/mL$ 的混合标准溶液 5.00mL，加入 2mL HNO_3，用去离子水稀释至刻度，得到浓度分别为 $0.10\mu g/mL$ 的混合标准溶液 3。

(2) 试样溶液配制

移取矿泉水试样一定体积于 100mL 容量瓶中，加入 4mL HNO_3，用去离子水稀释至刻度。

(3) 测定

测定矿泉水试样中的微量金属元素，并计算各元素的含量。

五、【数据处理】

1. 定性分析

将试样定性分析结果填写到表 8-1。

表 8-1　矿泉水试样中的微量金属元素定性分析结果

杂质元素名称	谱线波长及其强度级别

2. 定量分析

按表 8-1 填写的谱线强度，绘制谱线强度-浓度曲线，根据该曲线计算未知试样中各元素含量，并报告测定结果（以 μg/mL 表示）。定量分析结果见表 8-2。

表 8-2　矿泉水试样中的微量金属元素定量分析结果　　单位：μg/mL

溶液	Ca	Mg	Sr	Li	Zn
空白					
标准溶液 1					
标准溶液 2					
标准溶液 3					
试样					

六、【注意事项】

1. 激发光源为高压高电流装置，应注意操作安全。
2. 雾化器的流量要均匀稳定，雾化器的流量过大过小对谱线强度影响较大。

七、【思考题】

1. 原子发射光谱定性和定量分析的基本理论是什么？
2. 本实验元素的谱线强度会受到哪些因素的影响？

实验 8-2　镍电解液中主要成分和微量成分的 ICP 光谱测定

一、【实验目的】

1. 学习多元素 ICP 光谱分析方法。

2. 了解 ICP 光谱分析的主要工作参数。
3. 观察 ICP 光谱中各区域的特征。

二、【实验原理】

硫酸镍电解液是制备高纯金属镍的原料液。它含有高浓度的硫酸镍、硫酸钠及多种微量元素。顺序型等离子体光谱技术可以同时测定试样中的高浓度和低浓度元素。本实验将试样稀释后直接测定主要成分镍和微量成分钴，以及微量杂质 Fe、Ca、Mg、Cu。

三、【仪器与试剂】

1. 仪器：顺序型等离子体光谱仪。
2. 试剂：氩气，Cu、Mg、Ca、Co、Fe 标准储备液（1mg/mL），Ni 标准储备液（20mg/mL），镍电解液。

四、【实验步骤】

① 按照表 8-3，配制标准溶液。

表 8-3　标准溶液系列　　　　　　　　　　单位：$\mu g/mL$

标准溶液	Ni	Mg	Fe	Cu	Co	Ca	Na_2SO_4
低标准标液	0	0	0	0	0	0	4000
高标准标液	4000	10	10	10	40	10	4000

② 接通高频电源和光谱仪电源，用汞灯校正分光系统波长。

③ 开启计算机，编制分析控制表，按照表 8-4 所示，将分析波长及扣背景波长输入计算机，各元素积分时间选为 1s（Cu、Mg、Ni 为 0.3s）。

表 8-4　分析线及扣背景波长

元素	分析线/nm	扣背景波长/nm
Fe	259.940	260.008
Ca	393.336	393.960
Mg	279.553	279.402
Cu	324.754	324.881
Co	237.860	237.773
Ni	352.454	352.500

④ 按照下述条件点燃等离子体：高频功率 1000W，冷却气（Ar）16L/min、辅助气 0.5L/min，载气（中心通道气）0.5L/min。

⑤ 进高标准溶液，进行预标准化。
⑥ 进行标准化，绘制校正曲线。
⑦ 测定样品，打印分析数据。
⑧ 用去离子水清洗进样系统。
⑨ 关机。

五、【数据处理】

1. 记录仪器参数（高频功率、观测高度），气流参数（载气、冷却气、辅助气）及工作参数（提升量、积分时间）。

2. 记录实际分析线及扣背景波长。

3. 记录 5 次测量同一试样的数据，并计算测量精度。

六、【注意事项】

1. 测试完毕后，进样系统用去离子水清洗 5min 后再关机，以免试样沉积在雾化器口和石英矩管口。

2. 先降高压，熄灭等离子体，再关冷却气。

七、【思考题】

1. 在同时分析含大量常量元素及微量元素的样品时，分析线应如何选择？
2. 本实验中并不测定元素 Na，在标准溶液配制时为何还要加入 Na_2SO_4？

实验 8-3 设计性实验

原子发射光谱法测定蜂蜜中钾、钠、钙、铁、锌、镁等元素的含量

一、【实验目的】

1. 加深了解原子发射光谱定性分析和定量分析的原理和方法。
2. 熟练掌握电感耦合等离子体发射光谱仪的使用。

二、【设计提示】

1. 蜂蜜中的钾、钠、钙、铁、锌、镁要如何测？
2. 蜂蜜的前处理方法有哪些？

三、【要求】

1. 设计一种原子发射光谱法测定蜂蜜中钾、钠、钙、铁、锌、镁等元素含量的方法。
2. 按照详细的设计实验方法，利用电感耦合等离子体发射光谱仪测定钾、钠、钙、铁、锌、镁，并写出详细的实验报告。

8.5 知识拓展

ICP-AES 与气相色谱（GC）和液相色谱（LC）或高效液相色谱（HPLC）联用技术的研究，始于 1979 年，现在已有许多评述。ICP-AES 虽是一种优越的分析方法，但无法判断元素存在状态和价态，而色谱法是分析各种化学状态和价态的理想手段，因此两者的结合可以成功地解决物质的状态和价态等分析问题，亦可有效地减小 ICP-AES 分析时的光谱干扰。

这种"色光联用"技术，为解决状态和价态等分析提供了新的更加广泛的可能性。

微波等离子体光谱仪（MPT-AES）是一种全新的、具有完全自主知识产权的精密原子发射光谱分析仪器，核心技术 MPT 是继电感耦合等离子体之后发展起来的新光源。MPT-AES 采取水冷凝加浓硫酸吸收相结合的去溶方法，这种方法优于传统的水冷凝去溶方法，获得的等离子体更加稳定，激发能力更强，有效地改进了其检测能力。使用流动分析技术（气动雾化）进样后，对实际样品的分析也得到了满意的结果。

原子吸收、原子发射、原子荧光的比较见表 8-5。

表 8-5　原子吸收、原子发射、原子荧光的比较

	方法	原子吸收	原子发射	原子荧光
不同点	原理	吸收光谱 基态原子吸收特征谱线，产生吸收光谱	发射光谱 基态原子受热激发，再发射特征谱线	发射光谱(二次发射) 基态原子吸收能被激发，再发射特征谱线(荧光)
	定量依据	$A = Kc$	$I = ac^b$	$I_f = Kc$（灵敏度最高）
	光源	锐线光源(空心阴极灯)	热/电光源(ICP)	高强度空心阴极灯或激光灯
	组成部件	光源、原子化器、单色器、检测器	光源、分光系统、检测系统	光源、单色器、原子化器、单色器、检测器
	排列顺序	所有部件排成直线		光源与检测器垂直
	应用	微量元素定量分析	元素定性、定量、半定量分析	元素定性、微量、痕量元素定量分析(超纯物质中杂质分析)
相同点	原理	都是原子光谱		
	应用	都能进行元素分析		

第 9 章　拉曼光谱法

拉曼光谱是 20 世纪 20 年代逐步发展起来的一项技术。当入射光通过透明介质时，大部分光按照原来方向透过介质，而其余小部分光则从不同方向传播，产生散射光。在散射光谱中，除了能够观察到与入射光频率相同的瑞利散射谱线外，在瑞利散射谱线两侧还会发现一些与入射光频率相比发生位移的拉曼谱线。通过拉曼散射实验可以获得分子的振动和转动信息。分析拉曼光谱的目的是探测有关样品的某些信息，这些信息主要包括元素、成分、分子取向、结晶状态及应力和应变状态。它们隐含在拉曼光谱各拉曼峰的高度、宽度、面积、位置（频移）和形状中。拉曼分析通常有三部分：确定拉曼光谱中含有待测信息的部分光谱；将有用的拉曼信号从光谱的其他部分（噪声）中分离出来；确立将拉曼信号与样品信息相联系的数学关系（或化学计量关系）。由于具有无损、信息丰富、无须样品制备等优点，被广大科研人员所重视，并进行了长期有效的研究，在食品安全、生物、制药、材料、环境监测等众多领域得到了越来越多的应用。

9.1　基本原理

1923 年，德国物理学家 Smekal 预言，当光照射物质时，除了产生与入射光频率相同的瑞利散射时，还会产生非弹性散射，即散射光与入射光频率不同。1928 年印度科学家拉曼（Raman）率先证实了上述设想，并于 1930 年获得诺贝尔物理学奖。为了纪念拉曼，将产生的与入射光频率不同的散射光现象称为拉曼散射。从历史上看，拉曼光谱是一门实验科学。

拉曼光谱本质是光子与物质相互作用时发生的非弹性散射。该现象最早是在 1928 年由印度科学家 Raman 发现的。介质分子内部的相互作用表现为电子的跃迁和发射，主要与基态及虚态有关。

图 9-1 说明了瑞利散射和拉曼散射产生的过程。图中 S_0、S_1 分别为分子的电子基态和第一激发态。ν_0、ν_1 分别表示处于电子基态分子的振动基态和第一激发态。ν_0'、ν_1' 分别为第一受激虚态和第二受激虚态。ΔE 为分子电子基态振动能态间的能量差，也是各激发虚态间的能量差。

当频率为 ν_0 的入射光照射介质时，处于基态 ν_0 的分子会受到光子的激发而跃迁到受激虚态 ν_0'，受激虚态不与真正的原子或分子能级相对应，其介于基态 S_0 与第一电子激发态 S_1 之间。电子由基态跃迁到受激虚态也有一定的跃迁概率。受激虚态与真实的能级越近，其跃迁的概率越大。处于受激虚态的分子不稳定，会很快地回到基态 S_0，发射与入射频率 ν_0 相同的辐射，此过程对应于弹性散射，为瑞利散射。类似的过程也可能发生在处于激发态 ν_1 的分子被入射光子激发跃迁到一个受激虚态 ν_0' 后，重新返回到激发态 ν_1 产生瑞利散射。由

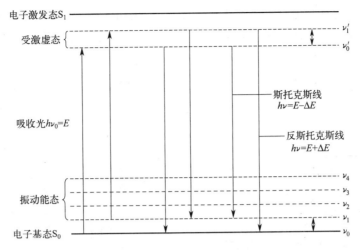

图 9-1　瑞利散射和拉曼散射的产生

玻尔兹曼分布可知,分子处于低能态的概率远比处于高能态的概率要高。所以 ν_1 跃迁到受激虚态 ν_1' 后产生瑞利散射的概率要比 ν_0 跃迁到受激虚态 ν_0' 后产生瑞利散射的概率小得多。

在入射光的作用下,分子由电子基态 S_0 的 ν_0 跃迁到受激虚态 ν_0',而后分子会迅速 (10^{-8} s) 跃迁到基态 S_0 的第一振动能态 ν_1,并发射能量为 $h\nu_0 - \Delta E$ 的光子,此过程对应于非弹性散射,为拉曼散射。此过程发射的光子的能量小于入射光光子的能量,由此产生的拉曼线称作斯托克斯线或拉曼红伴线。斯托克斯线的频率要低于入射光频率,位于瑞利线左侧。类似地,分子吸收光后由 S_0 的 ν_1 跃迁到 ν_1' 后再返回 S_0 的 ν_0 时,发射能量为 $h\nu_0 + \Delta E$ 的光子,此过程发射的能量大于入射光子的能量,由此产生的拉曼线称作反斯托克斯线,其频率要远高于入射光频率,位于瑞利线的右侧,由 Boltzmann 分布可知,常温下处于 S_0 中 ν_0 的分子数远大于处于 ν_1 的分子数,所以斯托克斯线远强于反斯托克斯线。不难理解升高温度时,斯托克斯线会降低,而反斯托克斯线会增强。

由上述讨论可知,拉曼位移 ($\Delta\sigma$) 是入射光波数 (σ_0) 与拉曼线波数 (σ_R) 之差,即 $\Delta\sigma = \sigma_0 - \sigma_R$。由于拉曼位移与入射光的波数(或波长)无关,而仅与分子振动-转动能级差有关,不同分子具有不同的振动-转动能级,因此拉曼位移与分子的结构有关。

9.2　仪器组成与分析技术

9.2.1　拉曼光谱仪

拉曼光谱仪主要由光源、样品装置、单色器、检测系统和记录系统等组成。图 9-2 为拉曼光谱仪的结构示意图。

9.2.2　常用分析技术

(1) Raman 光谱选律和 Raman 活性的判断

Raman 光谱产生于分子诱导偶极矩的变化,Raman 活性取决于振动中极化度是否变化,而偶极矩却不发生变化。所谓极化度是指分子在电场的作用下分子中电子云变形的难易程度。因此只有极化度有变化的振动才是 Raman 活性的。Raman 谱带强度取决于平衡前后电子云形状差别的大小，也就是说，Raman 谱线强度正比于诱导偶极矩的变化。

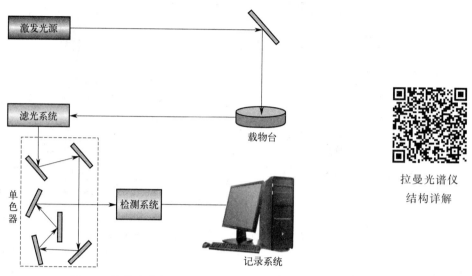

图 9-2　拉曼光谱仪系统结构图

拉曼光谱仪
结构详解

在同一分子中，某个振动既可以具有 Raman 活性，又可以具有红外活性，也可以只具有 Raman 活性而无红外活性，或只有红外活性而无 Raman 活性。

（2）样品的制备

无论是何种状态（气态、液态和固态）的样品都可以进行拉曼光谱的测量，样品的制备比红外光谱法简单。样品池的材料可以用玻璃和石英，代替了较易损坏的卤化物晶体。

对于气体样品，一般置于直径 1～2cm，厚 1mm 的玻璃管中。对于液体样品，可以置于常规的样品池中，也可以装于毛细管样品池中。固体样品相对容易，固体粉末可以填入开口的毛细管中，透明的棒状、块状和片状固体则可直接分析。

（3）噪声的处理

在拉曼光谱的测量中，采集得到的"原始光谱"除了"真实光谱"外还不可避免存在噪声的影响，噪声包括荧光背景、宇宙射线（鬼峰）、随机噪声等"噪声谱"，如图 9-3 所示。噪声会影响谱线信息的提取以及力学量的精准确定。因此，在提取谱线力学信息之前需采用适当的方法将"噪声谱"去除，得到"真实光谱"对应的光谱参数。

① 宇宙射线。宇宙射线是由外层空间的高能粒子流与地球大气中的原子核分子相互作用而产生的。当宇宙射线轰击 CCD 时，就会在谱线的随机频移位置产生一个与拉曼信号无关的锐利峰，也称鬼峰。鬼峰的

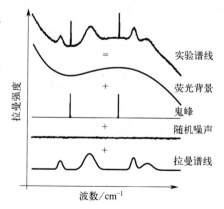

图 9-3　典型拉曼光谱信号的组成

强度一般远大于拉曼特征峰的强度，它的出现可能会影响峰位的拟合，尤其是当它出现在特征峰周围或特征峰位置时会带来严重偏差，在光谱实验数据中需要将宇宙射线滤除。

现有的宇宙射线处理多采用中值滤波的方法，虽然它具有很好的滤除效果同时兼具一定

的降噪作用，但同时特征峰也会在一定程度上被"削平"，不利于峰位的确定。线性插值法可以较为有效地去除谱线中随机出现的宇宙射线。

② 荧光背景。荧光背景是噪声中的一种主要成分，是由材料中所含的荧光物质经某种波长的激光照射而引发的光致发光现象导致的。如果原始的拉曼信号中包含了材料的荧光信息，使原始拉曼谱线的基线不在零位置，其峰高和半高宽的提取因非零基线的存在而只能得到相对值，对峰位的拟合容易产生误差。由于力学测量对获取高频覆金峰位精度要求较高，因此荧光背景对测量精度的影响较大，尤其是当荧光背景较强时，甚至可能将拉曼信息完全淹没。

从原始的光谱数据中减去预估的背景可以得到更容易识别的信号，从而更准确地确定光谱参数。目前有多种方法用于预估和校正背景基线，共同目标都是最大程度地降低光谱漂移、极限扭曲以及其他的基线效应。

③ 随机噪声。随机噪声来源包括仪器的热噪声、杂散光等，这些噪声的存在使得谱线拟合的精确度下降。

9.3 典型应用

9.3.1 定性分析

拉曼光谱作为一种新型的光谱手段逐渐地被人们重视。利用此技术可以研究分子的对称性以及分子动力学等问题。与红外光谱技术互为补充，综合二者的信息可以得到分子结构的完整信息。

在无机化学中，拉曼光谱常用于研究无机晶体的结构和性质，通过拉曼光谱的测量可以了解晶体的各个振动模式，测定薄层晶体的晶向。同时拉曼光谱也常用于研究催化剂的结构、组成，催化剂表面吸附物等。

在有机化学中，拉曼光谱可以阐明分子结构，表征分子中不同基团的振动特征，同时对有机分子的构象进行分析。拉曼光谱往往用于测定有机分子的骨架，红外光谱则适合测定有机化合物分子的官能团，二者结合可以有效地对有机分子结构进行解析。由于拉曼光谱可用于研究水溶液，所以在无机化学研究方面就显得很重要和便于应用。拉曼光谱对于—C—S—、—S—S—、—C—C—、—N=N—及—C=C—等官能团的鉴别特别有用，而红外光谱则适用于—O—H、C=O、P=O、—NO_2 及 S=O 等官能团的鉴别。

在生物化学中，拉曼光谱作为一种分析手段的优点是，水的拉曼散射非常弱，绝大多数的生化样品都溶于水，其次样品用量特别少。例如多肽和蛋白质是由氨基酸构成的，肽键的振动可以产生多种类型的谱带。通过测量酰胺Ⅰ谱带的强度分布可以测定蛋白质分子在水溶液中的二级结构。拉曼光谱法具有无损、快速、准确、样品不需要预处理等优势，在农业、医药、化学等领域得到了广泛的应用。

对于同一物质，若用不同频率的入射光照射，所产生的拉曼散射频率也不同，但是其拉曼位移始终是一个确定值，这就是拉曼光谱表征物质结构和定性鉴定的主要依据。定性分析可以用人工测定，也可用光谱数据库搜索测定。用拉曼光谱进行样品鉴别的人工测定如同进行侦查工作，必须将从拉曼

特征拉曼峰
波数和振动
原子团

光谱得到的某些线索与样品的其他资料相联系。拉曼峰位置表明某种基团的存在，相对峰高表明样品中不同基团的相对数量，基团峰位置的偏移则可能来源于近旁基团的影响或某种类型的异构化。红外吸收光谱通常用来与拉曼光谱相对比，一旦对样品鉴别有了确定的设想，通常分析人员会找到这种材料或类似材料的确切拉曼光谱，以便做进一步证实。

9.3.2 定量测定

应用拉曼光谱技术做定量分析的基础是测得的分析物拉曼强度与分析物浓度间有线性比例关系。也就是说，分析物的拉曼峰面积（或峰强度）与分析物浓度间的关系曲线是直线，这种曲线被称为标定曲线。通常对标定曲线应用最小二乘方程拟合以建立教学预测模型，据此从拉曼峰面积（或峰强度）预测得到分析物浓度。

9.3.3 显微拉曼光谱技术

共聚焦显微拉曼技术是将拉曼光谱分析技术与显微分析技术结合起来的一种新型应用技术。显微拉曼可将入射激光通过显微镜聚集到样品上，从而可以在不受周围物质干扰的情况下，精确获得所测试样品的微米量级区的相关化学成分、晶体结构、分子相互作用及分子取向等各方面的拉曼光谱信息。另外，共聚焦显微拉曼光谱系统中的光源、样品和探测器三点共轭聚焦，可以减少散射杂光，并将拉曼散射增强至 $10^4 \sim 10^6$ 倍，削弱了杂散光信号对目标信号的干扰，提高了空间分辨率和灵敏度。

9.4 实验

实验 9-1　激光拉曼光谱法分析石墨类材料的特征峰位

一、【实验目的】

1. 掌握拉曼光谱仪的分析原理及操作方法。
2. 了解样品的制备方法。
3. 掌握数据分析方法。

二、【实验原理】

G 峰是石墨烯的主要特征峰，是由 sp^2 碳原子的面内振动引起的，出现在 $1580cm^{-1}$ 附近，该峰能有效反映石墨烯的层数，但极易受应力影响。拉曼光谱在石墨烯的层数表征方面具有独特的优势，完美的单洛伦兹峰型的二阶拉曼峰（2D 峰）是判定单层石墨烯简单而有效的方法，而多层石墨烯由于电子能带结构发生裂分，其 2D 峰可以拟合为多个洛伦兹峰的叠加，2D 峰与石墨烯的电子能带结构密切相关，因此石墨烯的电子结构可以用共振拉曼散射来测定。石墨烯电场效应下的拉曼光谱研究表明电子/空穴掺杂会影响石墨烯的电子-声子耦合,从而引起拉曼位移,因此,拉曼光谱是测定石墨烯的掺杂类型和掺杂浓度的有效手段。D峰为涉及一个缺陷散射的双共振拉曼过程,因此石墨烯的缺陷会反映在其拉曼D峰上,通过对石墨烯拉曼D峰的检测可以定量地对其缺陷密度进行研究。由于石墨烯的带隙为零,通过化学修饰在sp^2碳上引入sp^3碳缺陷是人们打开石墨烯带隙的重要方法之一,因而D峰也是衡量其化学修饰程度的一个重要的指标。

三、【仪器与试剂】

1. 仪器:显微共聚焦激光拉曼光谱仪(532nm激光器),载玻片。
2. 试剂:大鳞片石墨(>0.3mm),细鳞片石墨(<0.15mm),氧化石墨烯,少层(1~3)石墨烯,多层(>3)石墨烯,部分还原氧化石墨烯,块状石墨,石墨烯量子点(石墨烯量子点Ⅰ),羧基石墨烯量子点(石墨烯量子点Ⅱ),巯基化石墨烯量子点(石墨烯量子点Ⅲ)。

四、【实验步骤】

1. 检查仪器

开机预热5min,并调试至正常工作状态。

2. 不同类型石墨的拉曼光谱分析测量

分别取大鳞片石墨、细鳞片石墨与块状石墨粉末少量放置于载玻片之中,上述样品分别取三个位点进行拉曼光谱测量。对比三者的谱图差异。

3. 石墨烯类材料的拉曼光谱分析测量

分别取氧化石墨烯、部分还原氧化石墨烯、少层石墨烯与多层石墨烯固体样品放置于细胞培养皿之中,上述样品分别取三个位点进行拉曼光谱测量。对比四个样品的谱图差异。

4. 石墨烯量子点的拉曼光谱测量

石墨烯量子点Ⅰ、石墨烯量子点Ⅱ和石墨烯量子点Ⅲ高浓度溶液样品分别放置于细胞培养皿之中,测量三者的拉曼图谱。由于荧光的存在,优化合适的激发光源强度以及测试参数。

5. 实验完毕

① 实验完毕,关闭电源。取出样品。
② 清理工作台,罩上仪器防尘罩,填写仪器使用记录。

五、【数据处理】

对上述10种样品进行拉曼光谱对比分析,主要进行特征峰的改变分析。不同碳材料特征拉曼峰波数统计如表9-1所示。

表9-1 不同碳材料特征拉曼峰波数统计表

项目	名称	D峰	G峰	2D峰	官能团峰
1	大鳞片石墨				
2	细鳞片石墨				
3	块状石墨				

续表

项目	名称	D峰	G峰	2D峰	官能团峰
4	氧化石墨烯				
5	部分还原氧化石墨烯				
6	少层石墨烯				
7	多层石墨烯				
8	石墨烯量子点Ⅰ				
9	石墨烯量子点Ⅱ				
10	石墨烯量子点Ⅲ				

六、【注意事项】

在测试粉末样品过程中，注意不要污染光路。

七、【思考题】

1. 什么是 Raman 散射？什么是 Raman 位移？
2. 2D 峰存在于什么类型的碳材料中？
3. 样品为荧光类材料，如何有效避免荧光信号对拉曼信号的干扰？

实验 9-2 激光拉曼光谱法检验香烟盒外包装薄膜

一、【实验目的】

1. 掌握拉曼光谱仪的分析原理及操作方法。
2. 了解拉曼光谱样品的制备方法。
3. 掌握数据分析方法。

二、【实验原理】

随着吸烟人口的不断增长，与香烟有关的各类物证出现在刑事案件现场的比例逐步提高，进行香烟品牌和来源的分析，对锁定侦查范围、有效打击犯罪变得尤为重要。全世界有 85% 以上的烟盒采用透明包装材料进行包装，即大部分卷烟小盒及条盒外表面包裹的是一层薄膜。双向拉伸聚丙烯（BOPP）薄膜，厚度为 $15\sim50\mu m$，以聚丙烯为主要成分。该种薄膜多采用流延铸片的工艺进行双向拉伸，属于热收缩膜，具有无色、收缩性能较差、透明度高、耐冲击性强、隔水性强、强度大等特点。市场上绝大多数香烟盒外包装薄膜为 BOPP 薄膜。

顺反异构体是立体异构的一种，是由双键相连的两个碳原子不能绕 σ 键轴作相对的自由旋转引起的。样品在 $2250\sim2150cm^{-1}$ 区域出现高强度特征波峰。在 BOPP 薄膜生产中，拉伸是关键步骤。在平拉伸进行过程中或者拉伸完成后，高分子聚丙烯的泡管结构容易发生松弛，如果松弛对分子变形影响远低于拉伸对分子变形的影响，高分子就极易在拉伸过程中断裂。原本因聚合作用断裂的碳碳双键形成的碳碳单键，重新生成碳碳双键，但由于碳碳双键处在双向拉伸过程中，两个碳原子不能绕σ键轴作相对的自由旋转，形成C═C顺反异构的结构，在2250~2150cm^{-1}处出现高强度波峰。

在聚丙烯液体结晶的过程中，分子也会自动趋向较稳定的结构，有晶体分子间的排列规律化形成或进而降低晶体物化程度，提高薄膜的光学能力和力学能力。在最后的加热阶段，分子在高温下不稳定，聚丙烯结晶生成C≡C结构。样品会在2350~2250cm^{-1}区域出现高强度特征波峰。

三、【仪器与试剂】

1. 仪器：显微共聚焦激光拉曼光谱仪（532nm激光器）。
2. 试剂：不同品牌、不同系列的香烟外包装薄膜样品9种（见表9-2）。

表9-2 香烟盒外包装薄膜样品

编号	样品名称及类型	生产厂家
1	红塔山84mm烤烟型香烟	红塔烟草有限责任公司
2	玉溪84mm烤烟型香烟	红塔烟草有限责任公司
3	黄金叶过滤嘴香烟ABD01F	河南中烟工业有限责任公司
4	黄金叶过滤嘴香烟AA0420	河南中烟工业有限责任公司
5	黄金叶过滤嘴香烟ABC01R	河南中烟工业有限责任公司
6	兰州硬盒过滤嘴香烟	甘肃烟草工业有限责任公司
7	兰州珍品硬盒过滤嘴香烟	甘肃烟草工业有限责任公司
8	中南海（20支）	上海烟草集团有限公司
9	南京（20支）	江苏中烟工业有限责任公司

四、【实验步骤】

1. 检查仪器

开机预热5min，并调试至正常工作状态。

2. 重现性实验

选取"中南海"香烟盒外包装薄膜样品，利用拉曼光谱对样品的10个不同部位进行检验，对10次检验结果进行拉曼光谱绘图，对比10次测定结果，分析拉曼光谱特征峰峰数、峰位、峰形是否一致。

3. 对香烟盒外包装薄膜的检验分析

将样品依次放在显微镜载物台上，以反面（与烟盒接触的一面）为检测面。实验中对每个样品测定3次，取平均值。

4. 聚丙烯的标准拉曼光谱图的测量

对聚丙烯标准品进行测试，得到聚丙烯标准拉曼光谱图。

5. 9个样品的拉曼光谱图与聚丙烯标准光谱图进行对比

在2600~1500cm^{-1}区域进行不同样品谱峰差异的对比。将样品分为4类：第Ⅰ类为含有碳碳双键顺反异构的样品；第Ⅱ类为含有炔烃类（C≡C）的样品；第Ⅲ类为混合类样品；第Ⅳ类为纯净类样品。

6. 实验完毕

① 实验完毕，关闭电源。取出样品。

② 清理工作台，罩上仪器防尘罩，填写仪器使用记录。

五、【数据处理】

分析 9 种香烟薄膜样品的拉曼光谱图，将其特征谱峰存在情况（Ⅰ，Ⅱ，Ⅲ，Ⅳ）填在表 9-3 中。

表 9-3　香烟盒外包装薄膜样品的分组结果

编号	Ⅰ	Ⅱ	Ⅲ	Ⅳ
1				
2				
3				
4				
5				
6				
7				
8				
9				

六、【注意事项】

在测试过程中，不要观看目镜，防止高强度激光对眼睛的损伤。

七、【思考题】

1. 什么是 Raman 散射？什么是 Raman 位移？
2. Raman 光谱定性和定量的依据是什么？
3. 香烟薄膜样品出现Ⅲ类特征峰是什么原因造成的？

实验 9-3 | 设计性实验

基于表面增强拉曼技术检测活性氧

一、【实验目的】

1. 掌握表面增强拉曼散射光谱技术的原理。
2. 掌握检索搜集资料的方法，并能根据文献资料设计实验方案。
3. 建立一种简便、迅速、准确的检测活性氧有效含量的方法。

二、【设计提示】

1. 活性氧的种类有哪些？
2. 常用的检测活性氧的方法有哪些？基本原理是什么？
3. 根据现有文献报道还可以用哪些纳米材料测定活性氧含量？

三、【要求】

1. 设计一种利用表面增强拉曼光谱技术测定水溶液中活性氧含量的方法。
2. 按照详细的设计实验方法，利用显微共聚焦激光拉曼光谱仪测定活性氧，并写出详细的实验报告。

9.5 知识拓展

表面增强拉曼光谱技术

拉曼散射效应是个非常弱的过程，一般能接收到的散射信号的强度仅约为入射光强的 10^{-10}，导致检测灵敏度很低。再加上荧光背景的干扰等，增加了拉曼光谱技术分析痕量物质的难度。而表面增强拉曼光谱（SERS）技术相比于拉曼光谱具有更高的分辨率和灵敏度，它能够使待测分子信息增强几百万倍甚至更大数量级，因此表面增强拉曼光谱技术成为拉曼光谱研究的热点。

1974 年，Fleisichmann 意外地发现吡啶吸附的粗糙表面的银电极，吡啶的拉曼信号增强了 10^6 数量级，为表面增强拉曼散射的提出奠定了实验基础。表面增强拉曼是当分子吸附在金、银和铜等金属氧化物等纳米胶体、纳米粒子表面上时，物质的拉曼信号峰会得到增强的现象。拉曼光谱的强度主要取决于入射电场的强度及极化率的变化，这两个方面的提高也就是表面增强拉曼的两种基本机理——电磁场增强和化学增强。

电磁场增强主要关注待测分子和基底表面之间的局域电场的改变。电磁增强机理认为，在一定频率入射激光的激发下，具有一定粗糙程度的金属纳米颗粒表面的自由电子发生集体振荡产生的电磁场与光电场耦合，即局域表面等离子体共振效应，引起局域电场强度极大的增强，位于增强电场区域内的待测分子的拉曼散射信号将大幅度提升，其综合增强效应与 E^4 约成正比。该机理对拉曼散射信号增强的贡献十分大，其增强倍数可达 $10^6 \sim 10^{12}$ 倍，已经获得了普遍的认可和应用。但不是所有的金属在激光的激发下都可以使待测分子局域电磁场增强，目前，仅有贵金属 Ag、Au、Cu 及一部分碱金属可以产生表面等离子共振效应，其增强效果不仅受金属本身的性质、表面粗糙度、颗粒尺寸形貌的影响，而且入射光子能量也会造成影响。

化学增强模型主要是研究吸附在 SERS 基底和其表面探针分子之间，通过吸附或键合作用形成的新的化合物，由此处于一种新的激发态，当受到特定入射激光的照射时，将发生电荷转移，即电子跃迁引起探针分子极化率增大，也随即增大了拉曼散射截面，进而使得散射信号较大提升。化学增强的贡献比电磁增强小很多，其增强能力一般在 $10 \sim 10^3$ 内。此外，化学增强属于短程作用，主要作用于埃米级范围内，且要求分子直接吸附于基底表面，分子远离基底表面将导致 SERS 信号逐渐衰减。

最近的研究结果表明，SERS 效应的增强机理十分复杂，通常是两种增强机理同时存在，共同实现 SERS 基底的整体增强。其中，电磁增强在 SERS 增强机理中占主导地位，但也不能忽略化学增强的贡献。

附：仪器操作规程

拉曼光谱仪操作规程

第三篇　光学分析法——非光谱法

光学分析法中的非光谱法是基于物质与辐射相互作用时，测量辐射的某些性质，如折射、散射、干涉、衍射、偏振等变化的分析方法。不涉及光谱的测定，即不涉及能级的跃迁，而主要是利用电磁辐射与物质的相互作用。这个相互作用引起电磁辐射在方向上的改变或物理性质的变化，而利用这些改变可以进行分析。

第 10 章　X 射线衍射法

X 射线衍射法是利用 X 射线的波动性和晶体内部结构的周期性而对晶体结构进行分析的一种现代分析测试方法。X 射线与材料相互作用产生衍射，衍射线与材料晶胞内原子的种类、大小、形状和位置有关，从而能够准确反映材料自身的结构特点。X 射线衍射法是目前测定晶体结构的重要手段，具有不损伤样品、无污染、快捷、测量精度高等优点，在冶金、石油、化工等领域广泛应用。如结构分析，对新发现的合金相进行测定，确定点阵类型、点阵参数、对称性、原子位置等晶体学数据。如零件宏观应力的测定，工厂通过对零件进行 X 射线衍射分析，可获得其应力的变化，从而预测零件的使用寿命、失效和最佳工艺参数等。

10.1　基本原理

X 射线是原子内层电子受到高速运动的电子轰击发生跃迁而产生的。它是一种电磁波，具有波粒二象性，波长范围在 $0.001 \sim 10\text{nm}$。当固态物质按其原子、离子或分子在空间排列上每隔一定距离重复出现时称为晶体。晶体在三维空间上具有周期性。不同的晶体，其内部原子、离子或分子的排列方式不相同，因此表现出的性质也大不相同。利用 X 射线的波动性和晶体内部结构的周期性而对晶体结构进行分析的方法，称为 X 射线衍射法。

当一束 X 射线平行照射到晶体上，原子内的电子会发生周期性振动，成为新的辐射源，从而将入射的电磁波向各个方向散射。由于晶体内的原子呈周期性排列，散射出的电磁波有确定的相位关系,从而相互干涉叠加并在某一方向增强或抵消,这种现象称为衍射。干涉增强时会在某些方向出现衍射线,相应的方向称为衍射方向。衍射线的方向与晶胞大小和形状有关。衍射线的强度与晶胞内原子的位置和种类有关。因此,衍射图是晶体的"指纹",能够反映晶体自身结构的特点。

然而,只有满足适当的几何条件,衍射才能产生。布拉格(Bragg)方程是产生衍射必须满足的条件,方程式如下:

$$2d\sin\theta = n\lambda \tag{10-1}$$

式中,d 为晶面间距,即同一组平行的晶面中,两个相邻晶面之间的垂直距离;θ 为入射角;n 为整数;λ 为入射的 X 射线波长。根据该方程,只有当相邻晶面散射波长的光程差 $2d\sin\theta$ 恰好等于入射光波长 λ 的整数倍时,衍射才会发生。因此,晶体的晶面间距和入射角决定了晶体的衍射谱图。通过分析衍射谱图,便能获得晶体的结构信息,从而鉴别物相。

10.2 仪器组成与分析技术

10.2.1 X 射线衍射仪

获得谱图最基本的衍射方法有三种:劳厄法、转晶法和粉末多晶法。由于通常接触到的样品大多为多晶粉末,因此粉末多晶法较为常用。粉末多晶法又分为两种:多晶照相法和多晶衍射仪法。其中,多晶衍射仪法具有准确、快速、自动化程度高等特点,目前已经成为获得谱图最主要的方法。X 射线衍射仪是实施多晶衍射仪法最主要的装置,该仪器主要包括 X 射线发生器、测角仪、检测器和程序控制系统等(图 10-1)。

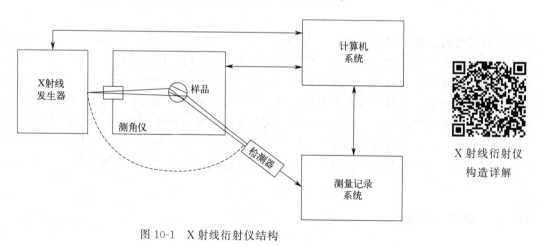

图 10-1　X 射线衍射仪结构

10.2.2 常用分析技术

10.2.2.1 样品的制备

在 X 射线衍射法中,制样方式对最终衍射结果有很大影响。因此,制备符合要求的样品，是 X 射线衍射法中非常重要的一个环节。通常，样品板使用表面平整光滑的玻璃或铝制板材，板上开有凹槽或窗孔，样品放入样品板的凹槽中或窗孔上测试。对样品的要求包括：样品表面有一块光滑平整的区域；样品表面与样品板表面能保持在同一平面；样品没有择优取向；保证样品在任一方向上都有可供测量的结晶颗粒。制作的样品可以是粉末、薄膜、片状体、块状体、浊液等。

(1) 粉末样品

将样品放入玛瑙研钵中研磨，磨成尺寸为 $1\sim5\mu m$ 范围的细粉，手指摸上去没有明显颗粒感。随后，将适量磨好的细粉装填在玻璃样品板的凹槽中，并用平整光滑的玻璃板适当压紧。最后，将高出样品板表面和遗落在槽外的粉末刮去，再次将样品压平即可。

(2) 薄膜、片状、块状样品

这类样品不易研磨成细粉，因此通常选用开有窗孔的铝制样品板作为样品的载体。将样品切割成窗孔大小，再用橡皮泥或透明胶带等将其嵌固在样品板的窗孔内即可。需注意的是，嵌固在窗孔内的样品表面必须与样品板齐平。注意固定好样品的样品板要轻拿轻放。

(3) 液体样品

完全流动的液体不能进行 X 射线衍射测试。悬浊液可滴在玻璃片上，将其烘干后再进行测试。溶剂挥发后能在玻璃片上成膜的某些液体也可进行测试。膏状样品，将其填在玻璃制样品板的凹槽中，再将样品表面刮至与样品板齐平即可测试。

10.2.2.2 实验参数的设定

(1) 狭缝宽度

狭缝的大小会影响衍射峰的强度和分辨率。狭缝较大时，衍射峰的强度较大，但分辨率较低；狭缝较小时，衍射峰的分辨率较高，但其衍射强度降低。衍射仪除索拉狭缝固定外，其他狭缝均配有不同的规格以供选用。因此，应根据实际需求来选择合适的狭缝宽度。

(2) 扫描方式

扫描方式有连续扫描和步进扫描两种。连续扫描是探测器以匀速转动的方式做圆周运动进行扫描。在转动过程中，可以接收来自各个晶面的衍射信号，最后获得衍射绝对强度 I 与衍射角 2θ 的关系曲线，即为样品的衍射谱图。该扫描方式能快速给出样品的所有衍射峰，在提高工作效率的同时，不会降低谱图的精确度和灵敏度。日常的物相分析采用该扫描方式即可。步进扫描是探测器以一定的时间间隔和角度间隔对几个已知的衍射峰逐点测量。该扫描方式的扫描速度较慢，但测量的精确度更高。多用于定量分析、测定晶格参数等。

(3) 扫描范围

X 射线衍射仪的扫描范围分为广角和小角两个区域。广角衍射仪的扫描范围（2θ）在 $5°\sim90°$，小于 $5°$ 的范围为扫描禁区。大部分的衍射分析属于广角衍射，可根据材料的特点选择合适的扫描区间。比如，有机物的衍射峰一般在 $5°\sim50°$ 的范围，无机物的衍射峰则出现在 $5°\sim80°$ 的范围。但是，某些材料如多孔膜、蒙脱土等的衍射峰会在小于 $5°$ 的范围出现，可使用小角散射仪（扫描范围 $<3°$）进行测试，但由于该仪器价格昂贵，因此并不常见。

(4) 扫描速度

连续扫描中，扫描速度是指计数器转动的角速度。扫描速度的范围一般为 $(2°\sim12°)/\text{min}$。扫描速度较慢，则计数器在某一衍射角度停留的时间更长，接收的脉冲信号也就越多,得到的衍射峰的峰值和强度更为准确,但测试时间会变长。扫描速度较快,虽然测试时间变短,但衍射峰的峰值、强度和分辨率都会有所下降。因此,常规的物相分析一般使用较快的扫描速度即可,而当需要获取更为精准的峰值和峰强时,则应放慢扫描速度,对其进行更为精准的测量。

10.2.2.3 数据处理和分析

为确定样品的物相,需要将测得的X射线衍射谱图与物质的标准衍射谱图进行比对。其基本原理主要有:每一种物相都有其特征衍射谱图;任何两种物相的衍射谱图不可能完全一致;样品中存在多种物相时,其衍射谱图为各物相的机械叠加。

数据处理和分析

10.3 典型应用

X射线衍射法除上述物相鉴定分析以外,在物相定量分析、晶粒尺寸分析、宏观应力测定和结晶度分析等方面也有应用。

(1) 物相定量分析

物相定量分析是确定样品中物质各相的相对含量,其依据是样品中各物相的衍射峰互不干涉,并且相互叠加。物相衍射峰的强度是该物相含量的函数,含量越高,物相的衍射峰强度也就越强。因此,可以通过计算衍射线的强度确定物相含量。主要分析方法有内标法和直接比对法。内标法需要向样品中加入已知含量的标准物质,把样品中待定相的衍射峰强度与含量已知的标准物质的强度进行比较,从而获得待定相含量。内标法又包括内标曲线法、K值法和任意内标法。直接比对法是利用样品中各相的衍射峰强度比值来计算各相的相对含量,不需向样品中加入任何物质。

(2) 晶粒尺寸分析

晶粒尺寸分析能确定样品中平均晶粒的大小,对于纳米材料,尤为重要。当晶粒尺寸小于100nm时,衍射峰会出现明显的可测量的宽化。晶粒尺寸越小,衍射峰的宽化越大。晶粒尺寸与衍射峰宽化之间的关系可用谢勒(Scherrer)公式来表示,即:

$$D_{hkl} = K\lambda/[\beta_{(2\theta)}\cos\theta]$$

式中,D_{hkl}为垂直于(hkl)晶面方向的平均晶粒尺寸;λ为使用的X射线波长;$\beta_{(2\theta)}$为2θ角度位置的衍射峰的半高宽;θ为某一衍射峰对应的布拉格角;K为谢勒常数,若$\beta_{(2\theta)}$取衍射峰的半高宽,则$K=0.94$,若$\beta_{(2\theta)}$取衍射峰的积分宽,则$K=1$。根据该公式便可计算出某一衍射峰晶面上的晶粒大小。所有晶面上的晶粒大小取平均值,便可粗略估计出样品的晶粒尺寸。

(3) 宏观应力测定

宏观应力测定指的是测定应力作用下物体晶面间距的变化。应力会影响零件工作时的疲劳程度。因此,宏观应力测定在预测零件使用寿命、失效和最佳工艺参数等方面有关键性作用。宏观应力的变化会引起该范围内方位相同的晶面间距的变化,表现在X射线衍射谱图上为衍射峰的峰位置(2θ)发生偏移。因此,可以对零件进行X射线衍射分析,通过衍射峰的2θ的变化,计算出晶面间距的变化,反映出应力的变化,从而换算成应力。

(4)结晶度分析

物质的结晶度即结晶的完整程度,直接影响物质衍射峰的形状和强度。物质的结晶度越高,晶粒较大,内部原子排列规则且逐渐有序化,因此其衍射峰形状尖锐,峰强较强,半高宽逐渐变窄,对应的晶面间距也就越小。结晶度越差,物质的晶粒越小,缺陷较多,衍射能力也较弱,测得的衍射峰逐渐宽化,并且峰强较弱。因此,可根据物质的衍射峰的形状和强度,来评估其结晶程度。

10.4 实验

实验 10-1 | X 射线粉末衍射法测定化妆品中的二氧化钛

一、【实验目的】

1. 掌握 X 射线粉末衍射法的原理和实验方法。
2. 了解样品的处理方法。
3. 了解衍射谱图进行物相分析的方法。
4. 掌握索引和卡片的使用。

二、【实验原理】

X 射线是一种波长范围在 0.001~10nm 的电磁波,具有波粒二象性。晶体内的原子、离子或分子在空间排列上每隔一定距离会重复,其在三维空间上具有周期性。当一束 X 射线照射到晶体上,入射角为 θ 时,晶体内的电子发生振动,并向各个方向散射与入射 X 射线波长相同的电磁波。由于晶体呈周期性排列,散射的电磁波会相互干涉叠加并在某一方向增强或抵消,即发生衍射。当满足布拉格方程 $2d\sin\theta = n\lambda$,即晶体内相邻晶面散射出的波长的光程差恰好等于入射波长 λ 的整数倍,衍射才会相互加强,特定方向才会出现衍射线。衍射线的位置仅与原子排列的周期性有关,衍射线强度与原子种类、数量和相对位置等有关。因此,每一种晶体都对应一张反映自身结构特性的衍射谱图,并且任何两种物相的衍射谱图不可能完全一致,这也是鉴定物相的依据。

鉴定物相,主要有三种途径,分别是字母索引、数字索引和计算机软件检索。它们的基本依据是样品衍射谱图上衍射峰的位置（2θ）和峰强（I）。字母索引和数字索引,需要根据布拉格方程,计算出晶面间距 d 和衍射峰的强度比,再查找粉末衍射标准卡片,将样品的晶面间距和峰强比值与物相的粉末衍射标准卡片对比,从而鉴别物相。计算机软件检索是先将标准卡片的衍射数据导入计算机数据库,再将样品的衍射数据导入计算机,此时在软件中呈现出样品的衍射谱图。操作者在软件中输入已知的条件,计算机软件会根据限定条件自动将样品谱图与数据库中的标准卡片全部对比,列出最有可能匹配的前 100 种物相,操作者再根据样品的实际情况从中进一步选择比对。

三、【仪器与试剂】

1. 仪器：型号为 Rigaku UIV 的 X 射线衍射仪（日本），带凹槽的玻璃制样品板，玛瑙研钵。
2. 试剂：无水乙醇，二氧化钛。

四、【实验步骤】

1. 样品的制备

将粉末样品置于玛瑙研钵中仔细研磨成细粉，无明显颗粒感即可。将磨好的细粉填入已经用无水乙醇擦拭干净的玻璃样品板的凹槽内，装填细粉的量要略高于样品板。用平整的玻璃板适当压紧粉末，使压好的粉末样品表面与样品板齐平。将凹槽外多余的粉末刮去，再次用玻璃板压平即可。

2. X 射线衍射仪实验参数的设定

靶材为 Cu；波长 $1.5406\text{Å}(1\text{Å}=10^{-10}\text{m})$；狭缝宽度：发散狭缝 DS 1°，防散射狭缝 SS 1°，接收狭缝 RS 0.15mm；扫描方式：连续扫描；扫描范围：5°～90°；扫描速度：10°/min。

3. 样品的测试

将 X 射线衍射仪开机，设置参数。按下"DOOR LOCK"按钮，出现长声"嘀"，等到开始间歇性"嘀"时，打开仪器防护门。将样品板较长的一边插到衍射仪的样品台上，并对准中线。关闭仪器防护门，再次按下"DOOR LOCK"按钮。等不再发出"嘀"的声音，在计算机上点击开始测试图标，此时仪器开始测试。待测试完毕，即可得到样品的粉末衍射图。

4. 实验完毕

待测试完毕，按"DOOR LOCK"按钮，打开防护门，取出样品板，回收样品板凹槽内的样品。用无水乙醇将样品板擦拭干净，入盒保存。复制计算机上的测试数据，并将仪器关机。

五、【数据处理】

1. 根据样品的衍射数据，计算每个衍射峰 2θ 位置对应的晶面间距 d 值，并按衍射峰的峰强从高到低排列。
2. 根据上述列出的 d 值，查找索引粉末衍射标准卡片，进行物相分析，并确定物相。
3. 将样品的衍射数据导入 Jade 软件中，练习使用 Jade 软件进行检索，找到与样品相匹配的粉末衍射标准卡片，确定物相。
4. 确定物相后，根据找到的粉末衍射标准卡片，给出样品组分的名称、化学式、晶体结构和晶胞参数。

六、【注意事项】

1. 粉末样品的粗细很大程度上影响衍射峰的峰强。因此，应避免晶粒过粗或结块。用研钵研磨粉末时，务必研磨至无颗粒感。

2. X 射线对人体有害，实验过程中务必小心操作，注意防护。

七、【思考题】

1. 在一张 X 射线衍射谱图中未出现某个物相的衍射峰，是否能断定该物相不存在？
2. 在实验中，怎样得到一张好的衍射谱图，需要注意哪些方面？

实验 10-2 设计性实验

X 射线粉末衍射法测定鸡蛋壳中的碳酸钙

一、【实验目的】

1. 掌握 X 射线粉末衍射法的物相分析原理。
2. 掌握待测样品的处理方法。
3. 掌握物相索引的过程。
4. 学会查阅文献资料，并根据相关资料设计一个完整的实验方案。

二、【设计提示】

1. 鸡蛋壳如何制成粉末状样品？
2. 碳酸钙有哪几种晶型？鸡蛋壳中的碳酸钙属于哪种晶型？
3. 鸡蛋壳中除了碳酸钙，还有哪些组分？

三、【要求】

1. 设计一种利用 X 射线粉末衍射法鉴定鸡蛋壳中碳酸钙组分的方法。
2. 根据所设计的实验方案，利用 X 射线粉末衍射法测定鸡蛋壳中的碳酸钙组分，并写出详细的实验报告。

10.5 知识拓展

X 射线衍射仪发展史

X 射线衍射仪的出现离不开 X 射线。1895 年，德国物理学家伦琴首次发现了 X 射线，并为其夫人拍下世界上第一张 X 射线照片（图 10-2）。随后，X 射线广泛应用于医学影像，用来观察肉眼不可见的人体骨骼等。1912 年，德国物理学家劳厄发现晶体的 X 射线衍射现象。这一重要发现预示着人们可以通过研究晶体的衍射花样来探索晶体的微观世界。X 射线衍射技术也成为研究物质结构的重要工具。当今的化学、材料学和生物学等学科的发展都离不开 X 射线衍射技术。X 射线衍射技术的广泛应用，可归功于 X 射线衍射仪不断地更新换代。

图 10-2　德国物理学家伦琴和世界上第一张 X 射线照片

早期的 X 射线衍射仪使用的是照相技术，即用照相底片作为探测记录仪。入射的 X 射线单色化后，经过多孔准直光阑，将入射光中的准直部分光垂直于测角器上。测角器的主体为金属圆筒，待测样品放置于圆筒中心的转动机上，照相底片贴在圆筒的内壁上。随着样品的转动，底片可以拍下样品不同角度的衍射花样。为进一步提高谱线的分辨率，相继发展出了聚焦照相机、带单色器的纪尼叶照相机等。然而，由于照相技术能记录的线性范围有限，谱线强度不够精准，因此无法得到准确的衍射花样。单晶照相机衍射仪示意图如图 10-3 所示。

随后，人们使用计数器作为探测器代替早期的照相技术，如正比计数器和闪烁计数器。计数器能记录的线性范围很宽，所记录的谱线强度的准确性大幅度提高，因此样品的晶体结构、物相分析和定量分析等的精准度大大提升。区别于照相技术的二维记录方式，计数器采用零维记录方式，即逐一记录谱线，因此对测角器的要求也更高。在当时，恰逢电子电路技术高度发展，通过将电路应用于测角器中，很好地解决了这一难题。然而，由于多孔准直光阑会大大削弱入射光强度，降低谱线的强度和分辨率，因此，人们研究出 Bragg-Brentano 二圆测角器（图 10-4）。该测角器采用狭缝截取一定角度的扇形入射光，进一步提高了样品谱线的强度和分辨率。

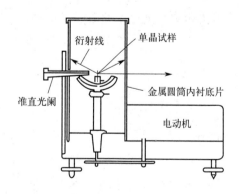
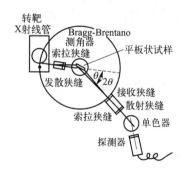

图 10-3　单晶照相机衍射仪示意图　　　　图 10-4　Bragg-Brentano 二圆测角器示意图

自 1946 年第一台电子计算机在美国宾夕法尼亚大学问世以来，计算机技术蓬勃发展。计算机技术与 X 射线衍射仪的结合提高了衍射仪的自动化程度，并可以对测试数据进行更复杂的运算处理。因此，X 射线衍射仪的功能从单一分析样品的衍射数据拓宽到可以精确分析样品的各种结构信息。

随着科学技术的迅猛发展,自20世纪末以来,各类新材料如雨后春笋般涌现。越来越多未知的结构信息对X射线衍射仪提出更高的要求,人们也开始研制各种新的X射线器件。例如,用晶体单色器来代替之前的滤色片,提高X射线的单色性和平行性。增加能使X射线聚焦的椭面镜,以得到细而强的入射光。改变探测器用来收集更多的衍射光,以增加样品的谱线强度。这些器件都作为附件安装到X射线衍射仪上,使X射线衍射仪得以高度发展。目前常见的生产X射线衍射仪的公司有日本的理学(Rigaku)公司、德国的布鲁克(Bruker AXS)公司、荷兰的帕纳科(Panalytical)公司等。

附:仪器操作规程

日本理学 Rigaku Ultima IV-X 射线衍射仪操作规程

第 11 章 核磁共振波谱法

核磁共振（nuclear magnetic resonance，NMR）指自旋量子数 $I \neq 0$ 的原子核在磁场中吸收一定频率的无线电波，而发生自旋能级跃迁的现象。核磁共振波谱法是近年来普遍使用的仪器分析技术，也是有机化学工作者最常用的结构测定工具。1953 年 Varian 公司试制了第一台 NMR 仪器，瑞士科学家库尔特·维特里希因发明了利用核磁共振技术测定溶液中生物大分子三维结构的方法而获得 2002 年诺贝尔化学奖。

11.1 基本原理

核磁共振波谱法（nuclear magnetic resonance spectroscopy）具有操作简便、分析快速、能准确测定有机分子的骨架结构等优点。高场仪器、多核谱仪、大容量快速计算机的出现和使用，将核磁共振仪器的使用提高到一个新的水平。核磁共振是有机化学结构分析中应用最普遍的分析方法，利用它可测定 ^1H、^{13}C、^{15}N、^{31}P、^{19}F 等的核磁共振谱图。

任何带电体自旋都会产生磁场，磁场具有方向性，可用磁矩（μ）表示。带正电的原子核与其他带电体一样，可以发生自旋而产生核磁矩，但并不是所有的原子核自旋都能产生核磁矩，只有那些原子序数或质量数为奇数的原子核自旋才能产生核磁矩。如 ^1H、^{13}C、^{15}N、^{17}O、^{19}F、^{29}Si、^{31}P 等。本章只介绍最常见的 ^1H 的核磁谱图。

在没有外磁场时，带正电的质子自旋磁矩的取向是任意的，但在外磁场 H_0 中，它的取向分为两种，一种与外磁场平行，另一种与外磁场方向相反，如图 11-1 所示。

这两种不同取向的自旋具有不同能量，与外磁场相同的取向的自旋能量较低，相反取向的能量较高，两种取向的能量差 $\Delta E = 2\mu H_0$，对于给定的核来说，μ 是常数，对质子而言，$\mu = \gamma h / 4\pi$，γ 为质子的磁旋比，是特征常数。由上述公式可知，能级差与外加磁场强度有关，外加磁场越强，能级差越大（图 11-2）。在一定的磁场中（如 H_1），若用电磁波辐射磁场中处于低能级的质子，当电磁波辐射的能量正好等于两种自旋的能级差时，即 $\Delta E = h\nu_{照} = \gamma h H_1 / 2\pi$，简化为 $\nu_{照} = \gamma H_1 / 2\pi$，处于低能态自旋的质子就会吸收能量跃迁到高能态，这种现象就叫核磁共振。不同磁场强度下，发生共振所需的辐射频率是不同的。如果固定磁场强度，根据上式就可求出共振所需的频率。如外加磁场强度为 1.4092T，则辐射频率 ν 应为 60MHz。同样，若固定辐射频率，也可求出外加磁场强度。

用来测定核磁共振的仪器叫核磁共振波谱仪，目前，核磁共振仪主要有两种操作方式，即固定磁场扫频和固定频率扫场。将样品置于强磁场中，通过辐射频率发生器产生固定频率的无线电磁波辐射，同时在磁场扫描线圈中通直流电，使磁场强度由低场向高场扫描，当磁场强度增加到一定值，满足于 $\nu = \gamma H_0/2\pi$ 时，即辐射能等于两种不同取向自旋的能级差，则会发生共振吸收，这种方式称为扫场式。

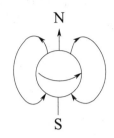

图 11-1　质子自旋产生磁矩

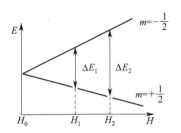

图 11-2　不同磁场强度时两种自旋的能量差

如果固定外加磁场的强度，改变电磁波的辐射频率，当频率达到满足 $\nu = \gamma H/2\pi$ 时，也会产生共振吸收，这种方式称为扫频式。共振吸收的信号被接收线圈接收，放大并用计算机或记录仪记录，就得到了核磁共振吸收图谱。核磁共振仪根据磁场源不同分为：永久磁铁、电磁铁、超导磁铁等。根据交变频率的大小分为 60MHz、90MHz、100MHz、220MHz、250MHz、300MHz、400MHz 等，频率越高，分辨率越高。

在一定辐射频率下，质子能级差是一个固定值，因此，似乎有机化合物中所有的质子都应在同一磁场下产生共振吸收。如果真是这样，那么在核磁共振吸收图谱上就只有一个吸收峰，这样对测定有机化合物的结构就毫无意义了。实际上，有机化合物中质子的周围都被电子包围着，这些电子在外磁场作用下，会发生循环流动，从而产生一个小的诱导磁场，该磁场与外磁场方向正好相反。电子的屏蔽作用抵消一部分外加磁场。原子核实际感受到的磁场强度为 $(1-\sigma)H_0$，这种效应称为屏蔽效应，σ 为屏蔽常数。屏蔽效应与质子周围的电子云密度有关。在有机分子中，氢核所处的环境不同，其外围的电子云密度也不同，产生的诱导磁场强度也不同，这样，就可使不同的氢核，在不同的外加磁场下进行共振吸收，在核磁谱图上就会在不同位置出现吸收峰。用来表示这种不同位置的量叫作化学位移。由定义可知，化学位移是由于核外电子云密度不同而产生的，这个差异很小，其绝对值难以测出。实际应用上，是选一个标准物质作为参照物，其他化合物质子峰的化学位移值都是相对于它而得到的，这叫作相对化学位移。在质子的核磁共振中，最常用的标准物质是四甲基硅 $(CH_3)_4Si$，其英文缩写为 TMS。选它作为标准物质是因为：①TMS 只有一种氢，在核磁共振谱中为单峰；②硅的电负性比碳小，它的质子外围电子云密度较高，受到较大的屏蔽效应，共振吸收峰一般出现在高场，不与其他化合物相混合；③TMS 易溶于有机溶剂，一般不与样品发生化学反应或分子间缔合，因此适用于作内标。除了 TMS 外，六甲基硅烷（HMDS）也可作内标。通常把 TMS 的化学位移值定为 0，其他化合物质子的相对化学位移值就是相对于 TMS 的值，一般把靠近 TMS 的吸收称为高场区，而把谱图中靠左边的吸收，称为低场区。

化学位移用 δ 表示，是样品和标准物质 TMS 的共振频率之差除以所用仪器的辐射频率（ν_0）。由于其数值太小，所以再乘以 10^6，单位用 ppm 表示。

$$\delta = \frac{\nu_{\text{样}} - \nu_{\text{TMS}}}{\nu_0} \times 10^6$$

分子内部相邻不等价氢核之间自旋方向不同使共振峰分裂成多重峰，这一现象称为自旋-自旋偶合，自旋偶合的程度大小常用偶合常数（J）表示。一个质子的自旋磁场在外磁场中有两种取向，使相邻质子能感受到两种磁场强度的影响，因此，其吸收峰就分裂为两重峰。以此类推，有 n 个质子，就能使相邻质子分裂为 $(n+1)$ 重峰，这个规律称为 $n+1$ 规律。此外，分裂峰的面积比也有规律，一般近似等于二项式 $(a+b)^n$ 展开式的各项系数之比。也就是说，一个邻近质子使被讨论核的共振峰分裂成二重峰（1∶1），三个相邻质子产生四重峰（1∶3∶3∶1）等。常见官能团的化学位移如图 11-3 所示。

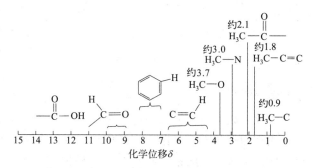

图 11-3　各种不同分子环境中的质子化学位移

11.2　仪器组成与分析技术

高分辨率核磁共振波谱仪按射频源和扫描方式不同分为连续波核磁共振波谱仪（CW-NMR）和傅里叶变换核磁共振波谱仪（FT-NMR）。前者主要供教学及日常分析使用，后者由于设备本身及运行成本较高，主要用于研究。随着仪器的发展更新以及我国经济实力的不断增强，连续波核磁共振波谱仪逐渐被淘汰，而傅里叶变换核磁共振波谱仪使用越来越普遍。

11.2.1　连续波核磁共振波谱仪

由图 11-4 可见，连续波核磁共振波谱仪主要由 6 个部件组成：磁铁、探头（样品管）、扫场线圈、射频发生器、射频接收器及记录仪。

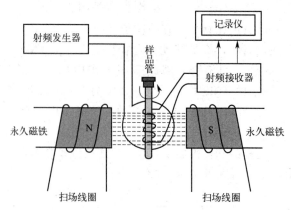

图 11-4　连续波核磁共振波谱仪组成示意图

(1) 磁铁

磁铁是 NMR 中最重要的部分之一，NMR 的灵敏度和分辨率主要取决于磁铁的质量和强度。在 NMR 中通常用对应的质子共振频率来描述不同场强。NMR 常用的磁铁有三种：永久磁铁、电磁铁和超导磁铁。永久磁铁一般可提供 0.7046T 或 1.4092T 的磁场，对应质子共振频率为 30MHz 和 60MHz。电磁铁可提供对应 60MHz、90MHz、100MHz 的共振频率。而超导磁铁可以提供更高的磁场，可达 10T 以上，最高可达到 800MHz 的共振频率。

为了使样品处在一个均匀的磁场中，在磁场的不同平面还会加入一些匀场线圈以消除磁场的不均匀性，同时利用一个气动涡轮转子使样品在磁场内以几十赫兹的速率旋转，使磁场的不均匀性平均化，以此来提高灵敏度和分辨率。

(2) 探头

样品探头是一种用来使样品管保持在磁场中某一固定位置的器件，探头中不仅包含样品管，而且包括扫描线圈和接收线圈，以保证测量条件的一致性。为了避免扫描线圈与接收线圈相互干扰，两线圈垂直放置并采取措施防止磁场的干扰。样品管底部装有电热丝和热敏电阻检测元件，探头外装有恒温水套。

(3) 扫场线圈

扫场线圈绕在磁铁的凸缘上，由扫描电压发生器提供一个可控的周期性变化的锯齿波直流电流，使样品除受永久磁铁所提供的强磁场之外再加一个可变的附加磁场。这个小的附加磁场通常由弱到强连续变化，称为扫场。

(4) 射频发生器

将射频发生器连接到发射线圈上，然后将能量传递给样品，而射频发射方向垂直于磁场。射频发生器连接到一个围绕样品管的线圈上，发射器线圈与接收线圈相互垂直，又同时垂直于磁场方向。

(5) 射频接收器及记录仪

共振核产生的射频信号通过探头上的接收线圈加以检测，产生的电信号通常要大于 10^5 倍后才能记录，NMR 记录仪的横轴驱动与扫描同步，纵轴为共振信号。现代 NMR 常配有一套积分装置，可以在 NMR 波谱上以阶梯的形式显示出积分数据。由于积分信号不像峰高那样易受多种条件影响，可以通过它来估计各类核的相对数目及含量，有助于定量分析。随着计算机技术的发展，一些连续波 NMR 配有多次重复扫描并将信号进行累加的功能，从而有效地提高仪器的灵敏度。但由于一般仪器的稳定性影响，一般累加次数在 100 次左右为宜。

11.2.2 傅里叶变换核磁共振波谱仪

傅里叶变换核磁共振波谱仪采用多通道发射机同时发射多种频率，使不同化学环境的核同时共振，再用多通道接收机同时获得所有共振核的信号。这些信号包含很多种频率，是多种频率信号的叠加，且随着时间增长而衰减，称为自由感应衰减（FID）信号。FID 信号称为时域谱，由接收线圈识别，经过放大等处理后，利用计算机的傅里叶变换算法，经过快速变换，使信号变换为频率，变换成可直观识别的核磁共振谱图。傅里叶变换核磁共振波谱仪灵敏度更高，性能更加全面先进，自 20 世纪 70 年代以来逐渐取代连续波核磁共振波谱仪，成为当今主要的核磁共振波谱仪。

傅里叶变换核磁共振波谱仪的主要部件有磁铁、探头、射频发射系统、接收机、信号处理系统。与连续波核磁共振波谱仪相比，特殊的部件有射频脉冲功率放大器、脉冲程序器、数据处理系统。

(1) 磁铁

傅里叶变换核磁共振波谱仪要求磁铁有较高的磁场强度，所产生的静电场高度均匀和稳定。常规分析型傅里叶变换核磁共振波谱仪常用电磁铁，研究型傅里叶变换核磁共振波谱仪采用超导磁铁。

(2) 探头

傅里叶变换核磁共振波谱仪探头的结构和种类与连续波核磁共振波谱仪相同，其接收线圈感应出的信号是FID信号。

(3) 射频发射系统

傅里叶变换核磁共振波谱仪具有多个射频通道，每个射频通道均有射频发射机。这些分射频系统并不独立，而是通过射频综合技术把各分频率进行组合调整。现代傅里叶变换核磁共振波谱仪采用直接数字频率合成（DDS）技术，将分频率组合成新的频率，这些按各通道需要合成的新频率更加稳定，精度更高。

(4) 接收机与信号处理系统

接收机的工作原理是由探头的接收线圈获得的FID信号经前置放大器放大后进入混频电路，混频器将FID信号变成中频FID信号，经中频放大器放大到适当强度，然后分成两路进入正交检波器或相检波器，进行以中频为参考的第二次混频，混频后获得两个相位差为90°的低频FID信号。这两个信号分别通过各自的低频放大器及滤波器，使信号的强度达到模/数转换器输入端的要求，信号经模/数转换进入计算机数据处理系统，按程序进行运算处理，最后将运算结果以NMR图谱显示。

11.2.3 常用分析技术

11.2.3.1 样品的制备

① 核磁共振用样品管一般是直径为5mm的样品管，长度为20~25cm，样品管要平直均匀无气泡，以保证在探头中自动旋转。样品管使用前一定要用蒸馏水洗净烘干，不要用乙醇或洗液洗涤，防止残存乙醇或顺磁离子干扰图谱。

② 用核磁共振确定样品的化学结构时，样品应该越纯越好（一般应大于95%），包括固体样品中原有的溶剂也应除掉。液态样品，浓度为5%~10%，加入1%~2%TMS作内标。

③ 样品需要均匀地溶解于整个溶液，无悬浮颗粒（最好用过滤或离心的方法去除悬浮的固体颗粒），保证溶液中不能含有Fe、Cu等顺磁性粒子，否则会影响匀场和谱图质量。

④ 一般的有机物须提供样品量，^{1}H谱大于5mg，^{13}C谱大于15mg，聚合物量需适当增加。

⑤ 开放实验样品需自备样品管，要求管内外壁干净，管壁无划痕破损（严禁样品管在仪器探头内发生断裂，一旦断裂将造成重大仪器故障，送样课题组须承担高昂维修费用）。不规范的核磁管包括：a. 外径过粗或过细；b. 管壁有刮痕或有裂缝；c. 核磁管弯曲变形及上下粗细不均匀；d. 帽子有裂缝或与核磁管不吻合；e. 经超声波清洗或多次使用已出现磨损。

⑥ 仅适合测试液体样品的仪器，要求样品在某种氘代溶剂中有良好的溶解性能。常用的氘代溶剂有氯仿、重水、甲醇、丙酮、二甲基亚砜（DMSO）、苯、邻二氯苯、吡啶、醋酸、

三氟乙酸等，对开放样品的测试不提供氘代溶剂。DMSO-d_6 是很好的有机溶剂，但它含有一些水分，如样品中含有活泼氢，如羧酸，活泼金属会和水交换使活泼氢信号消失，而且它能和醇或糖中的羟基形成氢键而抑制交换，使羟基同 α-H 偶合而产生多重分裂。DMSO-d_6 黏度较大，很难匀场，使其残存的信号（δ 2.50）不像氘代丙酮能够分裂成很好的五重峰。D_2O 是常用溶剂，样品中的活泼氢会被 D 取代，使活泼氢信号消失，而交换到水峰中去。有时为了需要，在含有活泼氢的样品溶液中加入几滴 D_2O 以观察活泼氢的消失情况。苯-d_6、吡啶-d_5、CD_3-CN 会使样品分子产生选择性化学位移，这些"溶剂位移"往往可达 0.5 以上。

⑦ 选择氘代溶剂时，还应考虑样品溶解度的大小（通常越大越好），溶剂残留峰是否与样品峰有重叠；400MHz NMR 配置不适合做低温实验，当做高温实验时，要考虑溶剂的沸点以及测试温度下样品的溶解度。

11.2.3.2 核磁管的清洗方法

(1) 清洗所需材料和试剂

镊子、含胶头滴管的样品瓶 3 个（分别用来盛装洗液氯仿、酒精、丙酮）、PVC 手套、脱脂棉、核磁管刷、大烧杯若干、废液瓶等。

(2) 清洗步骤

① 将废液倒出。将核磁管帽轻轻拔掉（不要用力旋转，以免将管口扭裂开），将取下的核磁管帽放入干净烧杯中，用酒精浸泡两到三次，浸泡过程中可适当地搅拌烧杯中的液体，使清洗效果更好。将核磁管中的液体倒入废液瓶中（如若样品需要回收请自行处理），并将核磁管倒放在大烧杯中（若多个样品之间差异较大，建议将盛装有色和无色样品的核磁管倾倒废液后分开放置，以免交叉污染）。

② 清洗核磁管外壁。将适量酒精滴在大片脱脂棉上擦拭管外壁，特别注意管口部位。为了不让酒精流入管中，最好将管口朝下擦拭，且擦拭完管壁后，先将管子倒放在大烧杯中放置一定时间，以便管内的残液流出，然后再将管子正放一到两天即可。

③ 用氯仿清洗第一遍。用滴管在核磁管中滴入适量氯仿（一般氯仿体积为核磁管容量的四分之一即可），然后将核磁管刷插入核磁管内，上下或按一个方向旋转擦拭核磁管内壁，至管内无明显的样品残留物，擦拭完后将洗液倒入废液瓶，管子倒放在烧杯中，第一遍清洗即完成。

注：若核磁管内所盛的样品为水溶性的，则第一次清洗可用纯净水或者酒精代替氯仿。

④ 用酒精清洗第二遍。将清洗液氯仿换成酒精重复第 3 步操作，注意管口处不易清洗干净，清洗时要格外注意。

⑤ 用丙酮清洗第三遍。最后一次一定要采用丙酮清洗，重复第 3 步操作，最后一次清洗核磁管时，一定要每根核磁管换一次核磁管刷，以免交叉污染。

⑥ 清洗核磁管帽。将浸泡管帽的酒精倒入废液瓶中，将一片脱脂棉铺在桌上，将浸泡后的管帽倒在脱脂棉上，然后将棉花缠在铁丝上，旋转擦拭管帽内部。将擦拭干净的管帽放置在干净的铺有脱脂棉的表面皿里两到三天后即可使用。若只有少量帽子可不用浸泡，用脱脂棉蘸少量酒精擦，再用干脱脂棉擦，晾干即可。

(3) 注意事项

① 因为所用的洗液多为有机溶剂，有一定毒性，所以清洗过程要在通风橱中进行。

② 若所清洗的核磁管，经过 2 次清洗后还能够看到明显的残留物在核磁管的内壁，建

议注满丙酮倒置浸泡一夜。

③ 刷核磁管的过程中使用到的所有玻璃容器一定要在杯底放置适量脱脂棉，防止核磁管与烧杯之间有碰撞导致核磁管破裂，且脱脂棉可以吸收清洗的核磁管的残液。

④ 每次清洗完核磁管，将废液倒出后，一定要先将核磁管倒放在大烧杯中一段时间，以便残留的废液流出，然后再将管口朝上放置自然晾干。可将核磁管置入烘箱去除丙酮，使用烘干温度为七八十度，时间为半天。

⑤ 清洗核磁管所用的试剂最好为分析纯。

11.2.4 仪器常见问题及解决办法

（1）换上样品后找不到氘信号

这种情况一般是样品的溶剂发生了变化。有很多方面（参数、匀场条件和仪器）的原因可能使得找不到氘信号，但应首先找一找样品的原因，核实样品是否真的使用了氘代试剂，样品插入转子的位置是否合理，样品是否浮在了空气中没有进入探头的线圈范围。如果使用了氘试剂，应粗略估算氘的含量。如果刚换上的样品中氘含量比换下的样品少得多，就应增加锁场的功率和增益。如果锁场功率和增益都有了大致合理的数值仍然看不到氘信号，就要调整磁场偏置，可参考氢谱的化学位移。若前面几种可能性都考虑过了，最后的一种可能性就在仪器本身。如果没有明显的可观测到的外部问题，如电路断开等，就需要求助专门的技术人员，对仪器的硬件、软件进行系统的查询，以便发现问题及时解决。

（2）锁场信号电平不稳

如果锁场信号呈现出无规则的大起大落，问题大都源于锁场功率太大而导致了锁场信号饱和。在寻找氘信号时，有时要有意识地使用很强的锁场功率，但是一旦锁场，就应立即将锁场功率降下来。还有一种情况并不是锁场功率过大造成的，而是锁场信号过宽的原因。当溶液中的顺磁物的浓度过大或黏度过大时，也会使得氘信号很宽，若使用氘代二甲基亚砜（DMSO），当温度接近其冰点（18.4℃）时，锁场线就会不稳。适当地提高温度，对于实现稳定的场频联锁是有益的。

（3）测得的信号表明场并不均匀，但锁场电平却难以提高

这时需要首先检查锁场相位是否正确。如果问题不是出在锁场相位，就要尝试大幅度地调整某一旋钮，有意识地使锁场电平降低，然后再调整其他旋钮。这时会发现匀场状况会快速得到改善。

（4）谱中无任何信号

这种情况容易发生在对灵敏度很低的核进行观测的时候。对于这种情况可以按以下顺序逐一检查：

① 样品中想要观测的核浓度不够。当观测的是灵敏度很低的核，在较短的时间内看不到信号是正常的。

② 当前使用的工作窗口所定义的观测核与想要观测的核不相符。

③ 没有调谐。虽然在工作窗口中定义了观测核，如果探头还保留在其他的调谐状态，也不能观测到信号。^{1}H谱的调谐范围很窄，一般不调谐也能有信号。因没有调谐而看不到信号的情况主要发生在^{1}H以外的其他核。

④ 谱宽和中心频率不准确。对于氢谱，更换锁场物质后磁场偏置有较大的变化，因此

频率偏置应相应变化，否则在定义的谱宽范围内就不会有信号。一般在更换样品后进行第一次采样时，应将谱宽范围加大至原来的 3~5 倍，信号就必然出现。对于其他核，更换锁场物质后一般不需要重新调整频率偏置。

11.3 典型应用

（1）核磁双共振

双共振是同时用两种频率的射频场作用在两种核组成的系统上，第一射频场 B_1 使某种核共振，第二射频场 B_2 使另外一种核共振，这样两个原子核同时发生共振。第二射频场为干扰场。通常用一个强射频场干扰图谱中某条谱线，另一个射频场观察其他谱线的强度、形状和精细结构的变化，从而确定各条谱线之间的关系，区分相互重叠的谱线。

（2）二维核磁共振

二维核磁共振使 NMR 技术产生了一次革命性的变化，它将挤在一维谱中的谱线在二维空间展开（二维谱），从而较清晰地提供了更多的信息。它有两个时间变量，经两次傅里叶变换得到的两个独立的频率变量图一般用第二个时间变量 t_2 表示采样时间，第一个时间变量 t_1 则是与 t_2 无关的独立变量，是脉冲序列中的某一个变化的时间间隔。二维核磁共振减少了谱线的拥挤和重叠，有利于复杂谱图的解析，是目前适用于研究溶液中生物大分子构象的唯一技术。

（3）魔角旋转技术

固体中自旋之间的偶合较强，共振谱较宽，掩盖了其他精细的谱线结构，偶合能大小与核的相对位置在磁场中的取向有关，其因子是 $3\cos^2\beta-1$，如果有一种方法使 $\beta=\theta=54.44°$（魔角），则 $3\cos\beta-1=0$，相互作用减小，达到了窄化谱线的目的。魔角旋转技术就是通过样品的旋转来达到减小相互作用的，当样品高速旋转时 β 与 θ 的差别就会平均掉。该项技术在流体样品和生物组织结构研究中具有独特的优势。

（4）极化转移技术

极化转移（PT）是一种非常实用的技术，它用两种特殊的脉冲序列分别作用于非灵敏核和灵敏核两种不同的自旋体系上。通过两体系间极化强度的转移，从而提高非灵敏核的观测灵敏度，基本的技巧是从高灵敏度的富核处"借"到了极化强度。

11.4 实验

实验 11-1 | 核磁共振波谱法测定单纯化合物的结构

一、【实验目的】

1. 学习核磁共振波谱仪的构造和基本原理。

2. 初步掌握核磁共振波谱仪的一般操作和使用方法，作出给定未知物的 ^{1}H NMR 谱图。

3. 运用一级谱、化学位移、峰面积和偶合常数等基本概念，掌握核磁共振谱图的解析方法，推定分子结构。

二、【实验原理】

NMR 波谱法是鉴定有机化合物结构的有力工具，其中 ^{1}H NMR 谱是目前应用最广泛和成熟的测量技术。^{1}H NMR 谱给出的主要参数是化学位移、偶合常数和积分面积。从这些参数可以得到分子的结构信息，如从化学位移可判断分子中存在质子的类型（甲基、亚甲基、芳基、羟基等）以及质子的化学环境和磁环境，从积分可以确定每种基团中质子的相对数目，从偶合裂分情况可判断质子与质子之间的关系。本实验以有机纯物质为样品，测定化合物的氢谱，学习结构解析的方法和规律。

三、【仪器与试剂】

1. 仪器：核磁共振波谱仪，外径 5mm 核磁共振样品管。
2. 试剂：TMS，氘代氯仿，试样。

四、【实验步骤】

1. 样品处理

将 20mg 左右的未知试样装入核磁共振试样管中，加入 0.5mL 氘代氯仿，并加入少量 TMS，使其浓度约为 1%，盖好盖子，擦拭外壁，振荡使样品完全溶解。

2. 检查仪器

使探头处于热平衡状态，波谱仪程序处于待用状态。

3. 锁场并调分辨率

电磁铁仪器以内锁方式观察标准样品中氘信号进行锁场。超导仪器宜用 $CDCl_3$ 标样以峰形、峰宽为依据获得最佳仪器分辨率。

4. 设置测量参数及测量

设置的参数包括：①^{1}H NMR 谱观测频率及其观测偏值；②^{1}H NMR 谱谱宽为 $(10\sim 15)\times 10^{-6}$；③观测射频脉冲 $45°\sim 90°$；④延迟时间 $1\sim 2$s；⑤累加次数 $4\sim 32$ 次；⑥采样数据点 $8000\sim 32000$；⑦脉冲序列类型为无辐照场单脉冲序列。

5. 作出谱图

利用所选参数，对采集的 FID 信号进行以下的加工处理：①数据的窗口处理；②作快速傅里叶变换（FIT）获得频谱图；③作相应的调整；④调整标准参考峰位（如 TMS 为 0，$CDCl_3$ 残余氢为 7.27），显示并记录谱峰化学位移；⑤对谱峰作积分处理，记录积分相对值；⑥合理布局谱图与积分曲线的大小与范围等，绘出谱图。

五、【数据处理】

样品的 ^{1}H NMR 谱图信息填在表 11-1 中。

表 11-1　样品 ^{1}H NMR 谱图信息

峰号	δ	积分线高度	相对数	峰分裂数及特征
1				
2				
3				
4				

六、【注意事项】

1. NMR 波谱仪是大型精密仪器，实验中不用的旋钮不得乱动。
2. 严禁将磁性物体（工具、手表、钥匙等）带到强磁体附近，尤其是探头区。
3. 防止发生液体外泄，样品管壁应先擦干净。样品管的插入与取出务必小心谨慎，切忌折断或碰碎，防止异物掉入进样通道造成事故。

七、【思考题】

1. NMR 波谱法与红外、紫外光谱法相比有何重要差异？为什么？
2. NMR 波谱图的峰高是否能作为质子比的可靠量度？积分高度和结构有什么关系？

实验 11-2　氢核磁共振波谱法定量测定乙酰乙酸乙酯互变异构体

一、【实验目的】

1. 学习利用核磁共振波谱仪进行定量分析的方法。
2. 掌握 ^{1}H NMR 谱图的解析方法。
3. 进一步熟悉核磁共振波谱仪的工作原理及基本操作。

二、【实验原理】

乙酰乙酸乙酯有酮式和烯醇式两种互变异构体（图 11-5）。

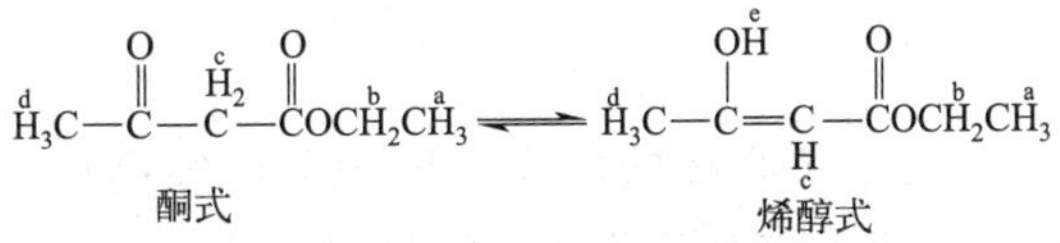

$$\underset{\text{酮式}}{\text{H}_3\text{C}\overset{d}{-}\underset{\underset{\text{O}}{\|}}{\text{C}}-\underset{\text{H}_2}{\overset{c}{\text{C}}}-\underset{\underset{\text{O}}{\|}}{\text{C}}\text{OCH}_2^b\text{CH}_3^a} \rightleftharpoons \underset{\text{烯醇式}}{\text{H}_3\text{C}\overset{d}{-}\underset{\overset{\text{O}\overset{e}{\text{H}}}{}}{\text{C}}=\underset{\overset{c}{\text{H}}}{\text{C}}-\underset{\underset{\text{O}}{\|}}{\text{C}}\text{OCH}_2^b\text{CH}_3^a}$$

图 11-5　乙酰乙酸乙酯的互变异构体

酮式和烯醇式的乙酰乙酸乙酯结构中部分 ^{1}H 的化学环境不同，因此相应 ^{1}H 的化学位移也不同，表 11-2 是酮式和烯醇式中对应 ^{1}H 的化学位移值，a～e 分别表示图 11-5 中不同化学环境的位移值。

表 11-2 乙酰乙酸乙酯 ^{1}H NMR 中各种 ^{1}H 的化学位移

^{1}H 的类型	a	b	c	d	e
酮式	1.3	4.2	3.3	2.2	无
烯醇式	1.3	4.2	4.9	2.0	12.2

若选择化学位移不同的分别代表酮式和烯醇式的 ^{1}H，利用它们的积分曲线高度比（即峰面积），可以计算出一个确定体系中两种互变异构体的相对含量。例如，选择 c 氢的面积来定量。酮式中 c 氢的化学位移 $\delta_c=3.3$，氢核的个数为 2，烯醇式中 $\delta_c=4.9$，氢核的个数为 1，则 $A_{3.3}$ 和 $A_{4.9}$ 分别表示化学位移 3.3 和 4.9 处的积分曲线高度，$w_{烯醇式}=(A_{4.9}/1)/[(A_{3.3}/2)+(A_{4.9}/1)]$。同样，这种方法也可以用于二元或多元组分的定量分析，方法的关键是要找出分开的代表各个组分的吸收峰，并准确测量它们的积分曲线高度。

三、【仪器与试剂】

① 仪器：傅里叶变换核磁共振波谱仪，外径 5mm 核磁共振样品管。
② 试剂：氘代氯仿（体积分数为 5%），乙酰乙酸乙酯试样。

四、【实验步骤】

① 将试样放入探头内，进行锁场、匀场，直至符合采样要求。
② 选择测试方法为"Proton"，再设置包括谱宽、采样次数、自动获得增益等参数。
③ 仪器调试和参数设定完成后，采集试样的 FID 信号，并进行数据处理，如傅里叶变换、相位校正、基线校正、标注谱峰、积分等。
④ 测定完毕，从探头中取出样品管。将样品管中的溶液等倒入废液瓶中，清洗干净后置于烘箱中烘干。

五、【数据处理】

1. 根据化学位移、峰裂分情况对所测得的乙酰乙酸乙酯核磁共振氢谱中的各吸收峰进行归属，按酮式和烯醇式分别进行。
2. 分别测量酮式和烯醇式各峰的积分曲线高度，并转换成整数比，与理论值进行比较，讨论其误差情况。
3. 按相对含量公式计算烯醇式的质量分数。

六、【注意事项】

^{1}H NMR 定量分析的依据是吸收峰的面积（即积分曲线高度）与对应的 ^{1}H 数目成正比。对于完全分开的峰组，基线平直和积分曲线绘制质量是 ^{1}H NMR 定量分析的关键。

七、【思考题】

1. 测定乙酰乙酸乙酯的 ^{1}H NMR 时，为什么要将谱宽设定为 20.0？
2. 根据核磁共振定量分析的原理，自己设计一个定量分析乙酰乙酸乙酯中酮式质量分数的方法（需列出计算公式）。

实验 11-3 设计性实验

核磁共振氢谱法测定化妆品中乙醇含量

一、【实验目的】

1. 掌握核磁共振波谱仪的定量分析方法。
2. 建立一种有效利用核磁共振检测未知样品中乙醇含量的方法。

二、【设计提示】

1. 该实验要选择一款乙醇含量较高的化妆水，为什么？
2. 若乙醇的出峰情况受杂质影响较大，怎么降低误差？
3. 用核磁共振如何进行化妆水中乙醇和水的定量分析？

三、【要求】

1. 设计一种利用核磁共振氢谱法测定化妆品中乙醇含量的方法。
2. 依据实验设计思路，计算核磁共振波谱图中水和乙醇的质量比，进而推算化妆水中乙醇的含量，并写出详细的实验报告。

11.5 知识拓展

核磁共振发展史

1924 年，奥地利科学家泡利（Pauli，图 11-6）预言了核磁共振的基本理论，即有些核同时具有自旋和磁量子数，这些核在磁场中会发生分裂。

20 世纪 30 年代，物理学家拉比（Rabi，图 11-7）发现在磁场中的原子核会沿磁场方向呈正向或反向有序平行排列，而施加无线电波之后原子核的自旋方向发生翻转。由于这项研究，拉比于 1944 年获得了诺贝尔物理学奖。

1946 年，两位科学家布洛赫（Bloch，图 11-8）和珀塞尔（Purcell，图 11-9）发现，将具有奇数个核子（包括质子和中子）的原子核置于磁场中，再施加以特定频率的射频场，就会发生原子核吸收射频场能量的现象，这就是人们最初对核磁共振现象的认识。为此他们两人获得了 1952 年诺贝尔物理学奖。

1953 年，Varian 开始商用仪器开发，同年制作了第一台高分辨 NMR 仪。

1974 年，科学家洛赫尔（Locher）和他的同事们在荷兰的中心实验室开始了最初的核磁共振研究，并得到了著名的核磁共振图像"诺丁汉的橙子"。随着研究队伍的壮大，该实验室在 1978 年组建团队开展质子项目的研究，并拥有了当时世界上最强大的一个长达 1m

的 0.15T 磁体。

图 11-6　泡利（Pauli）

图 11-7　拉比（Rabi）

图 11-8　布洛赫（Bloch）

图 11-9　珀塞尔（Purcell）

1984 年，飞利浦革命性地推出了世界上第一个表面线圈，得到的图像可以显示非常小的细节，再次引起了放射学界的轰动。

早期的磁共振系统大且笨重，长度通常达到 250cm，重量在 10t 以上。为了提高病人的舒适度和操作的简易性，业界迫切需要紧凑型磁体。在 1988 年的北美放射学会（RSNA）上，飞利浦展示了业内第一款紧凑型超导磁体 Gyroscan T5，并在 1989 年投入商用。T5 拥有当时最大的 60cm 孔径和最轻的磁体重量（2.8t），从此带起全球紧凑型磁体的风潮。

瑞士恩斯特（Richard R. Ernst）教授因对二维谱的贡献而获得 1991 年的诺贝尔奖。瑞士科学家库尔特·维特里希（Kurt Wüthrich）因发明了利用核磁共振技术测定溶液中生物大分子三维结构的方法而获得 2002 年诺贝尔化学奖。

附：仪器操作规程

布鲁克 400MHz 核磁氢谱操作规程

第 12 章　偏光显微镜法

偏光显微镜是利用光的偏振特性对具有双折射性物质进行研究鉴定的必备仪器，可进行单偏光观察、正交偏光观察、锥光观察。将普通光改为偏振光进行镜检，以鉴别某一物质是单折射性（各向同性）或双折射性（各向异性）。双折射性是晶体的基本特征。偏光显微镜是研究晶体光学性质的重要仪器，同时又是其他晶体光学研究法（油浸法、弗氏台法等）的基础。因此，偏光显微镜被广泛地应用在矿物、化学、高分子、半导体、植物学、生物医学等领域。

12.1　基本原理

偏光显微镜是利用光的偏振特性对晶体、矿物、纤维等有双折射的物质进行观察研究的仪器。它的成像原理与生物显微镜相似，不同之处是在光路中加入两组偏光器（起偏器和检偏器）以及用于观察物镜后焦面产生干涉像的勃氏透镜组。

偏光显微镜的两个偏光镜，一个装置在光源与被检物体之间叫"起偏镜"，另一个装置在物镜与目镜之间叫"检偏镜"，其上均有旋转角的刻度。从光源射出的光线通过两个偏光镜时，如果起偏镜与检偏镜的振动方向互相平行，即处于"平行检偏位"的情况下，则视场最为明亮。反之，若两者互相垂直，即处于"正交校偏位"的情况下，则视场完全黑暗，如果两者倾斜，则视场表现出中等程度的亮度。由此可知，起偏镜所形成的直线偏振光，如其振动方向与检偏镜的振动方向平行，则能完全通过；如果偏斜，则只能通过一部分；如若垂直，则完全不能通过。因此，在采用偏光显微镜检测时，原则上要使起偏镜与检偏镜处于正交检偏位的状态，即上下偏光器呈 90°交叉，这时视野完全变黑暗。在这种完全黑暗的视野中，非均质性的晶体或某些分子排列没有次序的有机物则会呈现出颜色不同、强弱不一的光彩。而其他不起偏光作用的均质性物质如水玻璃等，在这种暗视野中不发出任何光彩。

由光源发出的自然光经起偏器变为线偏振光后，照射到置于工作台上的聚合物晶体样品上，由于晶体的双折射效应，这束光被分解为振动方向互相垂直的两束线偏振光。这两束光不能完全通过检偏器，只有其中平行于检偏器振动方向的分量才能通过。通过检偏器的这两束光的分量具有相同的振动方向与频率而产生干涉效应。由干涉色的级序可以测定晶体薄片的厚度和双折射率等参数。

在偏振光条件下，还可以观察晶体的形态，测定晶粒大小和研究晶体的多色性等。

12.2 仪器组成与分析技术

12.2.1 偏光显微镜

偏光显微镜虽然型号众多，但其基本构造是相似的，主要组件可分为机械系统和光学系统两大部分。结构如图 12-1 所示。

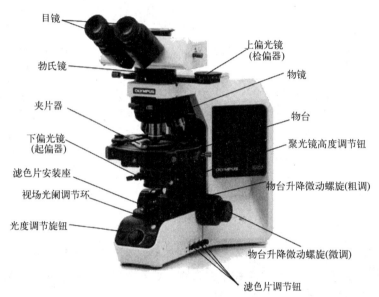

图 12-1 偏光显微镜示意图

12.2.2 常用分析技术

(1) 制样技术

① 热压制膜。将热塑性聚合物放在载玻片上，盖上一块盖玻片，置于热台上加热熔融，然后施加压力使熔体展开成膜，再冷却至室温。

② 溶液浇铸制膜。用适当的溶剂将试样溶解，将干净的玻片插入溶液后迅速取出，或滴数滴溶液于玻片上，干燥后即得薄膜。

③ 切片。使用切片机。

④ 打磨。较硬的高分子可用金刚砂打磨，软的可用三氧化二铝或三氧化二铁打磨。

(2) 校正振片

偏光显微镜上的上、下偏光振动方向应当正交，并分别平行南北、东西方向且与目镜十字丝平行。有时只用一个下偏光镜来观测，必须确定下偏光镜的振动方向，因此操作时必须对偏光镜进行校正。

① 目镜十字丝的检测。一般要检查目镜十字丝是否正交，以及是否与上下偏光镜振动方向一致，同时选一块解理和清晰的黑云母，移至目镜十字丝的中心，将解理缝平行于十字丝的一根丝，记下载物台的刻度，再转动载物台使解理缝平行于另一十字丝，记下载物台的刻度，两个刻度之差为 90°，说明十字丝正交。

② 下偏光镜振动方向的确定和校正。一般用黑云母来检查下偏光镜的振动方向，这是因为黑云母是一种分布广泛的透明矿物，在单偏光下很有特征。首先找一块解理和清晰的黑云母，移至目镜十字丝中心，推出上偏振镜，转动载物台一周，观察黑云母颜色的变化，因为黑云母对解理方向的振动光吸收最强，所以使黑云母颜色达到最深时，解理缝的方向就是下偏振镜的振动方向。

③ 上下偏光镜正交的校正。下偏光镜的方向校正好之后，取下薄片，推入上偏光镜，观察视域是否处于消光状态，如果全黑，则表明上下偏光的振动方向互相正交，否则，上偏光镜须进行校正，即转动上偏光镜，使视域达到最暗为止。转动时必须先松开上偏光镜的止动螺丝，校正好后再拧紧。

12.2.3 仪器保养及注意事项

① 实验室应具备三防条件：防震（远离震源）、防潮（使用空调、干燥器）、防尘（地面铺上地板）；电源：220V；温度：0～40℃。
② 调焦时注意不要使物镜碰到试样，以免划伤物镜。
③ 当载物台垫片圆孔中心的位置靠近物镜中心位置时不要切换物镜，以免划伤物镜。
④ 亮度调整切忌忽大忽小，也不要过亮，以免影响灯泡的使用寿命和损伤视力。
⑤ 所有（功能）切换，动作要轻，要到位。
⑥ 关机时要将亮度调到最小。
⑦ 非专业人员不要调整照明系统（灯丝位置灯），以免影响成像质量。
⑧ 更换卤素灯时要注意高温，以免灼伤，注意不要用手直接接触卤素灯的玻璃体。
⑨ 关机不使用时，将物镜通过调焦机构调整到最低状态。
⑩ 关机不使用时，不要立即盖防尘罩，待冷却后再盖，注意防火。
⑪ 不经常使用的光学部件放置于干燥皿内。
⑫ 非专业人员不要尝试擦物镜及其他光学部件。目镜可以用脱脂棉蘸无水酒精：乙醚（1:1）混合液体甩干后擦拭，不要用其他液体，以免损伤目镜。

12.3 典型应用

偏光显微镜可做单偏光观察、正交偏光观察、锥光观察。

(1) 单偏光观察

所谓单偏光镜下的研究，就是观察、测定晶体薄片的光学性质时，只使用下偏光镜（起偏镜）。由反光镜反射来的自然光波，通过下偏光镜后，变成振动方向平行下偏光镜振动方向的偏光。

单偏光镜下观察，测定的主要特征有：晶体的外表特征，如晶体的形态、解理及解理角等；与晶体对光波选择吸收有关的光学性质，如晶片的颜色、多色性及吸收性；与晶体折射率值大小有关的光学性质，如突起、糙面、边缘、贝克线等。

(2) 正交偏光观察

所谓正交偏光镜，就是下偏光镜和上偏光镜联合使用，并且两偏光镜的振动面处于互相垂直位置。为了观察方便，要使两偏光镜的振动方向严格与目镜"东西""南北"十字丝一致。在正交偏光镜下观察时，入射光是近于平行的光束，故又称为平行正交偏光镜。

在正交偏光镜的物台上,如不放任何晶体光片时[图 12-2(a)],其视域是黑暗的。因为光通过下偏光镜,其振动方向被限制在下偏光镜的振动面 PP 内,当 PP 方向振动的光到达上偏光镜 AA 时,由于两振动方向互相垂直,光无法通过上偏光镜,所以视域是黑暗的。若在正交偏光镜下的物台上放置晶体光片[图 12-2(b)、(c)],由于晶体的性质和切片方向不同,将出现消光等光学现象。

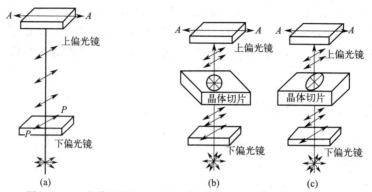

图 12-2　正交偏光镜的光学特点及晶体在正交镜下的消光现象

(3) 锥光观察

在单偏光显微镜和正交显微镜下可以观察到非均质体矿物的晶体形状、贝克线、突起、糙面、多色性、解理、消光现象、干涉色、延性符号和双晶等,但仍有一系列光性没有测定,如晶体的轴性（一轴晶或二轴晶）、光性符号（正光性或负光性）、光轴角等。这些性质在锥光镜下可以解决。

当用锥光时,即将载物台下的聚光镜加上,使由下偏光镜上来的平行偏光经过聚光镜后,形成向中央会聚的锥形光,即为锥光。此锥光交于焦点,又从焦点向四方散射,除中央一条光线为垂直不变外,其余的是倾斜散射,其倾斜角度越近,凸透镜边部越大,但光线无论如何倾斜,其光波振摆方向仍是平行下偏光镜的振摆方向,并且是偏光。在上面讨论中要用锥光时,是在正交偏光的情况下加入聚光镜,并换成高倍数的物镜（60 倍或 45 倍）,然后加上勃氏透镜,这样可观察到一种特殊的图案,这种图案称为干涉图。均质体矿物,对任何方向的入射光线在正交偏光下永久消光,因此,就不产生干涉图。一轴晶与二轴晶各有不同特点的干涉图,且切片方向不同,干涉图形也不同,因此,可用干涉图来区别轴性,确定光率体方位及其他光学常数。

12.4　实验

实验 12-1　偏光显微镜法测定聚合物球晶结构

一、【实验目的】

1. 了解偏光显微镜的结构及使用方法。

2. 熟悉球晶黑十字消光图案的形成原理。

3. 观察聚合物的结晶形态，估算聚丙烯球晶大小。

二、【实验原理】

球晶是高聚物结晶的一种最常见的形态。当结晶性高聚物从浓溶液中析出或从熔体冷却时，都倾向于生成这种更为复杂的晶体结构。按折叠链模型的观点，球晶也是以折叠链的小晶片（又称片晶）为其基本结构单元。这些小晶片由于迅速冷却或受到其他条件的限制，来不及按最理想的方式形成单晶。为了减少表面能，则以某些晶核为中心，向四面八方堆砌生长成球形多晶聚集体。从中心切开的剖面图像个车轮，车轮的"辐"对不同聚合物可以是丝状，也可以是层状长条，称为微纤。

在正交偏光显微镜下，球晶呈现特有的消光图像，如图 12-3 所示。消光图像是聚合物球晶的双折射性质和对称性的反映。粗浅地说由于分子链的排列方向一般是垂直于球晶半径方向，因而在球晶十字的地方正好分子链平行于起偏方向或检偏方向，从而发生消光。而在 45°方向上由于晶片的双折射，经起偏后的偏振光波分解成两束相互垂直但折射率不同的偏振光（即寻常光与非寻常光），它们发生干涉作用，有一部分光通过检偏镜而使球晶的这一方向变亮。

杂质或分子链自身热运动出现的瞬间局部有序排列都可能作为球晶的晶核，前者为非均相核（原先已有的核，又称预定核），后者为均相核（又称热成核）。从晶核出发，微纤首先堆砌成"稻草束"状，然后向四面八方生长而成为球形。球晶实际上是树枝状往外生长的，以填满整个空间。

图 12-3 聚丙烯球晶的偏光显微照片

三、【仪器与试剂】

1. 仪器：偏光显微镜，热台，镊子，载玻片，盖玻片，刀片。

2. 试剂：聚丙烯（颗粒状，工业级）。

四、【实验步骤】

① 在显微镜上装上物镜和目镜，打开照明电源，推入检偏镜，调整起偏镜角度至正交位置。

② 将热台温度调整到230℃左右，在加热台上放上载玻片，用刀片从聚丙烯树脂颗粒上取下少量试样并将其放在载玻片上，盖上盖玻片。

③ 观察试样熔融后用镊子小心地将其压成薄膜状，恒温 5min。

④ 关掉热台电源，并将热台移至显微镜载物台上。拉出显微镜检偏镜，调节热台位置使光线通过。

⑤ 调节焦距至视场清晰，推入检偏镜，观察球晶生长情况。

⑥ 拍照记录球晶生长初期、生长过程以及生长完成时的形态图。

⑦ 重复步骤②和③，将熔融并恒温后的试样，取出放在石棉板上以较快的速度冷却，

直接用显微镜观察结晶完成后的形态，并拍照记录。

五、【数据处理】

在正交偏振条件下观察球晶形态，估算球晶半径。

六、【注意事项】

1. 在使用偏光显微镜过程中，要旋转微动手轮，使手轮处于中间位置，再转动粗调手轮，将镜筒下降使物镜靠近试样（从侧面观察），然后在观察试样的同时再慢慢上升镜筒至看清物体的像为止，这样可避免物镜与试样碰撞而压坏试样和损坏镜头。

2. 培养球晶时，样品应尽可能压得薄一点，以便观察得更清楚。

七、【思考题】

1. 观察聚丙烯在不同温度下结晶所形成的球晶形态，讨论结晶温度的控制对球晶大小的影响。

2. 讨论结晶与聚合物制品性质之间的关系。

实验 12-2 偏光显微镜对粉末化妆品中石棉的检测

一、【实验目的】

1. 了解偏光显微镜的基本结构，各部分的性能、用途及使用方法。
2. 掌握粉末状化妆品中石棉的检测方法。

二、【实验原理】

石棉是天然纤维状硅酸盐类矿物质的总称，它包含 6 种矿物石棉：一类为蛇纹石石棉，也称为温石棉；一类为角闪石类石棉，它包括阳起石石棉、直闪石石棉、铁石棉、透闪石石棉和青石棉 5 种。石棉属于有毒有害物质，它能引起石棉沉着病、胸膜间皮瘤等疾病，是公认的具有致癌作用的物质。石棉作为添加剂滑石粉中的杂质，直接影响着人体的健康，因此它已经引起全世界人们的广泛关注。欧洲和美、日、韩等许多国家对进出口产品中的石棉作了严格的、强制性规定，并制定了相应的标准，我国也对石棉使用作出明文规定，并制定了国家标准。

与单一仪器法相比，通过 X 射线衍射-偏光显微镜观察法进行粉末化妆品中石棉的测定，偏光显微镜能够进一步地确认是否存在石棉，具有更高的准确性。化妆品的粒度比空气中粉尘的相对较粗，光学显微镜基本可以解决粉末化妆品中石棉检测问题。粉状化妆品及其原料中石棉的测定采用 X 射线衍射测定与偏光显微镜观察相结合的方法。首先，利用 X 射线衍射分析进行初步定性筛选，确认是否含有某种石棉；然后，对于被确定为"含有某种石棉"的试样，再用偏光显微镜进行验证观察，确认其是否为纤维状石棉。

偏光显微镜测试石棉的原理为：每种矿物都具有其特定矿物光性和形态特征，通过偏光显微镜观测矿物晶体形态、折射率、干涉色、色散、延性、颜色、多色性、解理、轮廓、突起、糙面、贝克线等特征鉴定石棉矿物。偏光显微镜下，温石棉为细长纤维，呈浅黄绿色或低正突出至低负突出，折射率1.540～1.550，干涉色经常是Ⅰ级灰白至黄色。闪石类直闪石石棉折射率1.605～1.710，除透闪石石棉消光角为10°～20°外，均为平行或近于平行消光。透闪石石棉为短纤维，呈无色，中正突出。横切面干涉色为Ⅰ级黄白，纵切面上最高干涉色Ⅱ级橙黄。横切面对称消光，其他纵切面均为斜消光，沿柱面方向为正延长。因此，偏光显微镜法可以鉴定石棉种类，是各国鉴定石棉普遍采用的方法之一。

三、【仪器与试剂】

1. 仪器：X射线衍射仪，偏光显微镜，马弗炉。
2. 试剂：异丙醇，温石棉、铁石棉、青石棉、阳起石石棉、直闪石石棉和透闪石石棉标准物质，试样。

四、【实验步骤】

（1）试样的制备

准确称取2g化妆品放入烘干称量过的坩埚中，然后放入温度为450℃的马弗炉中，保温1h，关闭电源，冷却，得到灰化后的试样，用于石棉定性分析。

（2）X射线衍射测试

将灰化后的试样研磨均匀，平整地放置到样品皿中，根据X射线衍射条件进行初步定性分析。将分析得到的灰化后试样的X射线衍射谱与6种石棉标准物质的X射线衍射谱的特征衍射峰进行对照，首先分析一阶段（2θ为10°～13°）特征峰，初步判断是否有石棉存在，根据特征峰的位置不同可以判断出可能含有温石棉还是其他5种类型的石棉；其次分析第二阶段（2θ为23°～26°）特征峰，此阶段是仅有温石棉才会出现特征峰；最后分析第三阶段（2θ为27°～30°）特征峰，这一阶段是除温石棉外的其他5种类型的石棉特征峰出现的阶段。通过对这三阶段特征峰的整体分析不仅可以初步判断试样中是否有石棉存在，同时也可以初步判断是否有温石棉存在。

（3）偏光显微镜测试

在X射线衍射谱出现石棉衍射特征峰时，通过偏光显微镜进行石棉确认测定。将滴有异丙醇分散液的载玻片通过偏光显微镜在放大1000倍的条件下进行观察，不断移动视野，观察视野内是否有类似纤维状粒子出现，且纤维状粒子长径比大于3，然后结合石棉X射线衍射特征峰，就可以定性判定试样中是否有石棉存在。

五、【数据处理】

1. 记录样品分析数据，并绘制图谱。
2. 分析样品中是否含有石棉，并判断石棉种类。

六、【注意事项】

1. 需要先使用X射线衍射谱初步确定石棉的存在，再使用偏光显微镜确定石棉的存在。
2. 将石棉分散在滴有异丙醇分散液的载玻片上，通过偏光显微镜在放大1000倍的条件下观察石棉的形态。

七、【思考题】

1. 观察偏光显微镜放大倍数对石棉形态的影响。
2. 可否直接通过 X 射线衍射谱确认石棉的存在？

实验 12-3 设计性实验

图像法测定固体材料的孔隙率

一、【实验目的】

1. 掌握偏光显微镜的基本操作和校正方法。
2. 掌握图像法测定孔隙率的原理。

二、【设计提示】

1. 如何调整焦距？
2. 如何设置图像参数获得最佳图像效果？
3. 选择合适的区域面积，进行测定。

三、【要求】

1. 设计一种利用图像法测定固体材料的孔隙率的方法。
2. 依据实验设计思路，利用图像法测定固体材料的孔隙结构，进而推算孔隙率，并写出详细的实验报告。

12.5 知识拓展

光学显微镜的早期发展史

自古以来，人们就对微观世界充满了好奇心。光学显微分析技术则是人类打开微观物质世界之门的第一把钥匙。通过五百多年的发展，人类利用光学显微镜步入微观世界，绚丽多彩的微观物质形貌逐渐展现在人们的面前。

早在公元 1 世纪，人们就发明了玻璃，罗马人透过它观察事物和做各种测试。他们用各种形状的透明玻璃来做实验，其中就有边缘薄、中间厚的玻璃。他们发现，如果把"镜片"放在物体上，物体就会看起来变大。这些所谓的镜片其实并不是现代意义上的镜片，应该叫放大镜，或者凸透镜。"透镜"这个词是从拉丁语词汇"Lentil"演化过来的，因为它们的形状非常类似于红扁豆。

塞内卡认为是水珠的圆球状特性造成了放大效果。不清楚或微小的字在装满水的圆玻璃球下,可以被放大,变得清楚。直到 13 世纪,镜片才开始被广泛使用,那时的眼镜商通过磨玻璃的形式来制造镜片。考古发现,大约在 1600 年,人们通过叠加镜片的形式来制造光学设备。

早期的显微镜只有一个功能,即放大,倍率大概在 6 倍到 10 倍。当时人们非常乐于拿它来观察跳蚤和其他的小昆虫,因此早期的放大镜被叫作"跳蚤镜"。

大概在 1590 年,荷兰眼镜工匠 Zaccharias Janssen 和他的父亲 Hans 开始尝试利用镜片。他们把一些镜片放到圆形管里,然后一项重要的发现就诞生了(图 12-4)。靠近管子底部的物体得到了放大,而且要比任何单放大镜片的放大倍率要高很多。很大程度上,他们的第一台显微镜可被认为是一种创新,但尚不能作为科学仪器使用,因为放大倍率仅有 9 倍,而且图像有些模糊。

图 12-4　荷兰眼镜商 Hans Janssen 制造的第一台显微镜

图 12-5　现存的列文虎克显微镜

世界上第一台真正意义上的显微镜出现在 17 世纪晚期,发明者是荷兰的、显微镜先驱人物,列文虎克,他一生磨制了 550 个透镜,装配了 247 架显微镜,至今保留下来的有 9 架。现存的列文虎克显微镜如图 12-5 所示。他自己首次磨制出的简易的显微镜,只有一个镜片,可以用手拿着进行观察。通过创新型方式磨制精品,列文虎克比同时代的人取得了更大的成就。他把一个小玻璃球磨制成了镜片,放大倍数竟然达到了 720 倍。要知道,当时其他显微镜的放大倍数最高仅有 50 倍。他用这个镜片做成了世界上第一台实用显微镜。

列文虎克把一个凸镜用螺丝钉连接到一个金属固定器上,于是他的显微镜就做成了。列文虎克带着他独创的显微镜开始进入科学界,因为他看到了别人在此之前从来都看不到的东西。在显微镜下,他看到了细菌、酵母、血液细胞和很多水中微小的浮游生物。人们从来没有意识到显微镜的放大功能也许可以发现事物的结构,也许所有生命都是很多非常细小的东西组成的。在此之前,从来没有人会想到这一点。1675 年列文虎克用自己研制的光学显微镜观察了一位从未刷过牙的老人的牙垢,吃惊地看到许多小生物。这些小生物呈杆状、螺旋状或球状,有的单个存在,有的几个连在一起。他把发现的小生物绘制成图,寄给英国皇家学会,发表在学会的会刊上,从此世人知道了细菌的存在,列文虎克成为第一个发现细菌的人。

同期,英国罗伯特·胡克(Robert Hooke)在显微镜中加入调焦机构、照明系统和工作台,这也成为现代显微镜的雏形,他因此开创了微生物学。1665 年,他发表了使用该显微镜(图 12-6)观察到的各种生物的观察记录——《显微镜图谱》(Micrographia)。在此记录中,罗伯特·胡克将被细胞壁分隔开的无数个小"屋子"命名为"细胞"。细胞的发现,使显微镜的研究得到了飞跃的发展。此后惠更斯（Christiaan Huygens）又制成了光学性能优良的惠更斯目镜，成为现代光学显微镜中多种目镜的原型，为光学显微镜的发展作出了杰出的贡献。

图 12-6　罗伯特·胡克的显微镜

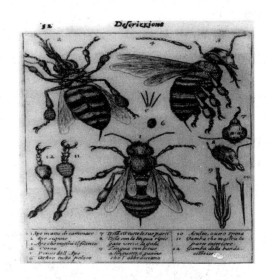

图 12-7　Francesco Stelluti 于 1630 年公开发表的最古老显微照片（蜜蜂）

17 世纪，斯泰卢蒂（Francesco Stelluti）利用放大镜，即所谓单式显微镜研究蜜蜂（图 12-7），开始将人类的视角由宏观引向微观世界的广阔领域。此后，人们开始学会从简单的单透镜组装透镜具组，进而学会透镜具组、棱镜具组、反射镜具组的综合使用。

1870 年德国的阿贝（Ernst Abbe）阐明了光学显微镜的成像原理，并由此制造出油浸系物镜，使光学显微镜的分辨本领达到了 $0.2\mu m$ 的理论极限，制成了真正意义的现代光学显微镜。

目前，光学显微镜已由传统的生物显微镜演变成诸多种类的专用显微镜，按照其成像原理可分为三种。①几何光学显微镜，包括生物显微镜、落射光显微镜、倒置显微镜、金相显微镜、暗视野显微镜等。②物理光学显微镜，包括相差显微镜、偏光显微镜、干涉显微镜、相差偏振光显微镜、相差干涉显微镜、相差荧光显微镜等。③信息转换显微镜，包括荧光显微镜、显微分光光度计、图像分析显微镜、声学显微镜、照相显微镜、电视显微镜等。随着显微光学理论和技术的不断发展，又出现了突破传统光学显微镜分辨率极限的近场光学显微镜，将光学显微分析的视角伸向纳米世界。

在材料科学领域中，大量的材料或生产材料所用的原料都是由各种各样的晶体组成的。不同材料的晶相组成直接影响到它们的结构和性质，而生产材料所用原料的晶相组成及其显微结构也直接影响着生产工艺过程及产品性能。因此对于各种材料及其原料的性能、质量的评价，除了考虑其化学组成外，还必须考虑它的晶相组成及显微结构。所谓显微结构就是指构成材料的晶相形貌、大小、分布以及它们之间的相互关系。利用光学显微分析技术进行物相分析就是研究材料和其原料的物相组成及显微结构，并以此来研究形成这些物相结构的工艺条件和产品性能间的关系。

第 13 章　纳米粒度及 Zeta 电位仪法

纳米粒度及 Zeta 电位仪可用于表征分散型样品和溶液中的纳米颗粒及微米颗粒，是一种功能强大的光散射仪器，它可通过测量动态光散射（DLS）、电泳光散射（ELS）和静态光散射（SLS）来测定颗粒的尺寸、Zeta 电位和分子量。动态光散射通过检测颗粒或分子的布朗运动速度得到其粒径和粒径分布信息。相较于其他的粒径分析方法如显微镜法、气体吸附法、筛分法、沉降法及电超声粒度分析法等，动态光散射适用粒径范围宽、精度高、测量速度快且重复性好。电泳光散射通过检测颗粒的电泳运动速度，得到颗粒或分子的 Zeta 电位，进而得到颗粒分散体系的稳定性信息。静态光散射通过检测高分子、蛋白质的散射光强，可得到其绝对分子量信息和第二维利系数信息（A_2，是一个热力学参数，用来表征颗粒、高分子物质和溶剂之间的相互作用）。纳米粒度及 Zeta 电位仪在生物、医药、纳米技术、涂层、化妆品、化工领域等具有广泛的用途，其应用范围覆盖水凝胶、乳液、高分子溶液、蛋白质样品等。

13.1　基本原理

布朗运动是指悬浮在液体或气体中的微粒所做的永不停息的无规则运动。颗粒在液体中做随机布朗运动，颗粒的布朗运动导致光强的波动，布朗运动的速度依赖于颗粒的大小和介质黏度，颗粒越小，介质黏度越小，布朗运动速度越快，颗粒越大，布朗运动速度越慢。由于布朗运动一直都在进行，所以如果取一小段时间间隔，拍摄样品运动"图像"，可看出颗粒移动了多少，并且换算出它有多大。相同时间内，如果位移比较小，颗粒位置接近，则样品中颗粒较大；同样，如果位移较大，颗粒位置变化很大，则样品中颗粒较小，如图 13-1 所示。运用扩散速度与粒径之间的关系，可以测定颗粒的大小。

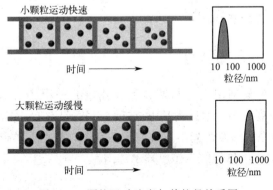

图 13-1　颗粒运动速度与其粒径关系图

纳米粒度仪测量部分使用动态光散射技术，即颗粒在悬浮液中的布朗运动，使得光强随时间产生波动。采用数字相关器技术处理脉冲信号，将光强的波动转化为相关函数。自相关函数包含了悬浮颗粒或者溶液中高分子的扩散速度信息，进而利用 Stokes-Einstein 方程计算得出粒子的扩散系数和颗粒的粒径及其分布。

Zeta 电位（ζ-电位）是指剪切面的电位，是表征胶体分散体系稳定性的重要指标。大部分分散在溶剂中的颗粒主要是由表面基团的电离或带电粒子的吸附而获得表面电荷，此电荷在溶剂中会吸引周围的相反电荷，在两相交界处形成的双电层即所说的双电层模型——Stern 双电层。Stern 双电层模型将双电层分为两部分：Stern 层和扩散层（图 13-2）。Stern 层为吸附在颗粒表面的一层电荷组成的一个紧密层，由颗粒表面到 Stern 层平面的电位呈现下降的趋势，降到紧密层时的电位称为 Stern 电位。Stern 层外反离子呈扩散状态分布，称为扩散层。当施加外界电场时，颗粒做电泳运动，紧密层（Stern 层）结合一定的内部

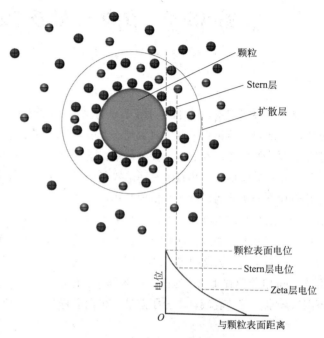

图 13-2　双电层模型

扩散层与分散介质发生相对移动时的界面称为滑动面即剪切面。颗粒表面电位降到滑动面时的电位称为 Zeta 电位，即 Zeta 电位是连续相与附着在分散粒子上的流体稳定层之间的电势差。目前测量 Zeta 电位的方法主要有电泳法、电渗法、流动电位法以及超声波法，其中以电泳法应用最广。应用电泳法和激光多普勒测速法（也称为激光多普勒电泳法）相结合的测量技术，可测量 Zeta 电位。这种方法可测量粒子在所施加电场的液体中的运动的速度。一旦知道粒子的电泳速度和所应用的电场强度，通过使用另外两个已知的样品参数黏度和介电常数，可以计算出 Zeta 电位。

13.2　仪器组成与分析技术

13.2.1　纳米粒度及 Zeta 电位仪

纳米粒度及 Zeta 电位仪利用激光与颗粒相互作用时产生的衍射或散射光的空间分布（散射谱）来分析颗粒粒度大小，通过测量电泳迁移率并运用 Henry 方程计算 Zeta 电位。纳米粒度及 Zeta 电位分析系统一般由光学系统、样品系统、数据采样和数据处理等部分组成。图 13-3 为纳米粒度及 Zeta 电位仪的工作原理示意图。

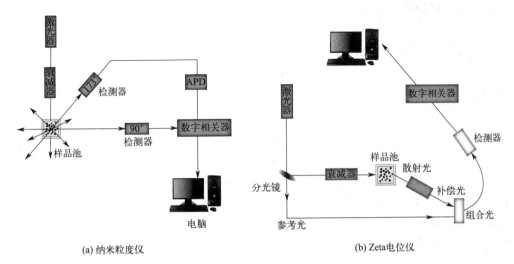

图 13-3　纳米粒度及 Zeta 电位仪的工作原理

纳米粒度及 Zeta 电位仪的构造详解

13.2.2　常用分析技术

(1) 动态光散射

动态光散射，也称为光子相关光谱（PCS）、准弹性光散射，测量光强的波动随时间的变化，粒子的布朗运动导致光强的波动，光子相关器将光强的波动转化为相关方程，相关方程检测光强波动的速度，从而得到粒子的扩散速度信息和粒子的粒径。另外，从相关方程中还可以得到尺寸的分布信息。

当光照射到远小于其波长的粒子时，光会向周围所有方向散射。激光是单色且相位相干的，如果光源是激光，在某一方向上观测到时间相关的散射强度的涨落，这是因为粒子在溶液中做布朗运动所引起的相对位置随时间变化。大粒子运动速度慢，散射光强度涨落缓慢，小粒子则相反。

粒子的动态信息可通过实验过程中散射强度涨落的自相关函数导出，其形式为

$$g^2(\tau)=\frac{\langle I(t)I(t+\tau)\rangle}{\langle I(t)\rangle^2}$$

式中，$g^2(\tau)$ 为光强自相关函数；τ 是衰减时间或延迟时间；$I(t)$ 是在时间 t 时检测到的散射光强度。当延迟时间较短时，强度涨落的自相关值较高，这是因为粒子的移动距离短，故相差很短时间的两个信号没有显著差别。当延迟时间较长时，自相关值呈指数衰减，当时间间隔足够长时，前后两次的强度涨落则互不相关。指数衰减的快慢和粒子的运动特性关系密切，特别取决于扩散系数。基于假设分布的数学方法被用于与相关性相拟合。如果体系中的粒子是单分散的，则自相关函数随衰减时间呈单指数衰减。由方程可知一级自相关函

数与二级自相关函数的关系为：
$$g^2(\tau) = 1 + \beta^2 |g^1(\tau)|^2$$

此处的参数 β 是激光的几何形状和准直有关的因子，$g^1(\tau)$ 为电场自相关函数。
$$g^1(\tau) = \exp(-\Gamma\tau)$$

式中，Γ 是衰减率。
$$\Gamma = Dq^2$$
$$q = \frac{4\pi n_0}{\lambda_0}\sin\frac{\theta}{2}$$

式中，D 是平均扩散系数；q 是散射量；n_0 是样品的折射率；λ_0 是入射激光的波长；θ 是检测器与样品池的对应角度，即散射角。

通过上面的分析，可得到被测粒子的扩散系数 D，根据 Stokes-Einstein 方程即可得到被测粒子的流体力学直径 d。
$$D = \frac{k_B T}{3\pi\eta d}$$

式中，k_B 是玻尔兹曼常数；T 是热力学温度；η 是溶剂的黏度；d 为流体力学直径，即水合直径。

值得注意的是，上面是以球型粒子为模型的，若散射物体是任意盘绕的聚合物，则计算出来的水合直径为表观值。此外，水合直径包含了所测粒子表面结合的溶剂层或与粒子一起运动的其他分子，故略大于扫描电子显微镜所测结果。

然而，大多数情况下，样品是多分散的。在多分散体系中电场自相关函数是单一指数函数的先行叠加即
$$g^1(\tau) = \int_0^{+\infty} G(\Gamma)\exp(-\Gamma\tau)d\Gamma$$

其积分形式为
$$g^1(\tau) = \sum_i G(\Gamma_i)\exp(-\Gamma_i\tau)$$

由于 $G(\Gamma)$ 与粒子的相关散射是成比例的，所以它包含了粒子粒径分布的信息。

由动态光散射生成的基础粒径分布是光强度分布，所有其他分布均由此生成。如使用米氏理论可将其转化为体积分布。另外，体积分布也可转化为数量分布。

(2) 静态光散射

纳米粒度分析仪使用静态光散射技术测量蛋白质与聚合物的分子量。静态光散射是一种非侵入技术，用于表征溶液中的分子特征。与动态光散射类似，当激光照射样品中的粒子时，粒子在所有方向散射光。但是静态光散射技术是测量一段时间内散射光的时间平均强度。因这个时间平均光强不能反映信号随时间的动态变化，故称为静态光散射。

通过测量不同浓度的样品，并应用瑞利方程，可以得到分子量。瑞利方程说明了溶液中粒子的散射光密度，下式为瑞利方程：
$$\frac{Kc}{R_\theta} = \left(\frac{1}{M} + 2A_2 c\right)P_\theta$$

式中，R_θ 为瑞利比（样品散射光与入射光的比值）；M 为样品分子量；A_2 为第二维利系数；c 为浓度；P_θ 为形态因子；K 为光学常数。

$$K = \frac{2\pi^2}{\lambda_0^4 N_A}(n_0 \frac{dn}{dc})^2$$

式中，N_A 为阿伏伽德罗常数；λ_0 为激光的波长；n_0 是溶剂折射率；dn/dc 为折射率微分增量，即折射率随浓度变化的函数。

通常以甲苯作为静态光散射的标准物，下式为计算样品的瑞利比的表达式：

$$R_\theta = \frac{I_A n_0^2}{I_T n_T^2} R_T$$

式中，I_A 为绝对光强（$I_{样品} - I_{溶剂}$）；I_T 为甲苯散射光强；n_0 是溶剂折射率；n_T 是甲苯折射率；R_T 为甲苯的瑞利比。

在瑞利方程式中，P_θ 一项包含了样品散射光强的角度依赖性。

$$P_\theta = 1 + \frac{16\pi^2 n_0^2 R_g^2}{3\lambda_0^2} \sin^2\left(\frac{\theta}{2}\right)$$

式中，R_g 为均方旋转半径；θ 为检测角度。当溶液中粒子比入射光波长小很多时，多重光子散射则可以避免。在这些情况下，P_θ 将降至 1，散射光强丧失了角度依赖性。这种类型的散射称为瑞利散射，瑞利散射方程被简化为 Debye 曲线：

$$\frac{Kc}{R_\theta} = \left(\frac{1}{M} + 2A_2 c\right)$$

粒子产生的散射光强度正比于重均分子量的平方以及粒子浓度，使用静态光散射法可确定蛋白质与聚合物的分子量。在一个角度测量不同浓度下样品的散射光强度（Kc/R_θ），将其与标准物（如甲苯）产生的散射光强进行比较，即可得到 Debye 图。因此将 Kc/R_θ 对浓度作曲线，截距值为分子量的倒数 $1/M$，斜率为第二维利系数 $2A_2$。

（3）电泳光散射

Zeta 电位分析仪是基于电泳光散射原理测量纳米颗粒材料 Zeta 电位的。通过使用激光多普勒测速法（LDV）对样品进行电泳迁移率实验，得到带电粒子电泳迁移率，并运用 Henry 方程计算 Zeta 电位。

Zeta 电位是指剪切面的电位，又叫电动电位或电动电势。Zeta 电位同时依赖于粒子表面和分散剂的化学性质。对于静电力稳定的分散体系，通常是 Zeta 电位越高，体系越稳定。体系稳定与否通常以 Zeta 电位是否大于 ±30mV 为标准。另外，影响 Zeta 电位的因素有 pH、电导率（浓度、盐的类型）、组成成分浓度（如高分子、表面活性剂）等。

电泳是带电粒子在施加电场下相对于周围分散剂的定向运动。粒子以一定的速度进行电泳运动，粒子的速度依赖于电场强度、介质的介电常数、介质的黏度及 Zeta 电位。电场中粒子的速度通常指的是电泳迁移率，已知这个速度时，通过应用 Henry 方程，可得到粒子的 Zeta 电位。Henry 方程是：

$$U_E = \frac{2\varepsilon \zeta f(ka)}{3\eta}$$

式中，ζ 为 Zeta 电位；U_E 为电泳迁移率；ε 为介电常数；η 为黏度；$f(ka)$ 为 Henry 函数。

多普勒效应测量原理：一束激光照射在进行电泳运动的样品上，由于颗粒的电泳运动，散射光的频率发生偏移。频率的偏移 Δf 与电泳的速度相关：

$$\Delta f = \frac{2v\sin(\frac{\theta}{2})}{\lambda}$$

式中，v 为粒子的电泳速度；λ 为激光波长；θ 为散射角。利用相位分析光散射技术，将光信号的频率变化与粒子运动速度联系起来，通过检测光强随时间的波动，可测得带电粒子速度信息，结合 Henry 方程进而计算出 Zeta 电位。

13.2.3 纳米粒度及 Zeta 电位仪的日常维护

纳米粒度及 Zeta 电位仪是一种用于化学、材料、化工领域的物理性能测试仪器。只有正确使用、维护和保养仪器，才能保证仪器良好的工作性能，获得准确可靠的分析结果，也能延长仪器的使用寿命和改善仪器的使用结果。

纳米粒度及 Zeta 电位仪的日常维护

13.3 典型应用

13.3.1 粒径的测定

粒度是指颗粒的大小，是颗粒在空间上所占范围大小的线性尺度。颗粒不仅指固体颗粒，还有油滴、雾滴、乳液滴等液体颗粒。颗粒大小几乎与其所有性能密切相关，其大小也是很重要的。如水泥的水化反应、药物被人体吸收的程度、过滤器的过滤效率、杀虫剂效力、大气和环境污染等，无不与颗粒大小有关。这也是人们关心颗粒大小的根本原因。动态光散射是测量亚微米级颗粒粒度的一种常规方法。此项技术可快速测量得到粒子的平均水合直径及其分布，在陶瓷、化学机械研磨、煤浆、涂料、医药、化妆品、食品工业、乳胶等领域具有广泛的应用。

（1）抗原-抗体的结合研究

抗原是一种由人体产生的蛋白质，以对抗异物的侵入。抗体是导致抗原产生的异物，抗原可以和抗体结合形成免疫复合物，可通过动态光散射来研究抗原和抗体蛋白质的结合。在抗体蛋白质溶液中加入抗原后，利用动态光散射可实时监测蛋白质的尺寸随着时间的变化，根据粒径尺寸的增长判断抗原与抗体的结合情况。

（2）蛋白质变复性及折叠研究

蛋白质在不同条件下会发生变性，其变性时通常以聚合形式或较松散的状态存在，复性后蛋白质会折叠成天然状态，发生结构的变化，这一变化会引起流体力学半径的变化，可通过动态光散射技术来监测这一动态变化过程。另外，可以测定蛋白质分子的温度及 pH 稳定性，通过改变条件，根据监测的蛋白质粒径变化趋势，来确定其稳定性。

（3）表面活性剂聚集浓度的测定

表面活性剂在溶液中可以形成多种聚集结构，包括胶束、囊泡、层状相等。这些聚集体的尺寸大小是不同的，不同浓度下聚集体的结构和形貌也是不同的。当表面活性剂溶液的浓度增加到一定程度，会形成胶束，有些体系还会有囊泡结构的形成，单体、胶束、囊泡的大小会有明显区别，因此，利用动态光散射就可确定聚集体形成的临界浓度。

13.3.2 Zeta 电位的测定

Zeta 电位的重要意义在于它的数值与胶体分散体系的稳定性相关。Zeta 电位是对颗粒之间相互排斥或吸引力的强度的度量。分子或分散粒子越小，Zeta 电位的绝对值（正或负）越大，体系越稳定，即溶解或分散可以抵抗聚集。反之，Zeta 电位（正或负）越低，越倾向于凝结或凝聚，即吸引力超过了排斥力，分散被破坏而发生凝结或凝聚（需注意的是，Zeta 电位绝对值代表其稳定性大小，正负代表粒子带何种电荷）。Zeta 电位的主要用途之一就是研究胶体与电解质的相互作用。对于酿造、陶瓷、制药、矿物处理和水处理等各个行业来说，Zeta 电位是极其重要的参数。

(1) 胶体分散体系稳定性测定

如果颗粒带有很多负的或正的电荷，也就是说 Zeta 电位很高，它们会相互排斥，从而达到整个体系的稳定性。如果颗粒带有很少负的或正的电荷，也就是说它的 Zeta 电位很低，它们会相互吸引，从而达到整个体系的不稳定性。一般来说，Zeta 电位愈高，颗粒的分散体系愈稳定，水相中颗粒分散稳定性的分界线一般认为在 +30mV 或 −30mV，如果所有颗粒都带有高于 +30mV 或低于 −30mV 的 Zeta 电位，则该分散体系应该比较稳定。若 Zeta 电位的绝对值超过 61mV，那么该分散体系的稳定性极好。

(2) 等电点的测定

等电点是一个分子表面不带电荷时的 pH 值。假如粒子表面上的正电荷与固定层吸附的负离子数相符，Zeta 电位就变成了零，此时对应溶液的 pH 值称为等电点。调节所测体系的 pH 值，并将测定的 Zeta 电位值对 pH 值作图，Zeta 电位为零时所对应的 pH 值即为所测物质的等电点。

13.4 实验

实验 13-1 动态光散射法测定 Fe(OH)$_3$ 溶胶粒径及粒径分布

一、【实验目的】

1. 了解纳米粒度仪的构造和使用方法。
2. 掌握动态光散射测定粒径及粒径分布的原理和方法。
3. 掌握实验室制备氢氧化铁胶体的实验操作技能和方法。

二、【实验原理】

悬浮在液体中的颗粒由于同溶剂分子的随机碰撞而产生布朗运动。这种运动会造成颗粒在整个介质中扩散。根据 Stokes-Einstein 方程，扩散系数 D 与粒度成反比：

$$D = \frac{k_B T}{3\pi \eta d}$$

式中，D 是扩散系数；k_B 是玻尔兹曼常数；T 是热力学温度；η 是溶剂的黏度；d 为流体力学直径。此方程表明，对于较大的颗粒，D 相对较小，颗粒会缓慢移动，而对于较小颗粒，D 相对较大，颗粒将快速移动。因此，通过观察布朗运动以及测定液体介质中粒子的扩散系数，便可以测定粒子的粒径。

动态光散射测量布朗运动中颗粒所散射光线随时间的波动。当激光向粒子照射时，激光光线会向所有方向散射。当颗粒运动时，颗粒的相对位置将会随时间发生变化，可观察到散射强度在时间上的波动。由于布朗运动中的粒子是随机移动的，所以散射强度的波动也是随机的。对于小颗粒运动速度较快，波动将会快速地发生，而对于大颗粒运动速度较慢，波动也会慢一些。可使用自相关函数对散射光的波动进行分析。

固体以胶体状态分散在液体介质中即称为胶体溶液或溶胶，胶体是一个多分散体系，其分散相胶粒的大小在 1～100nm 之间，也有的将 1nm～1μm 之间的粒子归入胶体范畴，是热力学不稳定系统。胶粒的粒径的大小及其分布是表征胶体体系的重要参数。

胶体现象无论在工农业生产中还是在日常生活中，都是常见的问题。为了了解胶体现象，进而掌握其变化规律，进行胶体的制备及性质研究实验很有必要。溶胶的制备方法分为分散法和凝聚法。分散法是用适当方法把较大的物质颗粒变为胶体大小的质点。凝聚法是先制成难溶物的分子或离子的过饱和溶液，再使之相互结合成胶体粒子而得到溶胶。$Fe(OH)_3$ 溶胶的制备就是采用的化学法即通过化学反应使生成物呈过饱和状态，然后粒子再结合成溶胶。

例如 $FeCl_3$ 在水中即可水解生成红棕色 $Fe(OH)_3$ 溶胶，其反应式为：
$$FeCl_3 + 3H_2O \Longrightarrow Fe(OH)_3 + 3HCl$$

制成的胶体体系中胶粒的大小对其稳定性至关重要，为提高稳定性可通过半透膜渗析法对其进行纯化。另外，可利用动态光散射法对 $Fe(OH)_3$ 溶胶的粒径进行表征。

三、【仪器与试剂】

1. 仪器：纳米粒度及 Zeta 电位仪（马尔文 ZS90），样品池，烧杯，铁架台，石棉网，酒精灯，胶头滴管，玻璃棒，锥形瓶。

2. 试剂：$FeCl_3$ 溶液（质量分数为 10%），火棉胶，乙醚，去离子水。

四、【实验步骤】

1. $Fe(OH)_3$ 溶胶的制备

在内壁洁净的 100mL 烧杯中放 50mL 去离子水，加热至沸，然后向沸水中慢慢地滴入 1mL 质量分数为 10% 的 $FeCl_3$ 溶液，并不断搅拌，加完后继续沸腾几分钟，直到液体呈红棕色，停止加热，即得 $Fe(OH)_3$ 溶胶。

2. $Fe(OH)_3$ 溶胶的纯化

（1）制备半透膜

为了纯化已制备好的溶胶，需要用到半透膜。在内壁光滑、干净、干燥的 100mL 锥形瓶中，加入约 10mL 火棉胶溶液，小心转动锥形瓶，使火棉胶均匀地在瓶内形成一薄层，倒出多余的火棉胶，将锥形瓶倒置，并不断旋转，待多余的火棉胶流尽，并让乙醚蒸发至闻不出气味为止，且直至用手指轻轻接触火棉胶膜而不黏手为止。然后往瓶内加满水，浸膜于水中约 10min，倒去瓶内的水，小心用手在瓶口剥开一部分膜，在此膜与玻璃瓶壁间灌水至满，膜即脱离瓶壁，轻轻地取出，在膜袋中注入水，检查是否有漏洞。制好的半透膜不用时，要浸放在去离子水中。

(2) 纯化

把水解法制得的 $Fe(OH)_3$ 溶胶注入半透膜袋内，用线拴住袋口，置于 800mL 烧杯中，杯中加 300mL 去离子水，维持温度在 60℃ 左右，进行热渗析。每半小时换一次水，4 次后取出 1mL 渗析水，检验其中氯离子和铁离子（分别用 1% $AgNO_3$ 及 1% KCNS 溶液检查），直到不能检出离子为止。将纯化过的 $Fe(OH)_3$ 溶胶冷却后保存备用。

3. $Fe(OH)_3$ 溶胶粒径的测定

(1) 开机

首先打开仪器电源开关，再打开操作软件，待软件初始化仪器后再进行操作。

(2) 装样

清洗样品池，不可触摸池子的下半部分（光路），用注射器或滴管（按需）加样 1mL 左右（参照仪器样品区盖上的示意图），带三角的面朝自己，建议用擦镜纸擦拭样品池，或卫生纸轻按，减少划痕，盖上样品池的方形小塞子，保证外壁没有液体，按下按钮，盖子弹起，将样品池插入槽中，按下仪器盖子。

(3) 测试

在 Measure 中选择 Manual（手动），出现设置窗口，左键点击 "Measurement type"，表单中点击 "Size"，在 "Sample" 选项中输入样品名称和备注（notes），在 "Material" 选项中输入/选择颗粒的折射率 RI 和吸收率 Absorption 的信息，默认为 Polystyrene latex。点击 "Dispersant" 选项输入/选择溶剂的折射率 RI 和黏度 Viscosity 的信息，默认是 Water。在 "Temperature" 温度选项中输入检测的温度和平衡时间。在 "Cell" 样品池选项中选择对应的样品池种类。在 "Measurement" 测试选项中选择 "Measurement angle" 测试角度，通常检测粒径请保留为默认角度 173°，不更改。点击 "Measurement duration" 测试时间，建议默认自动 "Automatic"，一般会测定 10~15 次。"Manual"（手动）用来设定子次数及子测试的时间间隔。"Number of measurements" 重复测试次数，至少输入三次。点击 "OK"，后在新跳出的窗口中点 "Start"，开始检测，检测结束后，仪器自动停止测试，并发出叮的声音。测定下个样品前，仅需点 "Start" 窗口的 "Settings" 处更改样品名称，其他参数按需修改，点 "OK"，后点 "Start"。

"Start" 窗口的 "Log sheet" 中会实时显示仪器步骤，其他工具条显示测量的实时图像，多窗口中可更改图像显示内容。

(4) 数据查看

① "Records" 中显示样品名称、平均粒径、测量时间、温度、光强-粒径曲线的峰值等数据。

② Z-average 为平均粒径（水合直径或半径自己按需更改单位）。

③ PDI 为多分散指数，详细说明如表 13-1 所示。

表 13-1　PDI 数值及其注解

PDI 数值	注解
<0.05	单分散体系，如一些乳液的标样
<0.08	近单分散体系，但动态光散射只能用一个单指数衰减的方法来分析，不能提供更高的分辨率

续表

PDI 数值	注解
0.08~0.7	适中分散度的体系,运算法则的最佳适用范围
>0.7	尺寸分布非常宽的体系,很可能不适合光散射的方法分析

(5) 实验完毕

测量完毕后,立即取出并清洗样品池,清洗晾干后放入盒内保存,关闭电源。清理工作台,罩上仪器防尘罩,填写仪器使用记录。

五、【数据处理】

1. 根据粒径测试结果绘制强均分布、数均分布及体均分布图。
2. 数据记录与处理(表 13-2)。

表 13-2 $Fe(OH)_3$ 溶胶粒度大小分布数据

项目	粒度分布/%			PDI	平均粒径/nm
	峰1	峰2	峰3		
强均分布					
数均分布					
体均分布					

六、【注意事项】

1. $Fe(OH)_3$ 溶胶的制备实验中,$FeCl_3$ 一定要逐滴加入,并不断搅拌,且液体沸腾时间不宜过长,以免生成沉淀。
2. 放入样品池前保证样品池外壁清洁。

七、【思考题】

1. 制备 $Fe(OH)_3$ 溶胶时,为什么要逐滴加入?
2. 动态光散射仪测定胶体粒径实验对样品有哪些要求?
3. 除了动态光散射法可用于测定胶体的粒径分布,还有哪些方法可供选择?有什么优点和缺点?

实验 13-2　Zeta 电位法测蛋白质的等电点

一、【实验目的】

1. 熟悉 Zeta 电位仪的构造。
2. 掌握 Zeta 电位的测试原理方法以及 Zeta 电位仪的使用。
3. 掌握通过 Zeta 电位测量蛋白质等电点的方法。

二、【实验原理】

分散于液相介质中的固体颗粒，由于吸附、水解、解离等作用，其表面常常是带电荷的。Zeta 电位是描述胶粒表面电荷性质的一个物理量，它是距离胶粒表面一定距离处的电位。若胶粒表面带有某种电荷，其表面就会吸附相反符号的电荷，构成双电层。在剪切面处产生的电动电位叫作 Zeta 电位，这就是我们通常所测的胶粒表面的电位。

蛋白质在溶液中是呈胶体性质的。蛋白质自身所带的电荷与水分子形成了双电层，这种双电层的存在，使得蛋白质胶体互相排斥，不至于在做布朗运动的时候相互聚集。蛋白质分子所带的电荷与溶液的 pH 值有很大关系，蛋白质是两性电解质，在酸性溶液中的氨基酸分子氨基形成 $-NH_3^+$ 而带正电，在碱性溶液中羧基形成 $-COO^-$ 而带负电。因此，在蛋白质溶液中存在着下列平衡：

$$\underset{\substack{\text{阴离子}\\ \text{pH}>\text{p}I}}{\text{R—C(COO}^-\text{)(H)(NH}_2\text{)}} \underset{+OH^-}{\overset{+H^+}{\rightleftharpoons}} \underset{\substack{\text{两性离子}\\ \text{pH}=\text{p}I}}{\text{R—C(COO}^-\text{)(H)(NH}_3^+\text{)}} \underset{+OH^-}{\overset{+H^+}{\rightleftharpoons}} \underset{\substack{\text{阳离子}\\ \text{pH}<\text{p}I}}{\text{R—C(COOH)(H)(NH}_3^+\text{)}}$$

调节溶液的 pH 使蛋白质分子的酸性解离与碱性解离相等，即所带正负电荷相等，净电荷为零，此时溶液的 pH 值称为蛋白质的等电点（pI）。各种蛋白质的等电点都不相同，但偏酸性的较多，如牛乳中的酪蛋白的等电点是 4.7～4.8，血红蛋白等电点为 6.7～6.8，胰岛素等电点是 5.3～5.4，鱼精蛋白是一个典型的碱性蛋白，其等电点在 12.0～12.4。等电点主要应用于蛋白质等两性电解质的分离、提纯和电泳。

等电点是蛋白质的一个重要性质，本实验通过 Zeta 电位法测定蛋白质的等电点。测定不同 pH 下蛋白质溶液的 Zeta 电位，用 Zeta 电位值对 pH 作图，对应于 Zeta 电位为零的 pH 即为蛋白质的等电点。

酪蛋白是生奶蛋白质的主要成分，在牛奶中以磷酸二钙、三钙或两者的复合物形式存在，构造极为复杂，没有确定的分子式。分子量为 57000～375000，在生奶中约含 3%，占牛奶蛋白质的 80%。酪蛋白对幼儿既是氨基酸的来源，也是钙和磷的来源，酪蛋白在胃中形成凝乳以便消化。另外，酪蛋白主要用作涂料的基料，木、纸和布的黏合剂，食品用添加剂等。本实验旨在测定酪蛋白的等电点。

三、【仪器与试剂】

1. 仪器：纳米粒度及 Zeta 电位分析仪（马尔文 ZS90），Zeta 电位毛细管样品池。
2. 试剂：酪蛋白，0.01mol/L 醋酸溶液，0.1mol/L 醋酸溶液，1mol/L 醋酸溶液，1mol/L 氢氧化钠溶液，去离子水。

四、【实验步骤】

1. 制备蛋白质胶液

① 称取酪蛋白 3g，放在烧杯中，加入 40℃的去离子水。
② 加入 50mL 1mol/L 氢氧化钠溶液，微热搅拌直到蛋白质完全溶解为止。将溶解好的

蛋白溶液转移到500mL容量瓶中，并用少量去离子水洗净烧杯，一并倒入容量瓶。

③ 在容量瓶中再加入1mol/L醋酸溶液50mL，摇匀。

④ 加入去离子水定容至500mL，得到在0.1mol/L醋酸钠溶液中的酪蛋白胶体。

2. 配制不同pH的蛋白质溶液

配制pH值分别为3.0、3.5、3.8、4.1、4.4、4.7、5.0、5.3、5.6、5.9、6.5的醋酸蛋白质溶液，即在蛋白质胶液中，准确地加入去离子水和各种浓度的醋酸溶液，加入后立即摇匀。

3. Zeta电位的测定

（1）开机

首先打开仪器电源开关，再打开操作软件，待软件初始化仪器后再进行操作。

（2）装样

清洗Zeta电位毛细管样品池，待测溶液配制完成后需放置一段时间进行Zeta电位测试，将样品通过滴管或者注射器注入相应的样品池，注意在样品池中不要有气泡，用小塞子堵住两侧样品池口，保证外壁没有液体，按下按钮，盖子弹起，将样品池插入槽中，按下仪器盖子。

（3）测试步骤

点击"Measure"选择"Manual"，点击"Measurement type"选择"Zeta potential"，在"Sample"选项中输入样品名称和备注，在"Material"中保留为默认值。检测Zeta电位不需要其中参数的信息。在"Dispersant"选项中输入/选择溶剂的折射率RI、黏度Viscosity和介电常数Dielectric constant的信息。在"Temperature"温度选项中输入检测的温度和平衡时间。在"Cell"样品池选项中选择对应的样品池种类。在"Measurement"测试选项中选择"Measurement duration"测试时间，通常检测电位选择默认"Automatic"。"Number of measurements"重复测试次数，至少输入三次。"Delay between measurements"为每次测试之间的间隔时间，如果样品对于658nm激光没有吸收，请输入0。"Data processing"中选择分析模型"Analysis model"，如果检测化学合成样品，请保留为默认选择"General purpose"。如果样品为蛋白质，请选择"Protein analysis"。点击"Report"和"Export"保留为默认选择。点击"OK"开始检测。检测结束后，仪器自动停止测试。按上述操作进行下一个样品的测量。

（4）实验完毕

测量完毕后，立即取出并清洗样品池，清洗晾干后放入盒内保存，关闭电源。清理工作台，罩上仪器防尘罩，填写仪器使用记录。

五、【数据处理】

1. 将不同pH值下酪蛋白溶液的Zeta电位填在表13-3中。

表13-3 酪蛋白溶液在不同pH下的Zeta电位

编号	pH	ζ_1/mV	ζ_2/mV	ζ_3/mV	ζ/mV
1	3.0				
2	3.5				
3	3.8				
4	4.1				

续表

编号	pH	ζ_1/mV	ζ_2/mV	ζ_3/mV	ζ/mV
5	4.4				
6	4.7				
7	5.0				
8	5.3				
9	5.6				
10	5.9				
11	6.5				

2. 以 pH 值为横坐标，Zeta 电位为纵坐标，绘制 Zeta 电位值-pH 图，对应于 Zeta 电位为零的 pH 即为酪蛋白的等电点。三次平均。

六、【注意事项】

1. 测定 Zeta 电位时，应确保样品池中没有气泡，否则将影响样品的测定结果。
2. 测定结束后应用乙醇清洗样品池以消除电位，以免影响下一个样品的测定。

七、【思考题】

1. 在等电点时蛋白质的溶解度为什么最低？
2. Zeta 电位法可测量等电点，本方法和其他测定等电点的方法相比，有什么优缺点？

13.5　知识拓展

光散射技术的发展简史

人们对光散射的认识最早可以追溯到 1869 年著名的丁达尔（Tyndall，图 13-4）凝胶散射实验。1871 年，瑞利（图 13-5）对空气中的光散射现象进行了理论研究，推导出了球形粒子的散射公式，解释了晴空蓝和夕阳红的成因。后来，德拜（Debye，图 13-6）和甘（Gans）分别把瑞利的散射理论拓展到了非球形粒子和大尺寸的粒子，完善了气体中粒子的光散射理论。

图 13-4　约翰·丁达尔

图 13-5　瑞利

图 13-6　彼得·德拜

在液体等凝聚相中，散射强度的实测值通常比瑞利理论的预测值小一个数量级以上，这是由散射波的相消干涉造成的。针对这种现象，斯莫鲁霍夫斯基（Smoluchowski）和爱因斯坦（Einstein，图 13-7）从密度涨落的角度出发，提出了光散射的涨落理论，极大地拓展了光散射的应用范围。1940 年前后，德拜和齐姆（Zimm）将涨落理论与溶液中的高分子表征相结合，实现了光散射对高分子的分子量、分子尺寸、分子形状和分子间相互作用的测量。

图 13-7　阿尔伯特·爱因斯坦

静态光散射也称为弹性光散射，是指不考虑散射波长（或能量）变化的光散射。1914 年，布里渊（Brillouin，图 13-8）预测固体中热声波的散射光频率会出现双峰分布，后被实验所证实，从而开启了人们对准弹性光散射，即动态光散射的研究。由于对光源单色性的苛求，动态光散射技术直到 1960 年前后激光光源趋于成熟之后，才得到较好的发展。1964 年，佩科拉（Pecora）利用高分子溶液中散射光的频率变化，计算出了高分子的扩散系数，并得到了高分子的流体力学半径、链柔顺性等信息。

图 13-8　马塞尔·布里渊

附：仪器操作规程

纳米粒度及 Zeta 电位仪操作规程

第 14 章 小角 X 射线散射法

X 射线的发现要追溯到 1895 年，伦琴在从事阴极射线的研究过程中发现了比可见光波长小的辐射。由于对该射线性质一无所知，伦琴将其命名为 X 射线（X-ray）。到 20 世纪 30 年代，人们以固态纤维和胶态粉末为研究对象发现了小角度 X 射线散射现象。当 X 射线照射到试样上时，如果试样内部存在纳米尺度的电子密度不均匀区，则会在入射光束周围的小角度范围内（一般 $2\theta \leqslant 5°$）出现散射的 X 射线，这种现象称为小角 X 射线散射（small angle X-ray scattering，SAXS）。其物理实质在于散射体和周围介质电子云密度的差异，所以它被人们广泛用于研究尺度在 1～100nm 的电子密度非均质体。目前，SAXS 已被广泛应用到化学、材料、生物、医学、地质学等基础科学，包括纳米材料、介孔材料、胶体、乳液、液晶、高分子溶液、薄膜等领域。

14.1 基本原理

光子可视为一种电磁波，在真空中沿直线传播。当其遇到带电粒子如原子核或电子时，带电粒子在电磁场作用下受迫振动，同时向外辐射电磁波，把入射光子散射出去。这种光子遇到电子或原子核后运动方向发生改变的现象称为散射。散射过程中如果电子或原子获得动能，根据能量守恒定律可知，散射光子的能量小于入射光子能量，这种散射称为非相干散射；如果散射过程中光子没有能量损失，则称为相干散射。许多光学现象包括折射、反射、衍射等都是相干散射的结果。例如，光子发生散射时，在偏离入射光线方向上的观察点所感受到的光是散射波在该点叠加的结果。如果散射光是相干的，观察点所观察到的光便称为衍射光。光的衍射实质上是散射波的干涉现象，只是散射波方向恰好为入射光在原子面上的反射方向。

X 射线是一种波长为 0.1～1nm 的电磁波。X 射线散射和衍射现象都是 X 射线照射到物体上时，物体的电子受迫振动所辐射的电磁波相互干涉引起的物理现象。根据汤姆逊（Thomson）散射公式可知，散射强度与带电粒子质量的平方成反比。由于原子核质量远大于电子质量，相对于电子产生的光散射强度而言，原子核对光的散射通常可以忽略。故原子对 X 射线的散射只考虑原子系统中所有电子对 X 射线的散射，即电子为散射单元。同时，由于 X 射线光子能量较大，核外电子对 X 射线的散射可以近似按自由电子处理。当 X 射线照射到试样上，如果试样内部存在纳米尺寸的电子密度不均匀区（<100nm），则会在入射 X 射线周围小于 5°的范围内出现散射 X 射线。

SAXS 方法中散射因子 q 是一个重要的物理量，散射强度 $I(q)$ 对散射因子 q 的曲线即散射曲线。散射因子定义为散射矢量（散射波矢 S 与入射波矢 S_0 之差）的模，如图 14-1 所示。

$$q = \frac{4\pi\sin2\theta}{\lambda}$$

式中，2θ 为散射角；λ 为 X 射线波长。对于特定结构的散射体，散射峰出现在固定的 q 位置上，与入射波长无关，而散射角随波长变化。

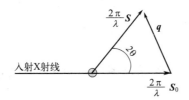

图 14-1　散射三角形矢量关系

散射强度 $I(q)$ 如下式表示：

$$I(q) = 4\pi(\overline{\Delta\rho})^2 V \int_0^\infty r^2 \gamma(r) \frac{\sin qr}{qr} dr$$

式中，$\Delta\rho$ 为电子密度差；V 为散射体体积；$\gamma(r)$ 为电子云密度相关函数。SAXS 用于 1~100nm 尺度的电子密度不均匀区的定性和定量分析。系统的均方电子密度起伏 $(\overline{\Delta\rho})^2$ 决定小角散射的强弱；相关函数 $\gamma(r)$ 决定着散射强度的分布。

14.2　仪器组成与分析技术

14.2.1　小角 X 射线散射仪

许多探索性工作都是在实验室小角 X 射线散射仪上进行的，装置示意图如图 14-2 所示，基本结构包括光源、准直系统、样品架、光束遮挡器、探测系统。光源发出的光经准直系统校正，照射到样品上，探测系统可在一定角度范围内收集散射信号。光束遮挡器可以避免中心光束直接照射到探测器上，降低对样品散射信号的影响并保护探测器。

（1）光源

常见的光源包括密封 X 射线管、旋转阳极 X 射线光管、微聚焦光管、液态金属 X 射线管等。

密封 X 射线管主要由灯丝（阴极）和金属（阳极）组成。灯丝通电加热后发射热电子，经高压加速撞击阳极靶。大部分电子动能转化为热，故光管需要通水冷却；少量电子动能转化为 X 射线光能，通过光管发射。光管强度可由轰击阳极的电子数量控制。常用的铜靶光管功率一般为 2kW，光管电压 40kV，电流为 50mA。

旋转阳极 X 射线光管工作原理与密封 X 射线管类似，其在工作时，阳极靶旋转，电子轰击位置不断变化，提高冷却效率，从而可以大幅提高 X 射线管功率。当然，这类装置比密封管需要更多维护。

近些年来，微聚焦 X 射线管被应用到 SAXS 仪器中，其将电子在阴极上聚集为小点，发射出直径为 20~50μm 的光束，这有助于准直系统获得更细小的光束。微聚焦 X 射线光源

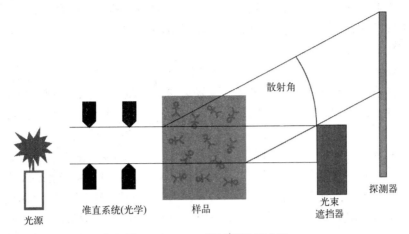

图 14-2 SAXS 测试装置示意图

效率较高，其亮度比密封 X 射线管高 3～5 倍。

（2）准直系统

由光源产生的 X 射线，经过光路的狭缝准直后，可获得平行光束。光束截面具有类似狭缝的宽度和高度，且具有一定强度分布。入射光束强度极高，会掩盖样品在小角度（0.1°）的散射信号。因此，为了获得样品的小角散射信息，就必须减小入射光束区域，以期得到更小角度的散射信号。

目前，常见的准直系统包括针孔狭缝准直系统、线形狭缝准直系统等。为了得到理想的光束，针孔或线形狭缝必须足够狭小且彼此保持一定距离。

（3）样品架

由于实验室 SAXS 测试在真空系统中进行，样品架一般需要密封样品。根据样品状态，可分为固体、液体、凝胶等样品架。考虑到原位测试的需求，样品架可提供特定的微环境，如温度、压强、湿度、剪切、拉伸等。

（4）光束遮挡器

光束遮挡器可避免中心光束直接照射到探测器上。尽管有些探测器并不会因高强度照射而损坏，但强烈的背景散射会使得样品的散射信号变弱。目前使用的光束遮挡器有两种，一种是由密致材料组成，如铅或钨，可完全阻挡主光束；另一种由半透明材料组成，可将主光束的强度减弱到安全的数量级。

（5）探测系统

探测系统的核心是探测器，随着实验技术的发展，检测装置也在不断进步。目前常用的探测器有导线探测器、电感耦合探测器（charge coupled device，CCD）、固态探测器等。探测器可以像相机一样，同时测定不同角度的散射强度，获得一维或二维散射图像，通过计算机软件处理，得到相应的散射曲线。

14.2.2 常用分析技术

（1）样品厚度

SAXS 实验一般都是在透射模式下进行，样品的散射强度随样品的量增大而增强。然而，随着样品厚度增加，样品对 X 射线的吸收随之增加，导致散射信号减弱。样品的最佳厚度可由其线吸收系数估算。对于铜靶 X 射线光源，水及有机溶剂（如乙醇和碳氢化合物）的样品最佳厚度为 1mm；含卤溶剂（如氯仿）的样品最佳厚度为 $70\mu m$；金属（铁、铜等）最佳厚度为 $10\mu m$。

（2）样品制备

常见的样品类型有块状、片状、颗粒状、粉末状、薄膜、纤维、凝胶、液体等。不同类型的样品进行 SAXS 测试时，样品厚度应尽量满足材料的最佳厚度，灵活选用不同类型的样品架。

对于块状样品，在不改变样品内部结构的前提下，尽量减薄至材料最佳厚度，通过胶带或铝箔包覆置于固体样品架测试。对于尺寸较大的颗粒，可将其切割至厚度适宜的薄片，平铺在胶带上进行测试。对于粉末状样品，可以选用胶带或铝箔包覆测试，也可装入毛细管进行测试。对于薄膜样品，若厚度不够，可将样品叠加后，使用固体样品架进行测试。黏弹性样品流动性较差，可通过凝胶样品架进行测试。液体样品需要根据组分，选用不同尺寸和材质的毛细管封装测试。

（3）曝光时间

曝光时间是指样品的测试时间，即探测器收集样品散射信号的时间。曝光时间与入射光强、样品的散射能力及类型等有关。较长的曝光时间会提高散射信号的信噪比，得到更加平滑的曲线，但也会占用更多资源。可根据探测器类型，调整单次曝光时间，增加曝光次数，获取更理想的实验结果。

（4）衬度

当颗粒与背景的衬度为零时，样品没有散射信号，提高光源强度或延长曝光时间并不能使颗粒"可见"。如果可能，尽量增加颗粒与背景间的衬度，可选择低电子密度的背景材料（由轻原子组成）。

14.2.3 测试步骤

当样品置于样品架后，测试即可开始。由于总的散射信号由样品和背景贡献，测试需要分别对样品和背景进行。通过背景扣除，可以获得样品单独的散射结果。在背景扣除时，可通过测定样品的透过率对散射强度加以修正。如果需要将样品的散射结果由相对强度转换为绝对强度，则需要测定标准试样（如玻璃钢、水）的散射结果。

在实验过程中，有以下几点需要注意：

① 根据样品的状态、数量、测试的条件等，选择合适的样品架；

② 根据所需散射因子范围，调整样品到探测器距离，若所测范围较大，则需要分多次测试完成；

③ 根据探测器类型及参数，通过预扫描，确定曝光时间；

④ 如果样品的散射强度明显高于背景，则在背景测试时，需要适当增加曝光时间。

具体实验操作可参考 SAXSpoint 5.0 的操作说明。

14.3 典型应用

SAXS 是研究亚微观结构和形态特征的一种技术和方法，研究的对象为远远大于原子尺寸的结构,所以涉及的范围很广。

在定性分析方面,可利用 Guinier 公式近似判断颗粒的分散性;利用 Porod 定理或 Debye 定理判断相界面是否明锐;判断具有长周期聚合物结晶、取向及相变;利用距离分布函数判断粒子形状;判断散射体的分形特征等。

在定量分析方面,可利用 Guinier 公式近似计算粒子回转半径、尺寸;利用 Porod 定理近似计算散射体体积分数、比表面积、界面层厚度;利用距离分布函数计算粒子尺寸;计算液晶相结构参数等。

本章仅简单介绍 SAXS 在纳米颗粒、胶束、溶致液晶等领域的应用案例。

14.3.1 纳米颗粒

对纳米粒子的表征方法有很多,例如透射电子显微镜、扫描电子显微镜、紫外可见光谱等,表征内容也比较广泛,例如粒径大小与分布、形貌、聚集结构等。一般的测量方法都需要对样品进行一定的特殊处理,例如电镜观测就需要将纳米粒子滴加到铜网上,在高真空状态下进行测试,只适用于干态样品。与这类方法相比,SAXS 具有很多优势:非破坏性的原位分析;干、湿态样品都适用;可得到粒径分布曲线;具有统计性;可分析纳米粒子的界面结构和聚集状态。

对于聚合物包裹的纳米颗粒,常规的透射电子显微镜表征仅能提供金属核心的信息而无法区分核壳组分,通过 SAXS 和小角中子散射(SANS)结合可以解决这一问题。核壳纳米颗粒以纳米晶 $\gamma\text{-}Fe_2O_3$ 为内核,由聚丙烯酸(PAA)包裹制备而成。不同条件下所得纳米颗粒的 SAXS 曲线如图 14-3 所示,利用球形模型拟合可得到纳米颗粒的尺寸,NP1 的尺寸约为 2.5nm,NP2 的约为 3.9nm,所得结果与透射电子显微镜表征相吻合。由于 $\gamma\text{-}Fe_2O_3$ 与 PAA 巨大的电子密度差异,SAXS 拟合结果只能得到核心半径 R_{SAXS},聚合物包裹层的厚度(D_{shell})则需要通过小角中子散射得出(表 14-1),随着 PAA 分子量的增大,D_{shell} 略有增加。

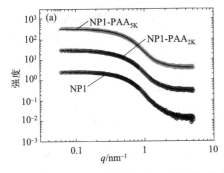
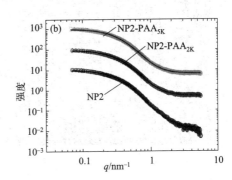

图 14-3 $\gamma\text{-}Fe_2O_3$ 纳米颗粒分散溶液的 SAXS 曲线

表 14-1 纳米颗粒的 SAXS 和 SANS 分析结果

样品	R_{SAXS}/nm	R_{SANS}/nm	D_{shell}/nm
NP1	2.43±0.02	2.56±0.01	—
NP1-PAA$_{2K}$	2.50±0.02	2.56	1.246±0.002
NP1-PAA$_{5K}$	2.48±0.02	2.56	1.320±0.002
NP2	3.92±0.02	3.86±0.01	—
NP2-PAA$_{2K}$	3.91±0.01	3.86	1.244±0.003
NP2-PAA$_{5K}$	4.40±0.01	3.86	1.323±0.003

14.3.2 胶束

胶束的概念最早在20世纪20年代由McBain提出,直到1988年才通过低温电子显微镜(cryo-TEM)直接观察到。胶束的结构分为内核和外层两个部分,内核由疏水链堆积构成,外层则是由头基水化构成。球形胶束是最为常见的一种胶束结构,然而许多表面活性剂并不形成球形胶束。当表面活性剂链长较长时,如包含十四个碳的烷基链或者更长的碳链,随着浓度的增大,胶束会由球形生长成椭球或棒状胶束,溶液黏度会迅速增加。

由于表面活性剂的种类繁多,其形成胶束的尺寸和形态各不相同,且胶束间的相互作用随表面活性剂和溶剂的性质不同有较大的差异,不同胶束的 SAXS 分析需要选择合适的形状因子和结构因子模型。下面以阳离子表面活性剂 1-十六烷基-3-甲基咪唑溴代盐(C_{16}mimBr)在非质子性离子液体 1-乙基-3-甲基咪唑四氟硼酸盐([Emim]BF_4)中的胶束行为为例说明。

表面活性剂 C_{16}mimBr 在离子液体 [Emim]BF_4 中的临界胶束浓度为0.911%,在此浓度之上,体系形成胶束。如图 14-4(a) 冷冻刻蚀透射电子显微镜(FF-TEM)图像所示,5%浓度溶液中形成 20~50nm 的椭球形聚集体。不同浓度的胶束溶液的 SAXS 结果如图 14-4(b) 所示,当浓度较低时,在低 q 范围内,散射强度 $I(q)$ 对 q 的斜率明显高于 0,表明体系所形成的并非球形聚集体。考虑到离子液体较高的静电屏蔽作用,可选用椭球形形状因子[椭球参数如图 14-4(b) 所示]和硬球结构因子对不同浓度胶束溶液的 SAXS 曲线进行拟合,结果表 14-2 所示。胶束的长轴半径 b 明显大于短轴半径 a,且随着表面活性剂浓度增加,长短轴半径比(ε)逐渐减小,胶束的聚集数(N)略有减小。

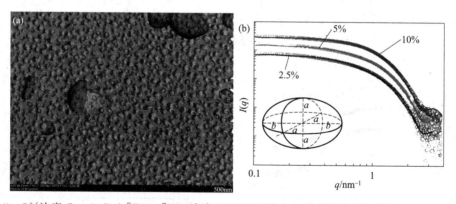

图 14-4 5%浓度 C_{16}mimBr/[Emim]BF_4 溶液 FF-TEM 图(a)及不同浓度溶液的 SAXS 曲线(b)

表 14-2 不同浓度 C_{16}mimBr/[Emim]BF_4 溶液中胶束结构参数

c/%	a/nm	b/nm	ε	N
2.5	1.57	5.01	3.19	113
5	1.56	4.54	2.91	101
10	1.61	3.46	2.15	82

14.3.3 溶致液晶

由于表面活性剂分子与溶剂电子云密度不同,通过 SAXS 技术可以确定液晶相类型,并计算出晶格参数。一般地，对于由相同组分构建形成的溶致液晶相，散射峰数目越多，峰强度越大，表明液晶相结构更加有序。根据 Bragg 方程，不同结构的液晶相晶面间距存在不同比例关系，SAXS 曲线上各级衍射峰对应的散射因子呈现不同比例，常见溶致液晶的特征衍射峰位如表 14-3 所示。根据第一级衍射峰对应的散射因子 q_1 可以计算液晶相的晶格参数，如层状液晶相重复间距 $D=2\pi/q_1$，即一个水层与一个双分子层厚度之和；对于六角相液晶结构，相邻圆柱形胶束中心之间的距离 $D=4\pi/\sqrt{3}q_1$。

表 14-3　常见溶致液晶衍射峰位

溶致液晶	峰位比值
六角相	$1:\sqrt{3}:\sqrt{4}:\sqrt{7}:\sqrt{12}$
立方相(Pn3m)	$\sqrt{2}:\sqrt{3}:\sqrt{4}:\sqrt{6}:\sqrt{8}$
立方相(Im3m)	$\sqrt{2}:\sqrt{4}:\sqrt{6}:\sqrt{8}:\sqrt{10}$
立方相(Ia3d)	$\sqrt{6}:\sqrt{8}:\sqrt{14}:\sqrt{16}:\sqrt{20}$
层状相	$1:2:3:4:5$

以阳离子表面活性剂 $C_{16}mimBr$ 在质子性离子液体硝酸乙基铵（EAN）中的相行为为例说明，体系二元相图及溶致液晶的 SAXS 曲线如图 14-5 所示。随着表面活性剂浓度增加，体系中依次形成了胶束相、六角相、双连续立方相、层状相等多种聚集体。对于六角相，SAXS 曲线出现三个衍射峰，峰位散射因子满足 $1:\sqrt{3}:\sqrt{4}$；对于双连续立方相，SAXS 曲线出现两个明显的衍射峰，峰位散射因子满足 $\sqrt{6}:\sqrt{8}$，对应 Ia3d 结构；对于层状相，SAXS 曲线出现两个衍射峰，峰位散射因子满足 $1:2$。

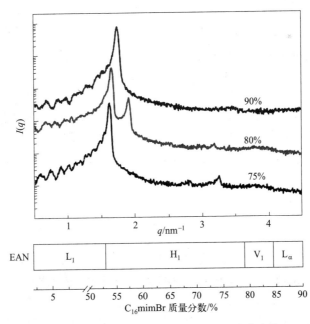

图 14-5　60℃时 $C_{16}mimBr/EAN$ 二元体系相图及溶致液晶 SAXS 曲线

14.4 实验

实验 14-1　小角 X 射线散射测定黏土的层间距

一、【实验目的】

1. 掌握 SAXS 的原理和仪器操作方法。
2. 掌握 SAXS 实验固体粉末样品的制备。
3. 利用 SAXS 图谱分析层状物质的结构参数。

二、【实验原理】

黏土（clay），是颗粒非常小的（<2μm）可塑的硅铝酸盐。除了铝外，黏土还包含少量镁、铁、钠、钾和钙。黏土一般由硅铝酸盐矿物在地球表面风化后形成。但是有些成岩作用也会产生黏土，在这些过程中黏土的出现可以作为成岩作用进展的指示。黏土是一种重要的矿物原料，由多种水合硅酸盐和一定量的氧化铝、碱金属氧化物和碱土金属氧化物组成，并含有石英、长石、云母及硫酸盐、硫化物、碳酸盐等杂质。

黏土是一类层状硅酸盐，层片由硅氧四面体和铝氧八面体组成。按其结构分为以下四类：

高岭石族（kaolinite group），1∶1 型。
蒙脱石族（montmorillonite/smectite group），2∶1 型。
伊利石族 [illite（clay-mica）group]，2∶1 型。
绿泥石族（chlorite group），2∶1∶1 型。

黏土矿物用水湿润后具有可塑性，在较小压力下可以变形并能长久保持原状，而且比表面积大，因此有很好的物理吸附性和表面化学活性，颗粒上带有负电，具有与其他阳离子交换的能力。由于其独特的化学结构，近年来，黏土被广泛应用于吸附、离子交换、催化等领域。

在 SAXS 中，散射因子 q 定义为

$$q = \frac{4\pi\sin\theta}{\lambda}$$

对于有序性较好的层状结构，其 SAXS 曲线中会出现多级衍射峰，所对应散射因子 q 满足 1∶2∶3 的关系。层状结构的层间距 D 可由第一级衍射峰所对应的散射因子 q_1 求得。

$$D = \frac{2\pi}{q_1}$$

山嵛酸银是一类典型的层状结构，常作为 SAXS 实验标准样品，其 SAXS 图谱如图 14-6 所示，其中第一级衍射峰所对应散射因子 q_1 为 1.07nm^{-1}，对应层间距 D 为 5.84nm。

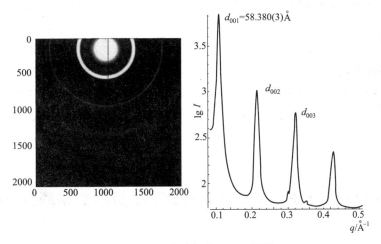

图 14-6　山嵛酸银的 SAXS 图谱

三、【仪器与试剂】

1. 仪器：小角 X 射线散射仪（SAXSpoint 5.0，安东帕，奥地利）。
2. 试剂：蒙脱土（K-10，钙基，比表面积 $240m^2/g$），高岭土（800 目），膨润土。

四、【实验步骤】

（1）开机

依次打开水冷系统、仪器主机，将电压和电流分别升到 40kV 和 50mA。

（2）样品制备

将研磨好的黏土粉末样品放置于自制的粉末样品槽中（1mm 厚），用胶带密封。

（3）样品测试

通过预测试，确定样品至探测器位置（信号收集范围，q 范围在 $0.5 \sim 8 nm^{-1}$）及曝光时间后，完成样品测试。

（4）背景测试

在样品测试相同条件下完成背景测试。

（5）关机

将电压和电流分别降至 20kV 和 10mA，关闭主机，10min 后关闭循环水系统。

（6）导出数据

测试结束后，利用 SAXSanalysis 软件完成数据预处理并导出。

五、【数据处理】

1. 利用 origin 绘制黏土的 SAXS 曲线。
2. 计算不同类型黏土的层间距。

六、【注意事项】

1. 使用胶带或铝箔制备粉末样品时，确保样品处于密封状态。

2. 关闭主机一定时间后方可关闭水冷循环。

七、【思考题】

1. 在本实验中,可否将测试范围上限 q_{max} 设置在 $5\mathrm{nm}^{-1}$？为什么？
2. 结合实验,说明如何利用层状化合物标样计算 SAXS 实验中样品至探测器的距离？
3. 如何根据层状结构的层间距确定 SAXS 实验中 q 的测试范围及样品至探测器的距离？

实验 14-2 小角 X 射线散射测定球形 SiO_2 纳米颗粒的尺寸

一、【实验目的】

1. 掌握 SAXS 的原理和仪器操作方法。
2. 掌握 SAXS 实验中液体样品的制备。
3. 学习利用 Guinier 公式近似计算球形颗粒尺寸的方法。

二、【实验原理】

在低 q 范围,散射对于粒子的结构细节不敏感。对于不相干涉的粒子体系,其散射强度可近似为

$$I(q) \approx I(0)\exp(-(qR_g)^2/3)$$

这就是著名的 Guinier 公式。其中,R_g 是回转半径,即粒子中各个电子与其质量重心的均方根距离;$I(0)$ 是零散射角（$q=0$）时的强度。如图 14-7 所示,可以通过对 $\ln(I)$-q^2 图进行线性拟合来确定 R_g 和 $I(0)$,称为 Guinier 图,选择用于线性拟合的区域称为"Guinier 区域"。

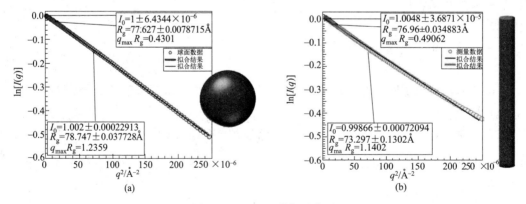

图 14-7 Guinier 分析示意图

Guinier 近似可提供有关分子总体大小以及数均质量的信息。需要注意的是,所得粒子信息为回转半径,并不足以确定粒子的实际形状,因为它是做了球形平均的结果。表 14-4 中给出了一些常见粒子形状与回转半径的关系。

表 14-4 常见粒子的形状与回转半径

粒子的形状	尺寸	回转半径
球	半径 R	$R\sqrt{(3/5)}$
薄圆片	厚度 $2a$	$2a/\sqrt{2}$
细长棒	长度 $2l$	$2l/\sqrt{12}$
立方体	边长 $2a$	a
任意线团	均方末端距 $<h^2>$	$\sqrt{(<h^2>/6)}$

如图 14-7 所示，随着散射角度增大，散射曲线与 Guinier 近似曲线的偏差越显著。对于球形颗粒，在 $qR_g<1.3$ 的小角区域，Guinier 近似的拟合较好；而棒状颗粒则在 $qR_g<0.7$ 区域内吻合 Guinier 公式。上述结果进一步表明，在小角一侧的散射强度分布与回转半径 R_g 的大小有关，而与形状无关。在趋向大角一侧，强度分布却直接反映粒子形状的差异。虽然可以通过回转半径 R_g 计算粒子的形状（表 14-4），但是需要确定粒子的形状还需要分析趋向大角一侧的散射强度分布状况，通过对比实验测定曲线和颗粒的理论散射曲线，例如采用模型拟合的方法，才能最终确定粒子的形状。

许多可能影响 SAXS 数据质量的因素都会反映在低 q 区域。对于实际样品，粒子间相互作用、聚集、辐射损伤、缓冲液不匹配等问题都会导致 Guinier 区域的线性关系出现偏差。如果无法获得良好的 Guinier 拟合结果，或者仅通过在最低 q 值处排除大量数据来获得良好的 Guinier 拟合，则实验数据可能存在上述一个或多个问题，通常不应用于进一步分析。因此，Guinier 拟合也可作为评估 SAXS 数据质量的方法之一。在 SAXS 实验中，颗粒的浓度过高，粒子间相互作用太强，则会带来上述问题；浓度过低，散射信号太弱，则会影响数据质量并增加测试成本。在实验样品准备中，可通过反复尝试，确定颗粒样品的适宜浓度（体积分数）。

三、【仪器与试剂】

1. 仪器：小角 X 射线散射仪（SAXSpoint 5.0，安东帕，奥地利）。
2. 试剂：球形 SiO_2 纳米颗粒（3nm、5nm、10nm、15nm、20nm），水。

四、【实验步骤】

（1）开机

依次打开水冷系统、仪器主机，将电压和电流分别升到 40kV 和 50mA。

（2）样品制备

将不同尺寸的 SiO_2 纳米颗粒配制成体积分数为 0.1% 的水溶液，利用入射器将溶液装入直径为 1mm 的毛细管中。

（3）样品测试

通过预测试，确定样品曝光时间后，依次完成样品测试。

（4）背景测试

在样品测试相同条件下完成背景水测试。

（5）关机

将电压和电流分别降至 20kV 和 10mA，关闭主机，10min 后关闭循环水系统。

（6）导出数据

测试结束后，利用 SAXSanalysis 软件完成数据预处理并导出。

五、【数据处理】

1. 利用 origin 绘制 SiO_2 纳米粒子的 SAXS 曲线。
2. 利用 Guinier 近似计算 SiO_2 纳米颗粒的尺寸。

六、【注意事项】

1. 为了获得样品在较低 q 处的散射信号，可将样品至探测器的距离设置为最大。
2. 液体样品装样时，应避免毛细管中产生气泡。
3. 样品和背景需用同一个毛细管测试。
4. 关闭主机一定时间后方可关闭水冷循环。

七、【思考题】

1. 在液体样品的 SAXS 测试中，为什么样品和背景需要用同一个毛细管测试？
2. 如果毛细管中进入气泡，其对 SAXS 结果有何影响？
3. 本实验中所用小角 X 射线散射仪所能测得理论 q_{min} 值为 0.02nm^{-1}，则利用 Guinier 近似方法，所能表征球形颗粒的最大尺寸是多少？

14.5 知识拓展

小角 X 射线散射发展大事记

1930 年，P. Krishnamurti 首先观察到炭粉、炭黑和各种亚微观大小的微粒在 X 射线透射光附近有连续散射出现的现象。

1934 年，B. E. Warren 在研究炭黑时，提出 SAXS 强度是由晶粒和样品平均电子密度差引起的。

1939 年，A. Guinier 发表了计算旋转半径的公式，即 Guinier 公式，确定了 SAXS 理论。

1949 年，P. Debye 和 A. M. Bueche 从电子密度涨落的观点提出了散射的统计理论，由此可以从统计的角度描述无规分布两相体系的大小，开创了定量表征无规分布两相体系形态结构的新纪元。

1951 年，G. Porod 对具有相同密度的散射体无规分布的两相体系，提出了表征这种体系的特征函数和计算比表面积、界面厚度等公式，被人们称为 Porod 定律。

1951 年，R. Hosemann 提出了晶格畸变的准晶理论，解释了分散相排列周期性差引起散射曲线中出现峰强低和峰增宽等现象。

1954 年，O. Kratky 对于 X 射线光路准直，设计了一种新颖的狭缝系统，即 Kratky 光学系统。

1955 年，由 Guinier 和 Fournet 撰写的 "Small Angle Scattering of X-Rays" 问世，此书在前人和他们本人研究的基础上系统而又全面地论述了 SAXS 理论，是 SAXS 的经典著作，具有深远的影响和参考价值。

1951年，B. R. Leonard 等首先用 SAXS 研究了球状的植物病毒（大豆花叶病毒和西红柿花叶病毒）。

1953年，R. A. Van Nordstrand 用 SAXS 测试了催化剂的比表面积，此结果与氮气吸附法得到的值完全一致，为 Porod 理论提供了极好的证明。

1959年，V. Luzzatihe 和 A. Nicolaieff 首先报道了用 SAXS 研究染色质溶液。

1971年，M. H. F. Wilkins 和 D. M. Engelman 首先用 SAXS 证实磷脂双分子层是生物膜的基本结构。

1993年，O. Glatter 提出了间接傅里叶变换的方法，以克服 SAXS 分析中的不稳定特性。

第四篇 热分析法

热分析的本质是温度分析。物质经历温度变化的同时，必然伴随另一种或几种物理性质（重量、温度、能量、尺寸、力学、声、光、热、电等）的变化，即 $P=f(T)$。监测温度引起的性质变化，可分析出结构信息、机理信息等。按一定规律设计温度变化，即程序控制温度，$T=f(t)$，故其性质既是温度的函数也是时间的函数：$P=f(T,t)$。常用的热分析方法包括热重分析法（TG）、差示扫描量热法（DSC）、静态热机械法（TMA）、动态力学分析（DMTA）、动态介电分析（DETA）等，它们分别测量物质重量、热量、尺寸、模量和柔量、介电常数等参数对温度的函数。

第 15 章 热重分析法

15.1 基本原理

热重分析，是指在程序控制温度下测量待测样品的质量与温度变化关系的一种热分析技术。聚合物热分解过程中的许多规律可以通过热重分析进行研究，其中包括聚合物的热稳定性的测定；共聚物、共混物体系的定量分析；含湿量和添加剂含量的测定等，热重分析法因其快速简便，已经成为研究聚合物热变化过程的重要手段。

热重分析法的主要特点是定量性强，能准确地测量物质的质量变化及变化的速率。根据这一特点，可以说，只要物质受热时发生质量的变化，都可以用热重分析法来研究。物质的物理变化和化学变化都是存在着质量变化的，如升华、汽化、吸附、解吸、吸收和气固反应等。但像熔融、结晶和玻璃化转变之类的热行为，样品没有质量变化，热重分析方法就无法分析了。

通过分析热重曲线，我们可以知道样品及其可能产生的中间产物的组成、热稳定性、热分解情况及生成的产物等与质量相联系的信息。从热重分析法可以派生出微商热重法，也称导数热重法，它是记录 TG 曲线对温度或时间的一阶导数的一种技术。实验得到的结果是微商热重曲线，即 DTG 曲线，以质量变化率为纵坐标，自上而下表示减少；横坐标为温度或时间，从左往右表示增加。DTG 曲线的特点是，它能精确反映出每个失重阶段的起始反应温度、最大反应速率温度和反应终止温度；DTG 曲线上各峰的面积与 TG 曲线上对应的样品失重量成正比；当 TG 曲线对某些受热过程出现的台阶不明显时，利用 DTG 曲线能明显地区分开来。理想的 TG 曲线是一些直角台阶，台阶大小表示重量变化量，一个台阶表示一个热失重，两个台阶之间的水平区域代表试样稳定存在的温度范围，这是假定试样的热失重是在某一个温度下同时发生和完成的。但实际过程并非如此，试样的热分解反应是有一个过程的，在曲线上表现为曲线的过渡和斜坡，甚至两次失重之间有重叠区。

15.2 仪器组成与分析技术

15.2.1 热重分析仪

进行热重分析的仪器，称为热重仪（图 15-1），主要由三部分组成：温度控制系统、检测系统和记录系统。热天平的主要工作原理是把电路和天平结合起来，通过程序控温仪使加热电炉按一定的升温速率升温（或恒温）。当被测试样发生质量变化，光电传感器能将质量变化转化为直流电信号。此信号经测重电子放大器放大并反馈至天平动圈，产生反向电磁力矩，驱使天平梁复位。反馈形成的电位差与质量变化成正比（即可转变为样品的质量变化）。其变化信息通过记录仪描绘出热重（TG）曲线，纵坐标表示质量，横坐标表示温度。TG 曲线上质量基本不变的部分称为平台，从热重曲线可求得试样组成、热分解温度等有关数据。

热天平是为实现热重测量技术而制作的仪器，它是在普通分析天平基础上发展起来的，是具有一些特殊要求的精密仪器：①程序控温系统及加热炉，炉子的热辐射和磁场对热重测量的影响要尽可能小；②高精度的重量与温度测量及记录系统；③能满足在各种气氛和真空中进行测量的要求；④能与其他热分析方法联用。

根据试样与天平横梁支撑点之间的相对位置，热天平可分为下皿式、上皿式与水平式三种。

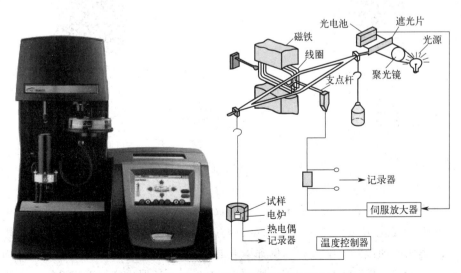

图 15-1　热重分析仪及其结构示意图

15.2.2　常用分析技术

（1）样品的制备

薄膜、纤维、片状、粒状等较大的试样必须剪或切成小粒或片，并尽可能使样品既薄又广地分布在吊篮中，以减少试样与吊篮之间的热阻。

（2）试样处理

对于粉末状试样（大部分无机化合物），将粒子尽可能细小并粒径一致的试样尽量薄薄地均匀铺在吊篮中；对于片状试样，切割（或剪）成比吊篮略小的圆形，放入吊篮中；对于纤维状试样，或者以原状放入，或者用刀片、剪刀之类的工具将纤维剪切成小段，然后以粉末状试样相同的方式放入；对于块状试样，先用刀片切成薄片状，然后按片状试样的做法处理。

（3）设备的保养维护方法

① TGA 炉壁需定期清洁并保持黄铜色般干净。

② 注意炉子排气出口的清洁，并维持畅通。

③ 白金挂钩的垂直性与 TGA 机台水平，样品盘需在炉口正中心，当遇到重量不稳定时，先检查样品盘居中问题。如果不居中，需要调节仪器底部 4 个底脚。

15.2.3　测试结果的主要影响因素

热重法测定的结果与实验条件有关，为了得到准确性和重复性好的热重曲线，我们有必要对各种影响因素进行仔细分析。影响热重测试结果的因素，基本上可以分为三类：仪器因素、实验条件因素和样品因素。

仪器因素包括气体浮力和对流、坩埚、挥发物冷凝、天平灵敏度、样品支架和热电偶等。对于给定的热重仪器，天平灵敏度、样品支架和热电偶的影响是固定不变的，我们可以通过质量校正和温度校正来减少或消除这些系统误差。

热重仪器校正

测试结果主要影响因素的消除

15.3　典型应用

热重分析法的应用主要在金属合金、地质、高分子材料、药物研究等方面。

（1）在金属合金中的应用

① 金属与气体反应的测定。金属和气体的反应是气相-固相反应，可用热重分析法测定反应过程的质量变化与温度的关系，并可进行反应量的动力学分析。这类实验甚至可在 SO_2、NH_3 类的腐蚀性气氛中进行。例如氧化铁在氢气中的还原反应。实验条件为：氢气流速 30mL/min，升温速率 10℃/min，样品量 23.6mg。还原反应按下式进行：

$$Fe_2O_3 + 3H_2 =\!=\!= 2Fe + 3H_2O$$

在500℃左右时，失重量为30.1%，表明氧化铁几乎全部被还原。类似地，也可测出铁在空气中的氧化增重。

② 金属磁性材料的研究。金属磁性材料的特性为有确定的磁性转变温度（即居里点）。在外加磁场的作用下，磁性物质受到磁力作用，在热天平上显示一个表观质量值，当温度升到该磁性物质的磁性转变温度时，该物质的磁性立即消失，此时热天平的表观质量变为零。利用这个特性，可以对热重仪器进行温度校正。

（2）在地质方面的应用

① 矿物鉴定。矿物的热重曲线会因其组成、结构不同而表现出不同的特征。通过与已知矿物特征曲线进行起始温度、峰温及峰面积等的比较便可鉴定矿物。由于热分析的数据具有程序性特点，因而要注意实验条件引起实验结果的差异。

② 矿物定量。矿物因受热而脱水、分解、氧化、升华等均可引起质量变化，可根据矿物中固有组分的脱除量来测定试样中矿物的含量。

（3）在药物研究中的应用

药物和辅料脱除过程的考察：药物或辅料所含的水分，一般有吸附水和结晶水，用TG法可分别测定其含量，用DTG法可分别测出其脱除速度。吸附水在100℃附近或稍高温度即可脱除。至于结晶水，其脱除温度不一，有的数十摄氏度时可脱出，有的要高达数百摄氏度才能脱出，还有些结晶水的脱除是分阶段的。

药物包合物的研究：使易挥发的药物保存下来不挥发跑掉以达到好的医疗效果；减少或除去药物的刺激作用，使服药人免受刺激的痛苦；使用有缓释作用的包合剂来包合药物可使药物慢慢在体内释放，这样既可达到长效效果又能减少或免除药物的流失；使用特定定位的包合剂包合药物即可达到定位给药的目的。

（4）在高分子材料中的应用

① 测试材料的热稳定性。热重法可以评价聚烯烃类、聚卤代烯类、含氧类聚合物、芳杂环类聚合物、弹性体高分子材料的热稳定性。

高温下聚合物内部可能发生各种反应，如开始分解时可能是侧链的分解，而主链无变化，达到一定的温度时，主链可能断裂，引起材料性能的急剧变化。有的材料一步完全降解，而有些材料可能在很高的温度下仍有残留物。

在同一台热天平上，以同样的条件进行热重分析，比较聚合物的热稳定性。每种聚合物在特定温度区域有不同的TG曲线，这为进一步研究反应机制提供了有启发性的信息。

② 评价材料的热特性。每种高分子材料都有自己特有的热重曲线。通过研究材料的热重曲线，可以了解材料在温度作用下的变化过程，从而研究材料的热特性。

③ 研究材料中添加剂的作用。添加剂是高分子材料成品的重要组成部分。通常用纯高分子制成成品的情况很少，一般在高分子中都要配以各种各样的具有各种功能作用的添加剂（如增塑剂、发泡剂、阻燃剂、补强剂等），才能制成具有各种性能的成品，从而使其具有使用价值。添加剂的性能、添加剂与高分子的匹配相容性、各种添加剂之间的匹配相容性，都是影响制品性能的重要因素。热重分析法可以研究高分子材料中添加剂的作用，也可直接测定添加剂的含量，以及添加剂的热稳定性。

阻燃剂在高分子材料中有特殊效果。阻燃剂的种类和用量选择适当，可以大大改善高分子材料的阻燃性能；否则，则达不到阻燃效果。加阻燃剂的聚丙烯尽管开始失重时的温度略低于纯聚丙烯，但从整个材料分解破坏的热稳定性来看，加阻燃剂的聚丙烯的热稳定性是大大提高了，阻燃剂阻燃效果显著。

④ 研究高分子材料的共聚和共混。每种高分子材料都有自己的优点和缺点，在使用时，为了利用优点，克服缺点，往往采用共聚或共混的方法以得到使用性能更好的高分子材料。热重分析法可用于研究高分子材料的共聚和共混，测定高分子材料共聚物和共混物的组成。

⑤ 研究热固性树脂的固化。对固化过程中失去低分子物的缩聚反应，可用热重分析法进行研究。酚醛树脂在固化过程中生成水，利用 TG 测定脱水失重过程，即可研究酚醛树脂的固化。

15.4 实验

实验 15-1 | 热重分析法测定聚合物的热稳定性

一、【实验目的】

1. 理解和掌握热重法（TG）的基本原理和操作。
2. 用 TG 进行聚合物的热稳定性测定。

二、【实验原理】

当被测物质在加热过程中有升华、汽化、分解出气体或失去结晶水时，被测的物质质量就会发生变化。这时热重曲线就不是直线而是有所下降。通过分析热重曲线，就可以知道被测物质在什么温度时产生变化，并且根据失重量，可以计算失去了多少物质，有的聚合物受热时不止一次失重，一般可以观察到二到三个台阶。每次失重的比例可由该失重平台所对应的纵坐标数值直接得到。第一个失重台阶多数发生在 100℃ 以下，多半是由于试样的吸附水或试样内残留的溶剂的挥发。第二个台阶往往是试样内添加的小分子助剂，如高聚物增塑剂、抗老剂和其他助剂的挥发（如纯物质试样则无此部分）。第三个台阶发生在高温，是属于试样本体的分解。失重曲线开始下降，转折处即开始失重的温度为起始分解温度，曲线终止下降转为平台处的温度为分解终止温度。聚合物的分解温度越高则表明聚合物的热稳定性越好。

分解温度的确定：分解开始的温度，以曲线的直线部分延长线交点为定点；分解过程的中间温度，以失重前的水平延线与失重后的水平延线距离的中点与失重曲线的交点为定点；分解的最终温度，以曲线的直线部分延长线交点为定点。

三、【仪器与试剂】

1. 仪器：热重分析仪（TGAQ-50），氧化铝吊篮。
2. 试剂：聚乙烯（PE），聚丙烯（PP）。

四、【实验步骤】

① 打开氮气瓶主阀，调节减压阀确认输出压力为 0.08MPa 左右。
② 打开仪器电源开关，仪器开始自检，大约两分钟后，仪器前面的绿色指示灯亮，自检完成。
③ 打开电脑，点击桌面上的仪器控制图标，点击仪器图标，联机完成。
④ 将吊篮放在平台上，按"Tare"去皮。
⑤ 加入样品（样品质量为 5～10mg），按"Sample"键将样品放入。
⑥ 程序设计。
⑦ 点击测试启动。
⑧ 实验结束后，点击"Control"中的"Shutdown Instrument"。
⑨ 在弹出对话框中选择"Shutdown"。
⑩ 点击"Start"。
⑪ 主机提示灯熄灭后，关闭仪器背后的电源开关。
⑫ 关闭氮气。
⑬ 关闭计算机。

五、【数据处理】

根据 TG 曲线，记录聚乙烯和聚丙烯的分解温度。

六、【注意事项】

1. 每次升温，炉子应冷却到室温左右。
2. 开始做实验时，放下炉子后应稳定 5min 左右进行数据采集（保证炉膛温度均匀）。

七、【思考题】

1. 热重分析法（TG）的基本原理是什么？
2. TG 在聚合物的研究中有哪些用途？

实验 15-2 热重分析法研究五水硫酸铜的脱水过程

一、【实验目的】

1. 理解和掌握热重分析法（TG）的基本原理和操作。
2. 用热重分析仪绘制 $CuSO_4 \cdot 5H_2O$ 的热重图，了解 $CuSO_4 \cdot 5H_2O$ 的失水过程。

二、【实验原理】

试样在程序温度控制下发生质量变化，利用这一现象可以对试样的组分进行定量分析。

与一般化学分析方法相比，热重分析法对试样进行定量分析有其独特优点，那就是样品不需要预处理，分析不用试剂，操作和数据处理简单方便等。唯一要求就是热重曲线相邻的两个质量损失过程必须形成一个明显的平台，并且该平台越明显计算误差越小。

本实验利用热重分析法确定矿物质中水的存在形式。矿物脱水在热重曲线上显示失重，矿物质中水存在形式不同，结合能力不同，脱除温度也不同。脱除吸附水和层间水的温度较低，一般在200℃以下；结晶水脱除一般在300℃以下；结构水的脱除温度较高，一般为500～800℃。少数矿物质还有结合水，其脱除温度较层间水高，但又比结构水低。同一种存在形式的水，由于与之结合的离子不同（如蒙脱石）或是结合部位不同（如绿泥石），或是脱水过程形成新的含水矿物质（如硼砂），可分阶段脱除。因而在利用热分析的结果确定水的存在形式时要进行具体的分析，同时结合其他分析方法。

$CuSO_4 \cdot 5H_2O$是一种蓝色斜方晶系，晶体结构中，Cu^{2+}呈八面体配位，为四个H_2O和两个O所围绕。第五个H_2O与Cu^{2+}八面体中的两个H_2O和SO_4^{2-}中的两个O连接，呈四面体状，在结构中起缓冲作用。在不同温度下，可以逐步失水：

$$CuSO_4 \cdot 5H_2O \longrightarrow CuSO_4 \cdot 3H_2O \longrightarrow CuSO_4 \cdot H_2O \longrightarrow CuSO_4(s)$$

五水硫酸铜晶体失水分三步，其中两个仅以配位键与铜离子结合的水分子最先失去，大致温度为102℃。两个与铜离子以配位键结合，并且与外部的一个水分子以氢键结合的水分子随温度升高而失去，大致温度为113℃。最外层水分子最难失去，因为它的氢原子与周围的硫酸根离子中的氧原子之间形成氢键，它的氧原子又和与铜离子配位的水分子的氢原子之间形成氢键，总体上构成一种稳定的环状结构，因此破坏这个结构需要较高能量。失去最外层水分子所需温度大致为258℃。

从反应式看，失去最后一个水分子显得特别困难，说明各水分子之间的结合能力不一样，所以$CuSO_4 \cdot 5H_2O$可以写为$[Cu(H_2O)_4]SO_4 \cdot H_2O$。

三、【仪器与试剂】

1. 仪器：热重分析仪（TGAQ-50），氧化铝吊篮。
2. 试剂：五水硫酸铜晶体。

四、【实验步骤】

① 打开氮气瓶主阀，调节减压阀确认输出压力为0.08MPa左右。
② 打开仪器电源开关，仪器开始自检，大约两分钟后，仪器前面的绿色指示灯亮，自检完成。
③ 打开电脑，点击仪器图标，联机完成。
④ 将吊篮放在平台上，按"Tare"去皮。
⑤ 加入样品（样品质量为5～10mg），按"Sample"键将样品放入。
⑥ 程序设计。
⑦ 点击测试启动。
⑧ 实验结束后，点击"Control"中的"Shutdown Instrument"。
⑨ 在弹出对话框中选择"Shutdown"。
⑩ 点击"Start"。
⑪ 主机提示灯熄灭后，关闭仪器背后的电源开关。

⑫ 关闭氮气。
⑬ 关闭计算机。

五、【数据处理】

根据 TG 曲线，分析五水硫酸铜的失水温度，并与文献作比较。

六、【注意事项】

将五水硫酸铜样品充分研磨，使其粒度均匀，然后将其加入干燥器中进行干燥，直到样品重量不再增加为止。

七、【思考题】

1. 什么是热重分析，从热重分析中可以得到哪些信息？
2. 如何解释五水硫酸铜的热重曲线？讨论实验值与理论值有误差的原因。

实验 15-3 设计性实验

热重分析法测定共混物中添加剂的含量

一、【实验目的】

1. 掌握热重分析法的定量分析原理。
2. 掌握检索搜集资料的方法，并能根据文献资料设计实验方案。
3. 建立一种简便、迅速、准确的检测共混物中添加剂含量的方法。

二、【设计提示】

1. 常用的检测共混物中添加剂含量的方法有哪些？基本原理是什么？
2. 根据现有文献报道还可以用哪些方法测定共混物中添加剂的含量？

三、【要求】

1. 设计一种利用热重分析法测定共混物中添加剂的方法。
2. 按照详细的设计实验方法，利用热重分析法测定共混物中添加剂的含量，并写出详细的实验报告。

15.5 知识拓展

热分析中的联用技术

单一的热分析技术，如 TG、DTA 或 DSC 等，难以明确表征和解释物质的受热行为。

如 TG 只能反映物质受热过程中质量的变化，而其他性质，如热学等性质就无法得知。在高岭土的热分析中，单独使用 TG 或 DTA 就得不到准确的分析结果，而采用 TG-DTA 联用技术可获知高岭土的高温热分解机理。热分析的联用技术包括：各种热分析技术本身的联用，如 TG-DTA、TG-DSC 等；热分析与其他分析技术的联用，如 TG-MS、TG-GC、TG-IR 等。

附：仪器操作规程

1. TGAQ50 热重分析仪操作规程

TGAQ50 热重分析仪操作规程

2. 岛津 DTG-60 热重分析仪操作规程

岛津 DTG-60 热重分析仪操作规程

第 16 章　差示扫描量热法

差示扫描量热法作为一种研究材料在可控程序温度下的热效应的经典热分析方法，在当今各类材料与化学领域的研究开发、工艺优化、质检质控与失效分析等场合早已得到了广泛的应用。利用 DSC 方法，我们能够研究无机材料的相变、高分子材料熔融与结晶过程、药物的多相型现象、食品的固/液相比例等等。

16.1　基本原理

差示扫描量热（differential scanning calorimetry，简称 DSC）是在程序控温过程中，通过检测器定量测出试样吸收或放出的热量，研究试样的热变化的（熔化、分解、交联等）。在程序温度（升/降/恒温及其组合）过程中，测量样品与参考物之间的热流差，以表征所有与热效应有关的物理变化和化学变化。DSC 监测样品和参比物之间的温度差（热流）随时间或温度变化而变化的过程。

样品和参比处于温度相同的均温区，当样品没有热变化的时候，样品端和参比物端的温度均按照预先设定的温度变化，温差 $\Delta T = 0$。

当样品发生变化如熔融时，提供给样品的热量都用来维持样品的熔融，参比物端温度仍按照炉体升温，参比物端温度会高于样品端温度从而形成了温度差。把这种温度差的变化转变为热流差再以曲线形式记录下来，就形成了 DSC 的原始数据。

图 16-1 中向下的峰为样品的吸热峰（较为典型的吸热效应有熔融、解吸等），向上的峰为放热峰（较为典型的放热效应有结晶、氧化、固化等），比热变化则体现为基线高度的变化，即曲线上的台阶状转折（较为典型的比热变化效应为二级相变，包括玻璃化转变、铁磁性转变等）。

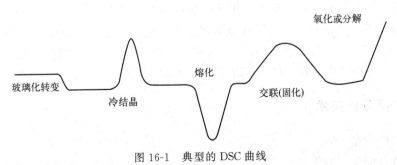

图 16-1　典型的 DSC 曲线

16.2 仪器组成与分析技术

16.2.1 差示扫描量热仪

差示扫描量热仪与差热分析仪（DTA）在仪器结构上的主要不同是仪器中增加了一个差动补偿放大器，以及在盛放样品和参比物的坩埚下面装置了补偿加热丝，其他部分均和 DTA 相同。

根据测量方法的不同，DSC 可分为热流型 DSC 和功率补偿型 DSC（图 16-2）。热流型 DSC，通常也被认为是定量的 DTA，它的仪器构造如图 16-2（a）所示。试样和参比物都在一个加热板上加热，在给予样品和参比物相同的功率下，测定样品和参比物两端的温差 ΔT，然后根据热流方程，将 ΔT（温差）换算成 Q（热量差）作为信号输出，从而准确定量。这也是 DSC 较 DTA 的高级之处。热流型 DSC 的优点就是基线稳定、灵敏度高。

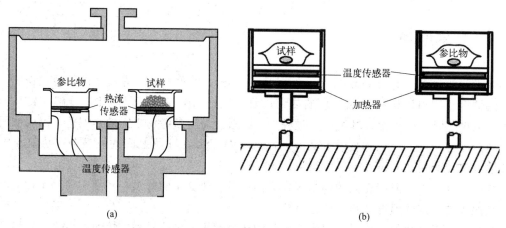

图 16-2 热流型 DSC（a）和功率补偿型 DSC（b）的仪器构造简图

功率补偿型 DSC 的仪器构造如图 16-2(b) 所示，其要求试样与参比物的温度不论试样吸热或放热都要相同。为此，在试样和参比物下面除设有测温元件外，还设有加热器，借助加热器随时保持试样和参比物之间温差为零，同时记录加热器的热输出。这样便可测得热流差，即在样品和参比物始终保持相同温度的条件下，测定为满足此条件样品和参比物两端所需的能量差，并直接作为信号 Q（热量差）输出。当试样产生热效应时，如放热，试样温度高于参比物温度，放置在它们下面的一组差示热电偶产生温差电势，经差热放大器放大后送入功率补偿放大器，功率补偿放大器自动调节补偿加热丝的电流，使试样下面的电流减小，参比物下面的电流增大。降低试样的温度，提高参比物的温度，使试样与参比物之间的温差 ΔT 趋于零。上述热量补偿能及时、迅速完成，使试样和参比物的温度始终维持相同。

16.2.2 常用分析技术

（1）样品的制备

除气体外，固态、液态或浆状样品都可以用于测定。装样的原则是尽可能使样品既薄又广地分布在试样皿内，以减少试样与皿之间的热阻。薄膜、纤维、片状、粒状等较大的试样都必须剪或切成小粒或片，并尽量铺平。挥发性液体不能用普通试样皿，必须采用耐压（0.3MPa）的密封皿。测沸点时要用盖上留有小孔的特殊试样皿。高分子样品一般使用铝皿，使用温度应低于500℃，否则铝会发生冷变形。同时，测试时DSC的参比端放置空皿即可。

（2）试样处理

对于粉末状试样（大部分无机化合物），将粒子尽可能细小并粒径一致的试样尽量薄薄地均匀填充到试样容器内；对于片状试样，切割（或剪）成比试样容器略小的圆形，放入试样容器；对于纤维状试样，或者以原状放入，或者用刀片、剪刀之类的工具将纤维剪切成小段，然后按粉末状试样相同的方式放入；对于块状试样，先用刀片切成薄片状，然后按片状试样的做法处理。

（3）试样用量

用量不宜过多，因为过多会使试样内传热慢、温度梯度大，导致峰形扩大和分辨率下降。特别是含结晶水试样脱水反应时，过多的样品在坩埚上部形成一层水蒸气，从而使转变温度大大上升。

（4）试样粒度

通常大颗粒的热阻比较大而使试样的熔融温度和熔融热焓偏低，但对于结晶试样研磨成细颗粒时，晶体结构歪曲和结晶度下降也导致类似结果。对于粒度分布对温度的影响尚无圆满解释，待进一步研究。对于高聚物，为了获得较为精确的峰温，应增大试样与底盘的接触面积，减小试样的厚度。

16.2.3 测试结果的主要影响因素

影响测试结果准确性的因素主要有四个方面：样品量、升温速率、气氛及重复扫描。

（1）样品量

样品量的多少应根据热效应的大小调节，一般样品量以5~10mg为宜。对于热效应小的样品，可适当增加样品量，而热效应很大的样品，应减少样品量。同时，样品量的多少影响所测样品的温度值。样品量增加时，峰起始温度值基本不变，但峰顶温度增加，峰结束温度则增加更多。在样品存在不均匀性的情况下，可能需要使用较大的样品量才具有代表性。

（2）升温速率

样品测试时的升温速率对分辨率和灵敏度的影响很大。一般来说，升温速率越快，分辨率越低，灵敏度越高。反之，分辨率越高，灵敏度越低。随着升温速率的增加，熔化峰起始温度变化不大，而峰顶和峰结束温度提高，峰形变宽。如果改变升温速率而不按新速率校正仪器，则峰的起始温度也将随升温速率的增加而增加。因此，改变升温速率时，重新校准温度是必不可少的。通常的升温速率控制在5~20℃/min的范围内。

在DSC测试表征过程中，如何同时选择合适的升温速率和样品量呢？①提高对微弱的热效应的检测灵敏度：提高升温速率，加大样品量；②提高微量成分的热失重检测灵敏度：加大样品量；③提高相邻峰（失重平台）的分离度：减小升温速率，小的样品量。

（3）气氛

测试样品时，常采用惰性气体，如氮气、氩气、氦气等。这是为了减少不期望的氧化反应，同时也减少试样挥发物对检测器的腐蚀。气体流速必须恒定（控制在20~40mL/min），否则会引起基线变化。

(4) 重复扫描

对于聚合物，由于微量水、残留溶剂等杂质的存在，以及复杂的历史效应的影响，第一次升温扫描时常有干扰。消除干扰的方法之一是重复扫描，将第一次扫描作为样品的预处理（也可以在DSC仪外进行预处理），测定降温曲线或第二次升温曲线。如粉末样品或未退火的样品，在测 T_g 时会有干扰，重复扫描能使样品颗粒与样品皿之间接触更加紧密，以及消除应力等，使得测得的 T_g 的值更为可靠。

DSC 仪器校正

DSC 维护与保养

16.3 典型应用

鉴于DSC能定量地量热且灵敏度高，应用领域很广，涉及热效应的物理变化或化学变化过程均可采用DSC来进行测定。吸热反应，如结晶、蒸发、升华、化学吸附、脱结晶水、二次相变（如高聚物的玻璃化转变）、气态还原等。放热反应，如气体吸附、氧化降解、气态氧化（燃烧）、爆炸、再结晶等。可能发生的放热或吸热反应，如结晶形态的转变、化学分解、氧化还原反应、固态反应等。

(1) 定性分析

峰的位置、形状、峰的数目与物质的性质有关，故可用来定性地表征和鉴定物质，根据熔融峰的位置（即熔点），可以对结晶高分子进行定性鉴别；根据峰的数目对混合物和共聚物定性检测，例如，在聚丙烯与聚乙烯共混物中它们各自保持了自身的熔融特性，因此呈现出 PP 与 PE 的熔点，因此曲线出现两个熔融峰。

(2) 定量测定

DSC曲线上峰的面积与反应热焓有关，故可以用来定量计算参与反应的物质的量或者测定热化学参数。DSC能用于研究二元或多元体系的相态结构（相图），分析试样的纯度，用于高聚物的研究，用于液晶化合物的研究。具体来说，DSC在高分子研究中可以用于：

① 研究聚合物的相转变过程，测定结晶温度 T_c、熔点 T_m、结晶度 X_c、等温结晶动力学参数；

② 测定玻璃化转变温度 T_g；

③ 研究聚合、固化、交联、氧化、分解等反应，测定反应温度或反应温区、反应热、反应动力学参数等。

(3) 结晶度测定

高分子材料的许多重要物理性能是与其结晶度密切相关的。所以结晶度成为高聚物的特征参数之一。由于结晶度与熔融热焓值成正比，因此可利用DSC测定高聚物的结晶度，先根据高聚物的DSC熔融峰面积计算熔融热焓 ΔH_f，再按下式求出结晶度。

$$X_c = \Delta H_f / \Delta H_f^* \times 100\%$$

式中，ΔH_f^* 为100%结晶度的熔融热焓。

16.4 实验

实验 16-1　差示扫描量热法测聚合物的熔点和结晶温度

一、【实验目的】

1. 熟悉 DSC Q20 型差示扫描量热仪的操作。
2. 掌握 DSC 法测定聚合物熔点 T_m 和结晶温度的原理和方法。
3. 掌握 DSC 法测定聚合物熔点 T_m、结晶温度的实验技术。

二、【实验原理】

典型差示扫描量热（DSC）曲线以热流率（dH/dt）为纵坐标，以时间（t）或温度（T）为横坐标，即 dH/dt（或 T）曲线。曲线离开基线的位移即代表样品吸热或放热的速率（mJ/s），而曲线中峰或谷包围的面积即代表热量的变化。因而差示扫描量热法可以直接测量样品在发生物理或化学变化时的热效应。在升温曲线中，当温度达到玻璃化转变温度时，样品的热容增大，需要吸收更多的热量，基线发生位移，玻璃化转变一般表现为基线的转折（向吸热方向）；如果样品能够结晶，并且处于过冷的非晶状态，那么在 T_g 以上可以进行结晶，结晶是放热过程，会出现一个放热锋（T_c）；进一步升温，晶体熔融（吸热过程），出现吸热峰，对应熔点（T_m）；再进一步升温，样品可能发生氧化、交联反应而出现热效应，最后样品也会发生分解，DSC 一般不进行熔融以后的测试。

T_c 通常取峰顶温度；T_m 为从峰的两边斜率最大处引切线，相交点所对应的温度，或取峰顶温度作为 T_m。

三、【仪器与试剂】

1. 仪器：DSC Q20 型差示扫描量热仪，固体铝坩埚，压片机。
2. 试剂：聚乙烯（PE），聚丙烯（PP）。

四、【实验步骤】

1. 试样制备

取 PE 或 PP 样品 5～10mg 称重后放入铝坩埚中，用铝坩埚盖盖好，压紧，并用钢针在坩埚上扎一个洞，防止样品溅出而污染样品室。

2. DSC 测试

① 将样品坩埚放在样品室外侧（里侧为参比坩埚）。

② 打开测试软件，进行参数设定，参数设定完毕后点击开始实验。实验结束后，读取

数据，进行数据处理。

3. 实验完毕

待仪器冷却到室温，取出铝制坩埚，清理样品残渣，关闭仪器、制冷机、计算机和氮气瓶。

五、【数据处理】

根据 DSC 曲线，记录聚乙烯和聚丙烯的熔点 T_m 和结晶温度 T_c。

六、【注意事项】

在进行 DSC 测试时，需要选择合适的温度范围。一般来说，聚合物的熔点和结晶温度都应该在这个范围内。

七、【思考题】

1. 简述差示扫描量热法（DSC）的原理，列举 DSC 在材料研究中的应用，说明玻璃化转变温度、结晶温度和熔点如何获得。
2. DSC 测试对样品有何要求？影响测试结果的因素有哪些？
3. 简述升温过程中材料内部所发生的变化。

实验 16-2　差示扫描量热法测聚合物的玻璃化转变温度 T_g

一、【实验目的】

1. 熟悉 DSC Q20 型差示扫描量热仪的操作。
2. 掌握 DSC 法测定聚合物的玻璃化转变温度 T_g 的原理和方法。
3. 掌握 DSC 法测定聚合物的玻璃化转变温度 T_g 的实验技术。

二、【实验原理】

典型差示扫描量热（DSC）曲线以热流率（dH/dt）为纵坐标，以时间（t）或温度（T）为横坐标，即 dH/dt（或 T）曲线。曲线离开基线的位移即代表样品吸热或放热的速率（mJ/s），而曲线中峰或谷包围的面积即代表热量的变化。因而差示扫描量热法可以直接测量样品在发生物理或化学变化时的热效应。玻璃化转变是无定形或半结晶聚合物，从黏流态或高弹态向玻璃态的转变温度。无定形高聚物或结晶高聚物无定形部分在升温达到它们的玻璃化转变，被冻结的分子微布朗运动开始，因热容变大，DSC 基线向吸热一侧偏移。在升温曲线中，当温度达到玻璃化转变温度时，样品的热容增大，需要吸收更多的热量，基线发生位移，玻璃化转变一般都表现为基线的转折（向吸热方向）。如果样品能够结晶，并且处于过冷的非晶状态，那么在 T_g 以上可以进行结晶，结晶是放热过程，会出现一个放热峰（T_c）；进一步升温，晶体熔融（吸热过程），出现吸热峰，对应熔点（T_m）；再进一步升温，样品可能发生氧化、交联反应而出现热效应，最后样品也会发生分解，DSC 一般不进行熔融以后的测试。

确定 T_g 的方法是从玻璃化转变前后的直线部分取切线，再在实验曲线上取一点，使其平分两切线间的距离 A，这一点所对应的温度即为 T_g。

三、【仪器与试剂】

1. 仪器：DSC Q20 型差示扫描量热仪，固体铝坩埚，压片机。
2. 试剂：聚乙烯（PE），聚丙烯（PP）。

四、【实验步骤】

1. 试样制备

取 PE 或 PP 样品 5～10mg 称重后放入铝坩埚中，用铝坩埚盖盖好，压紧，并用钢针在坩埚上扎一个洞，防止样品溅出而污染样品室。

2. DSC 测试

① 将样品坩埚放在样品室外侧（里侧为参比坩埚）。
② 打开测试软件，进行参数设定，参数设定完毕后点击开始实验。实验结束后，读取数据，进行数据处理。

3. 实验完毕

待仪器冷却到室温，取出铝制坩埚，清理样品残渣，关闭仪器、制冷机、计算机和氮气瓶。

五、【数据处理】

根据 DSC 曲线，记录聚乙烯和聚丙烯的玻璃化转变温度 T_g。

六、【注意事项】

在进行 DSC 测试时，需要选择合适的温度范围。一般来说，聚合物的玻璃化转变温度都应该在这个范围内。

七、【思考题】

1. 差示扫描量热分析（DSC）的基本原理是什么？
2. 升温速率对 T_g 的测量结果有何影响？

实验 16-3 设计性实验

差示扫描量热法测定食品中水分的含量

一、【实验目的】

1. 掌握差示扫描量热法的定量分析原理。

2. 掌握检索搜集资料的方法,并能根据文献资料设计实验方案。

3. 建立一种简便、迅速、准确的检测食品中水分含量的方法。

二、【设计提示】

1. 通过查阅文献,了解食品中水分的含量范围。

2. 常用的检测食品中水分含量的方法有哪些?基本原理是什么?

3. 根据现有文献报道还可以用哪些方法测定食品中的水分含量?

三、【要求】

1. 设计一种利用差示扫描量热法测定食品中水分含量的方法。

2. 按照详细的设计实验方法,利用差示扫描量热法测定食品中水分的含量,并写出详细的实验报告。

16.5 知识拓展

由于 DSC 能定量测定多种热力学和动力学参数,使用的温度范围也比较宽(-90~$400℃$),且分辨能力高,灵敏度也高,用量少(毫克)等,因此应用较广。一张 DSC 曲线图(如图 16-3 所示)可提供如下的信息:Ⅰ 为玻璃化转变(T_g);Ⅱ 为冷结晶或晶型转变、结构转变;Ⅲ 为熔融、蒸发、升华等相转变;Ⅳ 为固化和氧化分解等。因此,可以利用 DSC 在很少的样品量的情况下,快速精确地检测到熔点温度,结晶温度,玻璃化转变温度,蒸发、升华等多种相转变温度,热稳定温度,氧化温度,蛋白质变性温度,固化转变点温度,固-固转变温度。DSC 还可进行比热容测定,潜在危险性检测,固化速率测定,寿命估算,动力学测定,熔化热测定,爆炸限检测,结晶度测定,固化度测定,结晶热测定,反应热测定,动力学参数测定,试样纯度、反应速率、高聚物的结晶度测定等。测定所涉及的对象主要有:高分子材料、无机物、药物、石油、食品、矿物、农药、含能材料等。

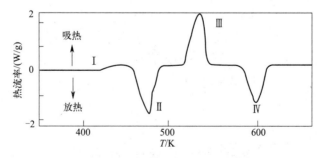

图 16-3 某材料的 DSC 曲线

DSC 可用于食品工业产品控制,例如在巧克力制造中为了保证巧克力的热量高、味道好、贮藏时间长而且要求巧克力的熔化温度接近人体温度,因此可用 DSC 来比较几种巧克力。图 16-4 中的 a 表示质量好的巧克力,而图 16-4 中的 b 和 c 被认为是质量较差的巧克力。

DSC 也可以在药品组成及制药原料质量评价分析上发挥重要作用。一般来说,每一种物质其热分析谱图(如 DSC 谱图)是特定的,所以它可用作药物鉴别和对其质量进行评价

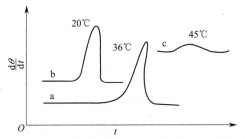

图 16-4　用于控制监测巧克力质量的 DSC 曲线

分析的依据。图 16-5 为国产和进口的达那唑（Danazole）制剂的 DSC 谱图，由图可知两者的熔点峰一致，都在 300℃ 开始分解，故可确定两者有效成分是相同的。图 16-6 为国产和进口布洛芬原料药的 DSC 谱图，从图可知进口的熔点高，国产的熔点低，并且国产的有一个小肩峰，这说明国产的纯度较差。

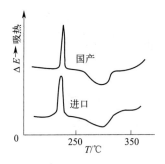

图 16-5　国产和进口达那唑制剂的 DSC 谱图　　图 16-6　国产和进口布洛芬原料药的 DSC 谱图

用 DSC 测定比热容很简便。可借助标准物蓝宝石进行间接比较测定。蓝宝石比热容是已知的。间接测定法的公式为：

$$c/c' = \frac{y}{y'} \times \frac{m'}{m}$$

式中，c 为样品的比热容，J/(mg·K)；c' 为蓝宝石的比热容，J/(mg·K)；y 为样品纵坐标偏离值；y' 为蓝宝石纵坐标偏离值；m 为样品质量，mg；m' 为蓝宝石质量，mg。

间接测定法的示意图如图 16-7 所示。

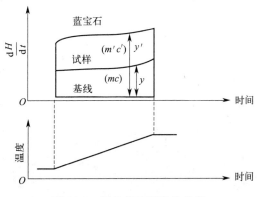

图 16-7　用比值法测定比热容

附：仪器操作规程

1. DSC Q20 差示扫描量热仪操作规程

DSC Q20 差示扫描量热仪操作规程

2. Mettler-Toledo 差示扫描量热仪操作规程

Mettler-Toledo 差示扫描量热仪操作规程

第五篇　色谱分析法

色谱分析是指按物质在固定相与流动相间分配系数的差别而进行分离、分析的方法，是现代分离分析的重要方法。色谱分析法的分类比较复杂，根据流动相和固定相的不同，色谱法分为气相色谱法和液相色谱法；按色谱操作终止的方法可分为展开色谱和洗脱色谱。近30年来，色谱法得到快速发展，广泛地应用在石油化工、药物、环境、食品等领域。

第 17 章　气相色谱法

用气体作为流动相的色谱法称为气相色谱法。根据固定相的状态不同，又可将其分为气固色谱和气液色谱。气固色谱是用多孔性固体为固定相，分离的主要对象是一些永久性的气体和低沸点的化合物。由于气固色谱可供选择的固定相种类甚少，分离的对象不多，且色谱峰容易产生拖尾，因此实际应用较少。气相色谱多用高沸点的有机化合物涂渍在惰性载体上作为固定相，一般只要在 450℃ 以下有 1.5~10kPa 的蒸气压且热稳定性好的有机及无机化合物都可用气液色谱分离。

17.1　基本原理

气相色谱（GC）是一种分离技术。实际工作中要分析的样品往往是复杂基体中的多组分混合物，对含有未知组分的样品，首先必须将其分离，然后才能对有关组分进行进一步分析。混合物的分离是基于组分的物理化学性质差异，GC 主要利用物质的沸点、极性及吸附性质的差异来实现混合物的分离。

待分析样品在气化室气化后被惰性气体（即载气，一般是 N_2、He 等）带入色谱柱，由于样品中各组分的沸点、极性或吸附性能不同，每种组分都倾向于在流动相和固定相之间形成分配或吸附平衡。但由于载气是流动的，这种平衡实际上很难建立起来，也正是由于载气的流动，样品组分在运动中进行多次分配或吸附/解吸，结果在流动相中分配浓度大的组分先流出色谱柱,而在固定相中分配浓度大的组分后流出。当组分流出色谱柱后,立即进入检测器,检测器能够将样品组分的存在与否转变为电信号,而电信号的大小与被测组分的量或浓度成比例,当将这些信号放大并记录下来时,就形成了色谱图。

17.2 仪器组成与分析技术

17.2.1 气相色谱仪

气相色谱法用到的仪器称为气相色谱仪,气相色谱仪由气路系统、进样系统、分离系统、控温系统以及检测和记录系统五部分组成,其构造图如图 17-1 所示。

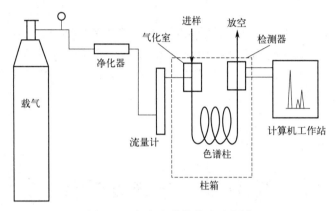

图 17-1　气相色谱仪构造示意图

(1) 气路系统

气相色谱仪具有一个让载气连续运行、管路密闭的气路系统。通过该系统,可以获得纯净的、流速稳定的载气。气路系统的气密性、载气流速的稳定性以及测量流量的准确性,对色谱结果均有很大的影响,因此必须注意控制。

常用的载气有氮气和氢气,也有用氦气、氩气和空气的。载气需经过装有活性炭或分子筛的净化器,以除去载气中的水、氧等不利的杂质。流速是通过减压阀、稳压阀和针形阀串联使用进行调节和稳定的。一般载气的变化程度<1%。

(2) 进样系统

进样就是把气体或液体样品快速而定量地加到色谱柱上端。现有的进样方式有:分流/不分流进样、填充柱进样、冷柱头进样、大体积进样等。当与程序升温技术配合后,还可以组合形成多种进样方式,如程序升温大体积进样。其中以分流/不分流进样最为常见。在仪器配置时,可选择不同的进样口。

进样系统的作用是将液体或固体试样,在进入色谱柱之前瞬间气化,然后快速定量地转入色谱柱中。进样量的大小、进样时间的长短、试样的气化速度等都会影响色谱的分离效果和分析结果的准确性和重现性。

为提高分析效率和重现性,出现了一批自动化进样技术,如液体自动进样、顶空进样、吹扫-捕集、热脱附进样等。

① 顶空进样。顶空进样原理是将待测样品置入一密闭的容器中,通过加热升温使挥发

性组分从样品基体中挥发出来,在气液或气固两相中达到平衡,直接抽取顶部气体进行色谱分析,从而检验样品中挥发性组分的成分和含量。使用顶空进样技术可以免除冗长烦琐的样品前处理过程,避免有机溶剂对分析造成干扰,减少对色谱柱及进样口的污染。

② 自动进样器。气相色谱仪的自动进样器代替手动进样,大大降低了进样的误差。

③ 吹扫-捕集。吹扫-捕集系统是利用载气尽量吹出样品中待测物后,用低温捕集或吸附剂捕集的方法收集待测物,可大幅度提高灵敏度。常用的吸附剂有 Tenax、硅胶或活性炭等。

④ 热脱附进样。热脱附进样利用加热和惰性气流作用,使挥发性和半挥发性有机分析物从吸附剂或样品基体中萃取/解吸的过程。该技术集在线或离线采集、分析物浓缩和自动进样于一体化,可将挥发性或半挥发性有机物直接引入 GC 或 GC-MS 分析。其操作过程包括脱附、吸附、冷聚集,之后样品通过快速加热转移至色谱柱进行分离分析。

(3) 分离系统

分离系统由色谱柱组成。它的作用是将多组分样品分离为单个组分。色谱柱主要有两类:填充柱和毛细管柱。填充柱由不锈钢或玻璃材料制成,内装固定相,一般内径为 2~4mm,长 1~3m。填充柱的形状有 U 形和螺旋形二种。毛细管柱又叫空心柱,分为涂壁、多孔层和涂载体空心柱。空心毛细管柱材质为玻璃或石英。内径一般为 0.2~0.5mm,长度 30~300m,呈螺旋形。

色谱柱的分离效果除与柱长、柱径和柱形有关外,还与所选用的固定相和柱填料的制备技术以及操作条件等许多因素有关。

(4) 控制温度系统

温度直接影响色谱柱的选择分离、检测器的灵敏度和稳定性。控制温度主要是对色谱柱、气化室、检测室温度的控制。色谱柱的温度控制方式有恒温和程序升温两种。

对于沸点范围很宽的混合物,一般采用程序升温法进行。程序升温指在一个分析周期内柱温随时间由低温向高温做线性或非线性变化,以达到用最短时间获得最佳分离的目的。

(5) 检测和记录系统

① 检测系统。根据检测原理的差别,气相色谱检测器可分为浓度型和质量型两类。浓度型检测器测量的是载气中组分浓度的瞬间变化,即检测器的响应值正比于组分的浓度,如热导检测器(TCD)、电子捕获检测器(ECD)。质量型检测器测量的是载气中所携带的样品进入检测器的速度变化,即检测器的响应信号正比于单位时间内组分进入检测器的质量,如氢火焰离子化检测器(FID)和火焰光度检测器(FPD)。

② 记录系统。目前,气相色谱仪主要采用色谱数据工作站作为记录系统,色谱数据工作站记录色谱图,并能在一张记录纸上打印出处理后的结果,还可以编辑方法、完成后续积分等。

17.2.2 常用分析技术

(1) 定性分析

气相色谱法是一种高效、快速的分离分析技术,它可以在很短时间内分离几十种甚至上百种组分的混合物,这是其他方法无法比拟的。色谱法定性分析的主要依据是保留值,有以下几种定性分析方法。

① 用已知纯物质对照定性。这是气相色谱定性分析中最方便、最可靠的方法。这个方法基于在一定操作条件下，各组分的保留时间是一定值的原理。如果是未知样品，可通过在未知混合物中加入已知物，通过分析未知物中哪个峰增强，来确定未知物中成分。

② 用经验规律和文献值进行定性分析。当没有待测组分的纯标准样时，可用文献值或经验规律定性。比如碳数规律和沸点规律。碳数规律指在一定温度下，同系物的调整保留时间的对数与分子中碳原子数呈线性关系，即如果知道某一同系物中两个或更多组分的调整保留值，则可根据碳数规律推知同系物中其他组分的调整保留值。沸点规律指同族具有相同碳数碳链的异构体化合物，其调整保留时间的对数和它们的沸点呈线性关系，即根据同族同数碳链异构体中几个已知组分的调整保留时间的对数值，可求得同族中具有相同碳数的其他异构体的调整保留时间。

③ 根据相对保留值定性。利用相对保留值定性比用保留值定性更为方便、可靠。在用保留值定性时，必须使两分析条件完全一致，有时不易做到。而用相对保留值定性时，只要保持柱温不变即可。这种方法要求找一个基准物质，一般选用苯、正丁烷、环己烷等作为基准物。所选用的基准物的保留值尽量接近待测样品组分的保留值。此外，还可以根据保留指数、与其他方法结合等方法定性。

(2) 定量测定

气相色谱定量分析是根据检测器对溶质产生的响应信号与溶质的量成正比的原理，通过色谱图上的面积或峰高，计算样品中溶质的含量。气相色谱分析常用的定量方法有以下三种。

① 归一化法。归一化法是气相色谱中常用的一种定量方法。应用这种方法的前提条件是试样中各组分必须全部流出色谱柱，并在色谱图上都出现色谱峰。归一化法的优点是简便准确，当操作条件如进样量、载气流速等变化时对结果的影响较小。适合于对多组分试样中各组分含量的分析。

② 外标法。外标法是所有定量分析中最通用的一种方法，即校准曲线法。外标法简便，不需要校正因子，但进样量要求十分准确，操作条件也需严格控制。它适用于日常控制分析和大量同类样品的分析。

③ 内标法。为了克服外标法的缺点，可采用内标校准曲线法。这种方法是选择一内标物质，以固定的浓度加入标准溶液和样品溶液中，以抵消实验条件和进样量变化带来的误差。根据待测组分和内标物的峰面积及内标物的重量就可求得待测组分的含量。

内标物需满足以下几点：①样品中不含有内标物质；②峰的位置在各待测组分之间或与之相近；③稳定，易得纯品；④与样品能互溶但无化学反应；⑤内标物浓度恰当，使其峰面积与待测组分相差不太大。

17.2.3 气相色谱仪的日常维护

气相色谱仪经常用于有机物的定量分析，仪器在运行一段时间后，由于静电原因，仪器内部容易吸附较多的灰尘。电路板及电路板插口除吸附有积尘外，还经常和某些有机蒸气吸附在一起。因为部分有机物的凝固点较低，在进样口位置经常发现凝固的有机物，分流管线在使用一段时间后，内径变细，甚至被有机物堵塞。在使用过程中，检测器很有可能被有机物污染。气相色谱仪的日常维护主要包括仪器内部的吹扫、清洁，进样口清洗，电路板的维护和清洁，TCD 和 FID 检测器的清洗几个部分。

仪器内部的吹扫、清洁　　进样口的清洗　　电路板的维护和清洁　　TCD 和 FID 检测器的清洗

17.3 典型应用

气相色谱分析适用于气体、易挥发的物质及可转化为易挥发化合物的液体或固体物质。在石油化工分析、环境分析、食品分析、药物和临床分析等方向均有应用。

随着社会经济和科学技术的发展，生活质量提高的同时也对生态环境造成了越来越严重的破坏，环境污染问题已经成为人类所面临的最大挑战之一。GC 在环境分析中的应用主要有：大气污染分析，比如有毒有害气体、气体硫化物、氮氧化物等的检测分析；饮用水分析，比如多环芳烃、农药残留、有机溶剂等含量的测定；水资源检测，包括淡水、海水和废水中的有机污染物的检测；土壤分析，主要检测其中的有机污染物；固体废弃物分析等。

在食品分析方面主要体现在脂肪酸甲酯分析、农药残留分析、香精香料分析、食品添加剂分析、食品包装材料中挥发物的分析等。

在医药分析中，气相色谱的应用主要体现在尿中孕二醇和孕三醇测定，尿中胆甾醇测定，儿茶酚胺代谢产物分析，血液中乙醇、麻醉剂以及氨基酸衍生物的分析，血液中睾丸激素的分析，某些挥发性药物的分析等方面。

物理化学研究中，气相色谱的应用主要体现在比表面积和吸附性能研究、溶液热力学研究、蒸气压测定、络合常数测定、反应动力学研究、维里系数测定等方面。

17.4 实验

实验 17-1 | 气相色谱分析条件的选择和色谱峰的定性鉴定

一、【实验目的】

1. 了解气相色谱仪的基本结构、工作原理与操作技术。
2. 学习气相色谱分析最佳条件的选择，了解气相色谱分离样品的基本原理。
3. 掌握根据保留值，进行已知物对照定性的分析方法。

二、【实验原理】

气相色谱是对气体物质或可以在一定温度下转化为气体的物质进行检测分析。由于理化

性质不同，试样中各组分在气相和固定相间的分配系数不同，当气化后的试样被载气带入色谱柱中运行时，组分就在其中的两相间进行反复多次分配，由于固定相对各组分的吸附或溶解能力不同，虽然载气流速相同，各组分在色谱柱中的运行速度不同，经过一定时间，便彼此分离，按顺序离开色谱柱进入检测器，产生的信号经放大后，在记录器上记录各组分的色谱峰。根据出峰位置确定组分的名称，根据峰面积确定浓度大小。

分离度 R 可代表气相色谱分离程度，当 $R \geqslant 1.5$ 时，两相邻峰则完全分离，两峰间有 99.7% 分离；当 $R=1.0$ 时，两峰基本分离，两峰间有 98% 的分离。《中国药典》规定 R 应大于 1.5，在实际应用中 R 不小于 1.0 时即可满足要求。

用色谱法进行定性分析是确定色谱峰上每一峰所代表的物质。在色谱条件确定的情况下，任何物质都有确定的保留值、保留时间、保留体积等参数。因此，在相同的色谱条件下，通过已知纯样和未知样品的保留值对比，确定未知物质的保留值。

三、【仪器与试剂】

1. 仪器：气相色谱仪（配备有氢火焰离子化检测器），$100\mu L$ 进样器。
2. 试剂：甲醇，乙醇，丙酮（均为分析纯）。

四、【实验步骤】

1. 样品的配制

分别取 $379\mu L$ 甲醇、$633\mu L$ 乙醇、$633\mu L$ 丙酮于 100mL 容量瓶中，用水定容至刻度，摇匀备用。各取对应样品溶液 $1000\mu L$ 于不同的 10mL 容量瓶中，配制单标溶液，再从对应样品溶液中各取 $1000\mu L$ 于同一个 10mL 的容量瓶中，配制混合标样，用水定容至刻度，摇匀。

2. 色谱条件

色谱柱为 GDX-101 玻璃填充柱（3mm×2m），气化室温度 160℃，检测器温度 160℃，柱温 130℃，进样量 $10\mu L$，载气为氮气，氮气流量 50mL/min，空气流量 400mL/min，氢气流量 40mL/min。

3. 样品的测定

按照初始条件设定色谱条件，待仪器的电路和气路系统达到平衡，基线稳定后可直接进样，每种单标及混标均平行进样 3 次，记录色谱图。

将混合标样作为样品，改变柱温、载气流速、燃气助燃气比例等，分析对色谱分离的影响。

五、【数据处理】

记录初始实验条件下的色谱条件及色谱结果，根据单标的保留时间确定混标中各峰所代表的物质名称。记录各色谱图上各组分色谱峰的保留时间。

六、【注意事项】

1. 开机时，要先通载气后通电，关机时要先断电源后停气。
2. 柱温、气化室和检测器的温度可根据样品性质确定。一般气化室温度比样品组分中最高的沸点再高 30~50℃ 即可，检测器温度大于柱温。

3. 点燃氢火焰时，应将氢气流量开大，以保证顺利点燃。点燃氢火焰后，再将氢气流量缓慢降至规定值，若氢气流量降得过快，会导致火焰熄灭。

4. 关机前须先降温，待柱温降至 50℃ 以下时，才可停止通载气、关机。

七、【思考题】

1. 简要分析各组分先后流出的原因。
2. 气相色谱定性分析的基本原理是什么，本实验中怎样定性的？
3. 试讨论程序升温速度对分离的影响。

实验 17-2 气相色谱法测定化妆品中乙二醇的含量

一、【实验目的】

1. 了解气相色谱法分离原理和特点。
2. 学习外标法定量的基本原理和测定方法。
3. 学习化妆品中乙二醇的气相色谱测定方法。

二、【实验原理】

气相色谱法是一种高效、快速的分离技术。当样品溶液由进样口进入气化后被载气带入色谱柱，经过多次分配得以分离，各组分按一定次序流出色谱柱，进入检测器，在检测器中将浓度信号转化成电信号经工作站软件显示出来，得到色谱图。利用色谱峰的保留值可进行定性分析，利用峰面积/峰高可进行定量分析。

乙二醇为无色、有甜味的液体，在化妆品中常被用作溶剂，属于低毒类物质，研究表明，大剂量乙二醇易致皮肤中毒，中毒初期症状为中枢神经系统的抑制，如头晕、头昏等。因此添加时应严格按照剂量要求进行添加。

用待测组分的纯品作对照物质，以对照物质和样品中待测组分的响应信号相比较进行定量的方法为外标法。外标法可分为工作曲线法和单点校正法等。工作曲线法是用标准物质配制一系列浓度的溶液，以浓度为横坐标，响应值为纵坐标，得出一条工作曲线。在相同条件下测定样品，根据工作曲线计算其浓度。当已知某物质的大致含量时，可通过单点校正法进行定量，先配制一个和待测组分含量相近的已知浓度的标准溶液，在相同的色谱条件下，分别将待测样品溶液和标准样品溶液等体积进样，作出色谱图，根据得到的待测组分和标准样品的峰面积或峰高、标准样品的浓度求出待测组分的浓度，此法较简单、易操作。

三、【仪器与试剂】

1. 仪器：气相色谱仪，10μL 进样器。
2. 试剂：甲醇（A.R.），乙二醇（A.R.），无水硫酸钠（A.R.），海砂，护肤水，乳液，面霜。

四、【实验步骤】

1. 标准溶液的配制

准确称量乙二醇 0.1g，甲醇溶解，转移至 10mL 容量瓶中，用甲醇定容至刻度，得 10g/L 的乙二醇储备液。用甲醇稀释 10 倍，得 1.0g/L 的乙二醇溶液。分别移取 100μL、200μL、300μL、500μL、750μL、1000μL、2000μL 于 10mL 的容量瓶中，使用甲醇定容至刻度，得 10mg/L、20mg/L、30mg/L、50mg/L、75mg/L、100mg/L、200mg/L 的系列标准工作溶液。

2. 色谱条件

色谱柱 DB-624 毛细管柱（30m×0.53mm×3μm）；进样口温度 250℃；检测器温度 280℃；柱温 140℃，保持 3min，以 8℃/min 升温至 168℃，保持 8min，再以 20℃/min 升温至 230℃，保持 10min；分流比 5∶1；进样量 1μL；载气为氮气，氮气流量 1.5mL/min；空气流量 400mL/min，氢气流量 40mL/min；尾吹气流量为 40mL/min。

3. 样品处理

（1）护肤水和乳液类样品

称取 1g 样品于 25mL 样品瓶中，加入 8mL 甲醇，振荡后超声 30min，取出冷却至室温，用甲醇定容至 10mL，摇匀，离心 5min，取上清液加 2g 无水硫酸钠涡旋振荡 1min，过 0.45μm 有机滤膜，备用。

（2）面霜类样品

称取 1g 样品于 25mL 样品瓶中，加入 1g 海砂、1g 无水硫酸钠、10mL 甲醇，混匀后超声 30min，然后离心 5min，取上清液过 0.45μm 有机滤膜，备用。

4. 样品的测定

按照上述色谱条件，待基线稳定后可直接进样，系列标准溶液及样品均平行进样 3 次。记录色谱图。

五、【数据处理】

1. 将乙二醇的峰面积填入表 17-1 中，绘制标准曲线，求出回归方程。

表 17-1 定量分析结果

编号	浓度/(mg/L)	峰面积			
		1	2	3	平均值
1	10				
2	20				
3	30				
4	50				
5	75				
6	100				
7	200				

2. 根据标准曲线求出护肤水和乳液、面霜类化妆品中乙二醇的含量。

六、【注意事项】

1. 使用工作曲线法计算样品含量时，样品浓度需在标准曲线的线性范围内。
2. 标准溶液与待测样品溶液应尽量当日配制当日进样，若无法做到，可准备空白加标样品，与标准样品和待测样品一起置于冰箱中冷藏保存。

七、【思考题】

1. 简述外标法定量分析的基本方法。
2. 使用外标法定量时，是否需严格控制进样量？为什么？

实验 17-3 设计性实验

化妆品中防腐剂苯甲醇含量的测定

一、【实验目的】

1. 了解化妆中有哪些防腐剂。
2. 熟练掌握查阅文献的方法。
3. 练习利用气相色谱法测定防腐剂的方法。

二、【设计提示】

1. 检测器如何选择？
2. 色谱柱如何选择？
3. 化妆品中防腐剂的前处理方法有哪些？
4. 气相色谱法测定化妆品中防腐剂含量的方法原理是什么？

三、【要求】

1. 设计一种利用气相色谱法测定化妆品中防腐剂含量的方法。
2. 按照详细的设计实验方法，利用气相色谱法测定化妆品中防腐剂的含量，并写出详细的实验报告。

17.5 知识拓展

1941 年，马丁（Martin）和辛格（synge）在研究液-液分配色谱时，预言可以使用气体作流动相，即气-液色谱法。历史上最早的气相色谱仪是色谱学家 Jaroslav Janlik 于 1947 年发明的，但是它只能测室温下为气体的样品，样品中的 CO 也不能被测定，没有实现自动化。1952 年，James 和 Martin 发明第一台色谱检测器。1954 年，Ray 发明了热导检测器，开创了现代气相色谱检测器的时代。1955 年，第一台商品化气相色谱仪诞生。1957 年，Golay 开创毛细管气相色谱时代。1958 年，Mcwillian 和 Harley 同时发明了氢火焰离子化检测器，Lovelock 发明了氩电离检测器。1960 年，Lovelock 发明电子俘获检测器。1966 年，Brody 发明火焰光度检测器。1974 年，Kolb 和 Bischof 提出电加热氮磷检测器（NPD）。

20 世纪 80 年代，由于弹性石英毛细管柱的快速广泛应用，特别是计算机和软件的发展，TCD、FID、ECD 和 NPD 的灵敏度和稳定性均有很大提高。进入 20 世纪 90 年代，由于电子技术、计算机和软件的飞速发展，质谱检测器（MSD）生产成本和复杂性下降，稳定性和耐用性增加，从而成为最通用的气相色谱检测器之一。

附：仪器操作规程

GC9790Ⅱ气相色谱仪操作规程　　　　　　　岛津 GC-2014 气相色谱仪操作规程

第18章 高效液相色谱法

高效液相色谱法，又称高压液相色谱法、高速液相色谱法、高分离度液相色谱法、近代柱色谱法等，是色谱法的一个重要分支。高效液相色谱法以液体为流动相，采用高压输液系统，将具有不同极性的单一溶剂或不同比例的混合溶剂、缓冲液等流动相泵入色谱柱中，在柱内各成分被分离后，进入检测器进行检测，从而实现对试样的分析。

18.1 基本原理

高效液相色谱（HPLC）法是以高压下的液体为流动相，并采用颗粒极细的高效固定相的柱色谱分离技术。溶于流动相中的各组分经过固定相时，由于与固定相发生作用（吸附、分配、离子吸引、排阻、亲和）的大小、强弱不同，在固定相中滞留时间不同，从而先后从固定相中流出。

高效液相色谱分析的流程：由泵将储液瓶中的溶剂吸入色谱系统，然后输出，经流量与压力测量之后，导入进样器。被测物由进样器注入，并随流动相通过色谱柱，在柱上进行分离后进入检测器，检测信号由数据处理设备采集与处理，并记录色谱图。废液流入废液桶。遇到极性范围比较宽的混合物分离时可使用梯度洗脱的方式。

高效液相色谱的分离过程：同其他色谱过程一样，高效液相色谱也是溶质在固定相和流动相之间进行连续多次交换过程的。它借溶质在两相间分配系数、亲和力、吸附力或分子大小不同而引起的排阻作用的差别使不同溶质得以分离。

高效液相色谱具有"三高""一快""一广"的优点。高选择性指可将性质相似的组分分开，高效能指能反复多次利用组分性质的差异产生很好分离效果，高灵敏度指可测定含量为 $10^{-11} \sim 10^{-13}$ g 的物质，适于痕量分析。"一快"指的是分析速度快，几至几十分钟就能够完成分离，一次可以测多种样品。"一广"指的是应用范围广，气体、液体、固体物质均适用。但是它对未知物分析的定性专属性差，需要与其他分析方法联用，比如气-质、液-质等。

18.2 仪器组成与分析技术

18.2.1 高效液相色谱仪

高效液相色谱法用到的仪器是高效液相色谱仪，高效液相色谱仪由输液系统、进样系统、分离系统、检测系统、记录系统五部分组成，其构造如图18-1所示。

(1) 输液系统

输液系统有贮液系统、高压泵、输液系统的辅助设备和梯度洗脱组成。贮液系统分为储液器和吸滤器,贮液瓶俗称储液瓶,它对大多数有机化合物呈化学惰性,耐酸碱腐蚀。常见质地为玻璃或塑料,容量为 0.5~2.0L,通常无色透明,若流动相需避光,有棕色瓶供选择。贮液瓶放置位置要高于泵体,以便保持一定的输液静压差。使用过程贮液瓶应密闭,以防溶剂蒸发引起流动相组成的改变和防止空气中的 O_2、CO_2 重新溶解于已脱气的流动相中。吸滤器的材质为 Ni 合金,孔直径约 $0.45\mu m$,可防止颗粒物进入泵内。高压泵可准确地调节流速,流动相的流速范围一般在 0.5~1.5mL/min,输液泵的最大流量为 5~10mL/min,具有耐高压、液流稳定和耐化学腐蚀等优点,压力可达 30~60MPa,液相色谱仪中使用最广泛的恒流泵是活塞型往复泵。输液系统的辅助设备有管道过滤器、脉动阻尼器、压力传感器、显示装置、流动相流量测定装置等。梯度洗脱可使保留值相差很大的多种成分在合理的时间内全部洗脱并达到相互分离的效果,在分离过程中改变流动相组成,能有效地提高分离效果。梯度洗脱分为高压梯度洗脱和低压梯度洗脱,高压梯度洗脱是用两个泵分别按设定的比例输送两种溶液至混合器的一种二元梯度洗脱,低压梯度洗脱是只用一个高压泵,在泵前安装一个比例阀,溶液混合在比例阀中完成。

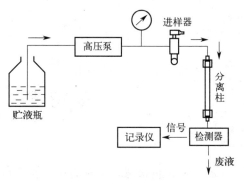

图 18-1 高效液相色谱仪构造示意图

(2) 进样系统

进样系统是将样品溶液准确送入色谱柱的装置,有手动和自动两种方式。进样器的密封性好、死体积小、重复性好,进样时引起色谱系统的压力和流量波动要很小。六通阀进样器是常用的手动进样器,手柄位于取样位置时,样品经微量进样针从进样孔注射进定量环,定量环充满后,多余样品从放空孔排出;将手柄转动至进样位置时,阀与液相流路接通,由泵输送的流动相冲洗定量环,推动样品进入液相分析柱进行分析。自动进样装置是采用微处理机控制进样阀采样(通过阀针)、进样和清洗等操作。操作者只需把装好样品的小瓶按一定次序放入样品架上(有转盘式、排式),然后输入程序(如进样次数、分析周期等),启动,设备将自行运转。

(3) 分离系统

色谱分离系统包括保护柱、色谱柱、恒温装置和连接阀等。分离系统性能的好坏是色谱分析的关键。保护柱为保护分析柱挡住来自样品和进样阀垫圈的微粒,常在进样器与分析柱之间装上保护柱。保护柱是一种消耗性柱,一般只有 5cm 左右长,在分析 50~100 个比较脏的样品之后需要换新的保护柱芯。保护柱用分析柱的同种填料填装,但粒径要大得多,便于装填。色谱柱柱长一般为 15~30cm,内径为 4~5mm,色谱柱的基质为硅胶或高分子聚合物微球,功能层是固定在基质表面对样品分子保留起实质性作用的有机分子或功能团。色谱柱是色谱系统的"心脏",对样品具有分离和净化的作用,对色谱柱的要求是柱效高、选择性好、分析速度快等。新色谱柱和长时间未用的分析柱在使用前最好用有机溶剂在低流量下(0.2~0.3mL/min)冲洗 30min,定期使用有机溶剂冲洗柱子。不使用时,要盖上盖子,避免固定相干涸。柱温是液相色谱的重要参数,精确控制柱温可提高保留时间的重现性。一般情况下较高柱温能增加样品在流动相的溶解度，缩短分析时间，通常柱温升高 6℃，组分保留时间减少约 30%；升高柱温能提高柱效，提高分离效率；分析高分子化合物或黏度大的样品，柱温必须高于室温；对一些具有生物活性的生物分子进行分析时柱温应低于室温。液相色谱常用柱温范围一般为室温至 60℃。

(4) 检测系统

检测系统是用来连续检测经色谱柱分离后的流出物的组成和含量变化的装置。常用的检测系统有紫外检测器、荧光检测器、二极管阵列检测器、示差检测器、蒸发光检测器、质谱检测器等。理想的检测器应具备以下特点：①灵敏度高；②对所有组分都有响应；③不受温度和流动相流速变化的影响；④线性范围宽；⑤噪声低、漂移小，对流动相组分的变化不明显；⑥死体积小，不引起柱外效应，以保持高的分离效果；⑦对样品无破坏性；⑧响应快，能迅速、精确地检测流出物；⑨稳定可靠，重现性好；⑩价格便宜。紫外检测器是最常用的通用型检测器，属于浓度敏感型检测器，其工作原理是基于被分析组分对特定波长紫外光的选择性吸收，它具有灵敏度高、对温度和流速不敏感、可用于梯度洗脱等优点，缺点是仅适用于测定有紫外吸收的物质和流动相必须选择无紫外吸收特性的溶液。二极管阵列检测器即光电二级阵列管检测器，又称光电二极管列阵检测器或光电二极管矩阵检测器，表示为 PDAD (photo-diode array detector) 或 (diode array detector, DAD)，是二十一世纪标准检测器。它的工作原理是复色光通过样品池被组分选择性吸收后再进入单色器，照射在二极管阵列装置上，使每个纳米波长的光强度转变为相应的电信号强度，即获得组分的吸收光谱，从而获得特定组分的结构信息。二极管阵列检测器具有采集三维谱图，可同时得到多个波长的色谱图，峰纯度检验，光谱库检索，可以发现单波长检测时未检测到的峰等优点。荧光检测器的工作原理是基于被分析组分发射的荧光强度进行检测，具有以下优点：①灵敏度高，是最灵敏的检测器之一，比紫外检测器高 2～3 个数量级；②选择性好；③对温度和流速不敏感，可用于梯度洗脱；④线性范围宽，为 10^4～10^5。缺点是仅适用于测定可产生荧光的物质，应用范围窄，可检测的物质有多环芳烃、霉菌毒素、酪氨酸、色氨酸、儿茶酚胺等（具有对称共轭体系）。在使用荧光检测器时需注意某些可引发荧光猝灭物质对检测的干扰，如流动相中溶解的氧、卤素离子等。影响荧光强度的因素有 pH 值、溶剂的极性、溶液的温度、样品的浓度。

(5) 记录系统

通过计算机中色谱工作站实现数据采集、处理绘图和打印分析报告等功能。

18.2.2 常用分析技术

18.2.2.1 样品处理

样品处理的目的是除去干扰物、增加检测器灵敏度、保护色谱柱，使检测结果更加精准。常用的样品处理方式有过滤、沉淀、萃取、浓缩结晶、衍生等，经常采用的仪器有氮吹仪、固相萃取仪、光化学衍生仪、溶剂过滤器以及无油真空泵等。

(1) 氮吹仪浓缩结晶技术

氮吹仪是用于气相色谱分析、液相色谱分析及质谱分析中的样品制备仪器。采用国际认可技术，氮吹仪通常将氮气吹入加热样品的表面进行样品浓缩。具体操作是通过水浴或金属浴组件将样品溶液加热，惰性气体（氮气）通过分配气管后，导气管将气体导入每个位置的阀-导气管接口处，不锈钢通气针将气体吹至溶液表面，从而使溶剂迅速挥发。该方法具有省时、操作方便、处理样品速度快、容易控制等特点。

（2）固相萃取富集分离技术

固相萃取是一种样品预处理技术，运用液-固相色谱理论，采用选择性吸附、洗脱的方式对样品进行富集、分离、净化处理，使样品更加纯净，从而降低样品中杂质对检测的干扰，大大提高检测的准确性。固相萃取过程分为四步：活化、上样、淋洗、洗脱。具体操作如下：利用固体吸附剂将液体样品中的目标化合物吸附，使其与样品中的基体和干扰化合物分离，保留其中被测物质，再选用适当强度溶剂冲去杂质，然后用少量溶剂迅速洗脱被测物质，也可选择性吸附干扰杂质，而让被测物质流出，从而达到快速分离净化与浓缩的目的。

（3）光化学衍生荧光技术

光化学衍生器主要用于色谱柱和检测器，其主要功能是当色谱柱分离样品荧光性较弱或无荧光性，在检测器中显示不明显或无法显示时，提高样品的荧光性，使样品能够更迅速地被检测到，从而大大提高分析结果的准确性。其操作简单，检测结果准确，灵敏度高。光化学衍生器主要用于检测大米、玉米等食品中的黄曲霉素，以及磺胺类药物。

（4）溶剂过滤技术

溶剂过滤器是化学实验室常用设备，用于液相色谱分析中流动相的过滤及除气，对于延长仪器和色谱柱的使用寿命、提高检测精度起着关键的作用。溶剂过滤器须与无油真空泵配套使用，可以排除色谱系统中的气体。该设备配以不同用途的过滤膜已广泛应用在重量分析、微量分析、色谱分析、胶体分离及无菌试验中。

18.2.2.2 流动相选择

（1）流动相的性质要求

一个理想的液相色谱流动相溶剂应具有低黏度、与检测器兼容性好、易于得到纯品和低毒性等特征。

选择流动相时应考虑以下六个方面。①流动相应不改变填料的任何性质。低交联度的离子交换树脂和排阻色谱填料有时遇到某些有机相会溶胀或收缩，从而改变色谱柱填床的性质。碱性流动相不能用于硅胶柱系统。酸性流动相不能用于氧化铝、氧化镁等吸附剂的柱系统。②纯度要高。色谱柱的寿命与流动相纯度有关，特别是当溶剂所含杂质在柱上积累时。③必须与检测器匹配。使用 UV 检测器时，所用流动相在检测波长下应没有吸收，或吸收很小。当使用示差折射仪检测器时，应选择折射率与样品差别较大的溶剂作流动相，以提高灵敏度。④黏度要低（$<2\times10^{-3}$ Pa·s）。高黏度溶剂会影响溶质的扩散、传质，降低柱效，还会使柱压降增加，使分离时间延长。最好选择沸点在 100℃ 以下的流动相。⑤对样品的溶解度要适宜。如果溶解度欠佳，样品会在柱头沉淀，不但影响了纯化分离，且会使柱子恶化。⑥样品易于回收。应选用挥发性溶剂。

（2）流动相的 pH 值

采用反相色谱法分离弱酸（$3\leqslant pK_a\leqslant7$）或弱碱（$7\leqslant pK_a\leqslant8$）样品时，通过调节流动相的 pH 值，以抑制样品组分的解离，增加组分在固定相上的保留，并改善峰形的技术称为反相离子抑制技术。对于弱酸，流动相的 pH 值越小，组分的 K 值越大，当 pH 值远远小

于弱酸的 pK_a 值时，弱酸主要以分子形式存在；对弱碱，情况相反。分析弱酸样品时，通常在流动相中加入少量弱酸，常用 50mmol/L 磷酸盐缓冲液和 1% 醋酸溶液；分析弱碱样品时，通常在流动相中加入少量弱碱，常用 50mmol/L 磷酸盐缓冲液和 30mmol/L 三乙胺溶液。

流动相中加入有机胺可以减弱碱性溶质与残余硅醇基的强相互作用，减轻或消除峰拖尾现象，所以在这种情况下有机胺（如三乙胺）又称为减尾剂或除尾剂。

（3）流动相的脱气

高效液相色谱所用流动相必须预先脱气，否则容易在系统内逸出气泡，影响泵的工作。气泡还会影响柱的分离效率，影响检测器的灵敏度、基线稳定性，甚至使无法检测。会出现噪声增大、基线不稳、突然跳动等现象。此外，溶解在流动相中的氧还可能与样品、流动相甚至固定相（如烷基胺）反应。溶解气体还会引起溶剂 pH 的变化，对分离或分析结果带来误差。溶解氧能与某些溶剂（如甲醇、四氢呋喃）形成有紫外吸收的配合物，此配合物会提高背景吸收（特别是在 260nm 以下），并导致检测灵敏度的轻微降低，但更重要的是，会在梯度淋洗时造成基线漂移或形成鬼峰（假峰）。在荧光检测中，溶解氧在一定条件下还会引起猝灭现象，特别是对芳香烃、脂肪醛、酮等。在某些情况下，荧光响应可降低 95%。在电化学检测中（特别是还原电化学法），氧的影响更大。

除去流动相中的溶解氧将大大提高 UV 检测器的性能，也将改善在一些荧光检测应用中的灵敏度。常用的脱气方法有：加热煮沸、抽真空、超声、吹氦气等。

对混合溶剂，若采用抽气或煮沸法，则需要考虑低沸点溶剂挥发造成的组成变化。

超声脱气效果较好且此法方便、简单，一般超声 10～20min 即可，此法不影响溶剂组成。超声时应注意避免溶剂瓶与超声槽底部或壁接触，以免玻璃瓶破裂，容器内液面不要高出水面太多。

（4）流动相的过滤

所有溶剂使用前都必须经 0.45μm（或 0.22μm）滤膜过滤，以除去杂质微粒，色谱纯试剂也不例外（除非在标签上标明"已滤过"）。用滤膜过滤时，特别要注意分清有机相（脂溶性）滤膜和水相（水溶性）滤膜。有机相滤膜一般用于过滤有机溶剂，过滤水溶液时流速低或滤不动。水相滤膜只能用于过滤水溶液，严禁用于有机溶剂，否则滤膜会被溶解！溶有滤膜的溶剂不得用于高效液相色谱。对于混合流动相，可在混合前分别过滤，如需混合后过滤，首选有机相滤膜。现在已有混合型滤膜出售。

（5）流动相的贮存

流动相一般贮存于玻璃、聚四氟乙烯（PTFE）或不锈钢容器内，不能贮存在塑料容器中。因许多有机溶剂如甲醇、乙酸等可浸出塑料表面的增塑剂，导致溶剂受污染。这种被污染的溶剂如用于高效液相色谱系统，可能造成柱效率降低。贮存容器一定要盖严，防止溶剂挥发引起组成变化，也防止氧和二氧化碳溶入流动相。

磷酸盐、乙酸盐缓冲液很易长霉，应尽量新鲜配制使用，不要贮存。如确需贮存，可在冰箱内冷藏，并在 3 天内使用，用前应重新过滤。容器应定期清洗，特别是盛水、缓冲液和混合溶液的瓶子，以除去底部的杂质沉淀和可能生长的微生物。因甲醇有防腐作用，所以盛甲醇的瓶子无此现象。

（6）卤代有机溶剂的使用

卤代溶剂可能含有微量的酸性杂质，能与高效液相色谱系统中的不锈钢反应。卤代溶剂与水的混合物比较容易分解，不能存放太久。卤代溶剂（如 CCl_4、$CHCl_3$ 等）与各种醚类（如乙醚、二异丙醚、四氢呋喃等）混合后，可能会反应生成一些对不锈钢有较大腐蚀性的产物，这种混合流动相应尽量不采用，或新鲜配制。此外，卤代溶剂（如 CH_2Cl_2）与一些反应性有机溶剂（如乙腈）混合静置时，还会产生结晶。总之，卤代溶剂最好新鲜配制使用。如果是和干燥的饱和烷烃混合，则不会产生类似问题。

（7）流动相的优化

流动相的优化秘诀有以下三个。①由强到弱。一般先用 90％的乙腈（或甲醇）/水（或缓冲溶液）进行试验，这样可以很快地得到分离结果，然后根据出峰情况调整有机溶剂（乙腈或甲醇）的比例。②三倍规则。每减少 10％的有机溶剂（甲醇或乙腈）的量，保留因子约增加 3 倍，此为三倍规则。这是一个聪明而又省力的办法。调整的过程中，注意观察各个峰的分离情况。③粗调转微调。当分离达到一定程度，应将有机溶剂 10％的改变量调整为 5％，并据此规则逐渐降低调整率，直至各组分的分离情况不再改变。

18.2.2.3　定性分析

（1）色谱鉴定法（保留时间对照）

各物质在一定色谱条件下均有确定不变的保留时间，因此保留时间可作为定性指标。定性分析适用于简单混合物，对该样品已有了解并具有纯物质的情况。具有应用简便，不需要其他仪器的优点。缺点是定性结果的可信度不高。

（2）与其他仪器或化学方法联合定性

混合物经色谱分析后，将各组分直接由接口导入其他仪器中进行定性。常用的联用方法有 LC-FTIR、LC-MS 等，其他仪器相当于色谱仪的检测器，适用于复杂样品的定性。具有不需要标准物，定性结果可信度高，操作方便的优点。缺点是需要特殊仪器或设备。

18.2.2.4　定量测定

高效液相色谱定量分析的依据是基于被测物质的量与峰面积或峰高成正比，即被测定物质的量与峰面积或峰高呈线性关系。定量方法有峰面积百分比法、外标法和内标法。峰面积百分比法与进样量无关，不需要标样，操作简单，但其要求各组分要全部流出、全部被检测，并对检测器的响应值一样，液相色谱目前很难做到这一点，因此在液相色谱中不常用。外标法是配制一系列的已知浓度的标样，常用于常规分析，在液相色谱中用得最多，具有操作简单、计算方便等优点。缺点是结果的准确度取决于进样量的重现性和操作条件的稳定性，该法必须定量进样。内标法是配制一系列的已知浓度的标样，其中加有内标，内标物应满足化学结构与待测组分相似、在样品中不存在、不与样品中组分发生任何化学反应、保留值与待测组分接近、响应值与待测组分相当、色谱峰与其他色谱峰分离好等条件。内标法适用于只需测定试样中某几个组分，且试样中所有组分不能全部出峰的情况，具有受操作条件的影响较小，定量结果较准确的优点，适合于微量物质的分析。缺点是每次分析必须准确称量被测物和内标物，不适合于快速分析。

18.3　典型应用

在医学检验方面，高效液相色谱在体液中代谢物测定、药代动力学研究、临床药物监测等方面均有应用。儿茶酚胺对许多生物功能非常重要，分析它的前体和代谢产物可以为帕金森病、心脏病和肌营养不良等疾病提供诊断依据。但是这些分子在生理上广泛分布，对它们的分析必须小心谨慎。高效液相色谱具有比其他技术更强的分离和比较分子的能力，经过长期研究，研究人员利用疏水特性分离儿茶酚胺代谢物和胺，酸性儿茶酚胺代谢物在低pH值下保留更长时间，而胺则相反，从而实现了儿茶酚胺和胺的分离。高效液相色谱是全球验证药物纯度最常用的方法之一。

自古以来，我国一直以"农业大国"著称，农产品的质量是直接关系国计民生的大事。农产品的安全已成为社会关注的热点。农产品的检测用得较多的方法是高效液相色谱法，近些年随着高效液相色谱仪的发展，越来越多地用到农产品的检测中，特别是蛋白质、维生素、有毒有害物质、农药残留等检测。

除此之外，高效液相色谱在食品分析、环境分析、生命科学分析、无机分析等方面均有应用。

18.4 实验

实验 18-1 | 高效液相色谱法测定饮料中咖啡因的含量

一、【实验目的】

1. 学习高效液相色谱仪的基本操作。
2. 了解高效液相色谱法测定咖啡因的基本原理。
3. 掌握高效液相色谱法进行定性及定量分析的基本方法。

二、【实验原理】

咖啡因又称咖啡碱，是由茶叶或咖啡中提取而得的一种生物碱，属于黄嘌呤衍生物，化学名称为三甲基黄嘌呤，分子式为 $C_8H_{10}O_2N_4$。溶于水，可用水作为溶剂提取样品中的咖啡因。咖啡因能兴奋大脑皮层，使人精神兴奋。咖啡中含咖啡因 1.2%～1.8%，茶叶中含 2.0%～4.7%。

液相色谱法采用液体作为流动相，利用物质在两相中的吸附或分配系数的不同达到分离的目的。流动相通过输液泵流经进样阀，与样品溶液混合，流经色谱柱，在色谱柱中进行吸附、分离，最后每一组分分别经过检测器转变为电信号，在色谱工作站上出现相应的样品峰。

在色谱条件确定的情况下，任何物质都有确定的保留值，通过比较已知纯样和未知样品的保留值，进而可以确定未知物质。本实验将已知浓度的咖啡因标准品在设置好的色谱条件下进样，确定其在色谱图上的保留时间，记录保留时间和峰面积，通过保留时间进行定性，通过峰面积进行定量，采用工作曲线法测定样品中的咖啡因含量。

三、【仪器与试剂】

1. 仪器：高效液相色谱仪（含紫外检测器），液相微量进样器，移液枪，滤膜，真空抽滤装置。

2. 试剂：咖啡因标准品（500μg/mL，溶剂为甲醇），乙腈（色谱纯），可乐，茶叶，速溶咖啡等。

四、【实验步骤】

1. 标准溶液的配制

准确移取咖啡因标准溶液 400μL、800μL、1200μL、1600μL、2000μL 至 10mL 容量瓶中，用去离子水定容至刻度，得到质量浓度分别为 20μg/mL、40μg/mL、60μg/mL、80μg/mL、100μg/mL 的标准系列溶液。

2. 色谱条件

色谱柱为 C_{18}ODS 柱（5μm×150mm×4.6mm），流速 0.7mL/min，检测波长 275nm，进样量 10μL，柱温为室温，流动相为乙腈/水（15∶85）。

3. 样品处理

① 将约 25mL 可乐置于 100mL 洁净、干燥的烧杯中，剧烈搅拌 30min 或用超声波脱气 10min，以赶尽可乐中的二氧化碳。转移至 50mL 容量瓶中，并定容至刻度。

② 准确称取 0.04g 速溶咖啡，用 90℃ 蒸馏水溶解，冷却后过滤，定容至 50mL 容量瓶中。

③ 准确称取 0.04g 茶叶，用 20mL 蒸馏水煮沸 10min，冷却后，过滤取上层清液，并按此步骤再重复一次。转移至 50mL 容量瓶中，并定容至刻度线。

上述样品溶液分别进行干过滤（即用干漏斗、干滤纸过滤），弃去前过滤液，取后面的过滤液，用 0.45μm 的过滤膜过滤，备用。

4. 测定

基线稳定后，咖啡因标准品系列溶液及样品溶液均重复进样 3 次，记录色谱图。

五、【数据处理】

1. 记录咖啡因色谱峰的保留时间及峰面积，将峰面积值填入表 18-1 中，绘制标准曲线，求出回归方程。

表 18-1 定量分析结果

编号	浓度/(μg/mL)	峰面积			
		1	2	3	平均值
1	20				
2	40				
3	60				
4	80				
5	100				

2. 通过标准曲线计算样品中咖啡因的含量。将结果填入表 18-2 中。

表 18-2　样品分析结果

样品	峰面积				含量
	1	2	3	平均值	
茶叶					
速溶咖啡					
可乐					

六、【注意事项】

1. 不同的饮料中咖啡因含量不大相同，称取的样品量可根据实际情况酌量增减。
2. 若样品和标准溶液需保存，应一同置于冰箱中。
3. 标准品和样品应在同一条件下进样。

七、【思考题】

1. 用标准曲线法定量的优缺点是什么？
2. 在样品干过滤时，为什么要弃去前过滤液？这样做会不会影响实验结果？为什么？
3. 保留时间变化的原因有哪些？

实验 18-2 高效液相色谱法测定化妆品中的尿素

一、【实验目的】

1. 了解高效液相色谱分析测试方法的优化调试，建立最佳的分析测试方法。
2. 了解实际样品的分析测试过程，独立完成实际样品的取样到分析全过程。

二、【实验原理】

尿素是一种对人体无害的保湿成分。尿素存在于肌肤的角质层当中，属于肌肤天然保湿因子 NMF 的主要成分。对肌肤来说，尿素具有保湿以及柔软角质的功效，能够防止角质层阻塞毛细孔，并改善粉刺问题。尿素能够帮助皮肤细胞再生，可以增强皮肤防护功能，提高其他成分的渗透能力，常添加到面膜、护肤水、膏霜、护手霜等产品中。

本实验以乙腈+水为溶剂，提取化妆品中的尿素，使用 C_{18} 色谱柱和紫外检测器对样品中的尿素进行高效液相色谱分离和外标法定量。通过改变流动相比例、流速等优化高效液相色谱测定方法。

三、【仪器与试剂】

1. 仪器：高效液相色谱仪（含紫外检测器），色谱柱，超声波清洗仪。

2. 试剂：去离子水，尿素标准品，乙腈（色谱纯），化妆品。

四、【实验步骤】

1. 标准溶液的配制

准确称取尿素标准品 1.0000g，用去离子水溶解后转移至 50mL 容量瓶中，去离子水定容至刻度，得到质量浓度为 20.00mg/mL 的尿素标准溶液。分别准确移取 1.00mL、2.00mL、3.00mL、4.00mL、5.00mL 20.00mg/mL 的尿素标准溶液于 50mL 容量瓶中，去离子水定容至刻度，摇匀，得浓度为 400.00μg/mL、800.00μg/mL、1200.00μg/mL、1600.00μg/mL、2000.00μg/mL 的标准系列溶液，过 0.45μm 水系滤膜，滤液待用。

2. 色谱条件

色谱柱为 C_{18}ODS 柱（5μm×250mm×4.6mm），流速 1.0mL/min，检测波长 190nm，进样量 10μL，柱温为室温，流动相为乙腈/水（5∶95）。

3. 样品处理

准确称取 0.3g 化妆品样品于烧杯中，加入适量 1∶1 的乙腈/水溶液于烧杯中，置于超声波清洗仪中超声振荡 10min，转移至 50mL 容量瓶中，定容至刻度，摇匀，过 0.45μm 滤膜，滤液留存待测。

4. 试样的测定

在上述色谱条件下，待仪器基线稳定后测定标准系列溶液和样品溶液，均重复进样三次，记录色谱图，以尿素的质量浓度（μg/mL）为横坐标，峰面积为纵坐标，绘制标准曲线。通过标准曲线计算出化妆品中尿素的浓度。

五、【数据处理】

1. 记录尿素色谱峰的保留时间和峰面积，将峰面积填至表 18-3 中，绘制标准曲线，拟合回归方程。

表 18-3 定量分析结果

编号	浓度/(μg/mL)	峰面积			
		1	2	3	平均值
1	400				
2	800				
3	1200				
4	1600				
5	2000				

2. 通过标准曲线计算化妆品中尿素的含量。

3. 通过改变流动相比例、流速等，分析其对尿素保留时间及峰面积的影响。

六、【注意事项】

1. 不同的化妆品中尿素含量不大相同，称取的样品量可根据实际情况酌量增减。

2. 流动相乙腈/水为 5∶95，比例较大，为避免保留时间的偏移，建议将流动相按比例混合至一个瓶中使用。

七、【思考题】

1. 如何建立最优的液相分析方法？
2. 影响液相分析方法的因素有哪些？

实验 18-3 设计性实验

牛奶中四环素类抗生素残留量的测定

一、【实验目的】

1. 了解牛奶中四环素类抗生素的来源。
2. 熟练查阅文献。
3. 进一步学习高效液相色谱仪的使用方法。

二、【设计提示】

1. 国家标准中规定的牛奶中四环素类抗生素的最大残留量为多少？
2. 牛奶中为什么含有四环素类抗生素？
3. 牛奶中四环素类抗生素的前处理方法是什么？

三、【要求】

1. 设计利用高效液相色谱法测定牛奶中四环素类抗生素残留量的方法。
2. 按照详细的设计实验方法，利用高效液相色谱法测定牛奶中四环素类抗生素残留量，并写出详细的实验报告。

18.5 知识拓展

高效液相色谱法是在 20 世纪 70 年代在经典液相色谱和气相色谱的基础上快速发展起来的一种高效、快速的分离分析技术。高效液相色谱吸取了经典液相色谱的研制经验，并引入微处理机技术，提高了仪器的自动化水平和分析精度。微处理机控制的高效液相色谱仪的自动化程度较高，既能控制仪器的操作参数，也能对获得的谱图进行处理，为色谱分析者提供了高效率、功能齐全的分析工具。

高效液相色谱法的应用十分广泛，对样品的适用性广，不受分析对象挥发性和热稳定性的限制，80% 的有机物可使用高效液相色谱进行分析，具有分离效能高、分析速度快、检测灵敏度好等特点。

附：仪器操作规程

Thermo Scientific U-3000 液相色谱仪操作规程　　　岛津 LC-20ATvp 高效液相色谱仪操作规程

第 19 章 凝胶色谱法

凝胶渗透色谱（GPC），也称作体积排阻色谱（SEC）或者凝胶过滤色谱，是一种根据尺寸分离高分子材料的色谱技术，是液相色谱的一个分支，是高聚物表征的重要方法之一。

凝胶渗透色谱利用体积排阻的分离机理，通过具有分子筛性质的固定相，来分离分子量较小的物质，同时分析分子体积不同、具有相同化学性质的高分子同系物。当样品从色谱柱中洗脱出来，使用一个或者多个检测器对其进行检测，通过传统校正曲线、通用校正曲线，得到不同物理参数的分布。

19.1 基本原理

凝胶渗透色谱法的基本原理是基于不同分子量、不同结构的聚合物具有不同流体力学体积的原理对聚合物进行分离。聚合物在分离柱上按分子流体力学体积大小不同分离开，不同淋洗时间下（保留时间）所流出的聚合物分子的分子量不同。

凝胶渗透色谱法的分离机理比较复杂，目前有体积排阻理论、扩散理论和构象熵理论等几种解释，其中最有影响力的是体积排阻理论。GPC 的固定相是表面和内部有着各种各样、大小不同的孔洞和通道的微球，可由交联度很高的聚苯乙烯、聚丙烯酰胺、葡萄糖和琼脂糖的凝胶以及多孔硅胶、多孔玻璃等来制备。当待分析的聚合物试样随着溶剂引入柱子后，由于浓度的差别，所有溶质分子都向填料内部孔洞渗透。较小分子能进入较大的孔，停留时间适当短些；而最大的分子，只能从填料颗粒之间的空隙中通过，所以停留时间最短。随着溶剂洗涤过程的进行，经过多次渗透-扩散平衡，最大的聚合物分子从载体粒间首先流出，然后流出的是尺寸较小的分子，最小的分子最后被洗涤出来，这样就达到了大小不同聚合物分子分离的目的。得出高分子尺寸随保留时间变化的曲线，即分子量分布的色谱图。高分子在溶液中的体积决定于分子量、高分子链的柔顺性、支化、溶剂和温度，当高分子链的结构、溶剂和温度确定后，高分子的体积主要依赖于分子量。基于上述理论，GPC 的每根色谱柱都是有极限的，有排阻极限和渗透极限。排阻极限是指不能进入凝胶颗粒孔穴内部的最小分子的分子量，所有大于排阻极限的分子都不能进入凝胶颗粒内部，直接从凝胶颗粒外流出，不但达不到分离的目的还有堵塞凝胶孔的可能；渗透极限是指能够完全进入凝胶颗粒孔穴内部的最大分子的分子量，如果两种分子都能全部进入凝胶颗粒孔穴内部，即使它们的大小有差别，也不会有好的分离效果。所以，在使用 GPC 测定分子量时，必须首先选择好与聚合物分子量范围相配的色谱柱。

19.2 仪器组成与分析技术

19.2.1 凝胶色谱仪

凝胶色谱法用到的仪器称为凝胶色谱仪，凝胶色谱仪由泵系统、进样系统、凝胶色谱柱、检测系统和数据采集与处理系统五部分组成。

(1) 泵系统

包括一个溶剂储存器、一套脱气装置和一个高压泵。它的工作是使流动相（溶剂）以恒定的流速流入色谱柱。泵的工作状况好坏直接影响着最终数据的准确性。越是精密的仪器，要求泵的工作状态越稳定。流量的误差须低于 0.01mL/min。

(2) 色谱柱

色谱柱是 GPC 分离的核心部件，是在一根不锈钢空心细管中加入孔径不同的微粒作为填料。每根色谱柱都有一定的分子量分离范围和渗透极限，色谱柱有使用的上限和下限。色谱柱的使用上限是当聚合物最小的分子的尺寸比色谱柱中最大的凝胶的尺寸还大，这时高聚物进入不了凝胶颗粒孔径，全部从凝胶颗粒外部流过，这就没有达到分离不同分子量的高聚物的目的，而且还有堵塞凝胶孔的可能，影响色谱柱的分离效果，降低其使用寿命。色谱柱的使用下限就是当聚合物中最大分子的尺寸比凝胶孔的最小孔径还要小，这时也没有达到分离不同分子量聚合物的目的。所以在使用凝胶色谱仪测定分子量时，必须首先选择好与聚合物分子量范围相配的色谱柱。

(3) 检测系统

检测系统有通用型检测器和选择性检测器，通用型检测器适用于所有高聚物和有机化合物的检测，有示差折射仪检测器、紫外吸收检测器、黏度检测器。检测器的选择视样品分子的性质而定。具有紫外吸收或荧光性质的物质，可选用紫外或荧光检测器；无紫外吸收则选择其他检测器，如示差检测器、蒸发光散射检测器、电雾式检测器、黏度检测器、渗透压检测器、质谱检测器、多角度激光散射检测器。在选择检测器时应考虑检测灵敏度、噪声水平、信号响应范围、设备的稳定性。

19.2.2 常用分析技术

(1) 流动相的选择

在 GPC 中溶质分子与流动相、固定相不发生物理化学反应，因此流动相仅起到稀释和传输样品溶液的作用。因此在选择流动相时首要因素是溶剂是否能够溶解样品，对于水溶性样品，大多采用水或缓冲盐溶液，对于蛋白质、多肽等极性大分子，还需要调节流动相酸碱度，保持溶质分子为电中性状态，保证在分离过程中尽量依靠分子筛原理而避免其他副反应（如离子交换作用）；对于非水样品，如塑料、橡胶等高聚物，则会用到高沸点的溶剂或者更复杂的溶剂，如四氯化碳、苯取代类溶剂等，而这类溶剂通常也具有很高的黏度。为了防止高黏度带来的系统高压风险，通常会要求在高柱温、低流速的情况下使用。

(2) 洗脱液的选择

由于凝胶渗透的分离原理是分子筛作用，它不像其他色谱分离方式主要依赖于溶剂强度和选择性的改变来进行分离,在凝胶渗透中流动相只是起运载工具的作用,一般不依赖于流动相性质和组成的改变来提高分辨率,改变洗脱液的主要目的是消除组分与固定相的吸附等相互作用,所以和其他色谱方法相比,凝胶渗透洗脱液的选择不那么严格。由于凝胶渗透的分离机理简单以及凝胶稳定工作的 pH 范围较广,所以洗脱液的选择主要取决于待分离样品,一般来说只要能溶解被洗脱物质并不使其变性的缓冲液都可以用于凝胶渗透。为了防止凝胶可能有吸附作用,一般洗脱液都含有一定浓度的盐。

(3) 加样量的选择

加样时要尽量快速、均匀。加样量对实验结果也可能造成较大的影响,加样过多,会造成洗脱峰的重叠,影响分离效果;加样过少,提纯后各组分量少、浓度较低,实验效率低。加样量的多少要根据具体的实验要求而定:凝胶柱较大,当然加样量就可以较大;样品中各组分分子量差异较大,加样量也可以较大;一般分级分离时加样体积约为凝胶柱床体积的 1%～5%,而分组分离时加样体积可以较大,一般为凝胶柱床体积的 10%～25%。如果有条件可以先以较小的加样量进行一次分析,根据洗脱峰的情况来选择合适的加样量。设要分离的两个组分的洗脱体积分别为 V_1 和 V_2,那么加样量不能超过 (V_1-V_2)。实际由于样品扩散,加样量应小于这个值。从洗脱峰上看,如果所要的各个组分的洗脱峰分得很开,为了提高效率,可以适当增加加样量;如果各个组分的洗脱峰只是刚好分开或没有完全分开,则不能再加大加样量,甚至要减小加样量。另外,加样前要注意,样品中的不溶物必须在上样前去掉,以免污染凝胶柱。样品的黏度不能过大,否则会影响分离效果。

(4) 洗脱速度的选择

洗脱速度会影响凝胶过滤的分离效果,一般洗脱速度要恒定而且合适。保持洗脱速度恒定通常有两种方法,一种是使用恒流泵,另一种是恒压重力洗脱。洗脱速度取决于很多因素,包括柱长、凝胶种类、颗粒大小等,一般来讲,洗脱速度慢一些样品可以与凝胶基质充分平衡,分离效果好。但洗脱速度过慢会造成样品扩散加剧、区带变宽,反而会降低分辨率,而且实验时间会大大延长,所以实验中应根据实际情况来选择合适的洗脱速度,可以通过预备实验来选择洗脱速度。

(5) 色谱柱的选择

根据样品的溶解性质,判断是水相还是有机相,以此选择对应的溶剂类型。尽可能选择色谱柱填充溶剂与样品溶剂相同的色谱柱,以消除色谱柱溶剂转换的需求,因为溶剂的转换会降低色谱柱的寿命。选择的色谱柱的有效分子量范围要覆盖样品分子量范围。

单一孔径柱是用同样孔径的填料装填,更关注于某一特定的分子量范围的柱效;混合床柱或称为"线性柱"是用不同孔径的填料装填,更着重于用较少的色谱柱得到更宽的分子量范围。两者相比,单一孔径柱在特定分子量范围内可以提供更高的分辨率,在已知分子量范围后,单一孔径的 GPC 柱是非常理想的选择。对于分子量范围未知的样品,混合床柱非常适合用来探索其分子量范围。

(6) 色谱柱的保护

① 防止气体进入色谱柱。凝胶柱是不允许气泡进入的,否则将会使柱效降低甚至形成微小的难以驱除的气室。因此,为了防止气泡进入色谱柱,一定要使用经过脱气的流动相,并且要严格按照下列步骤来安装色谱柱。a. 拆下色谱柱入口处的密封螺丝,观察是否有溶剂渗出。b. 如有溶剂渗出,即刻将色谱柱接到管路上,以避免气泡的进入。c. 如无溶剂渗出时,表明色谱柱的此端已经进入空气了,此时,可将色谱柱的出口端接到进样阀上,以流

动相来反方向冲洗色谱柱,以便将柱内的空气排除。最好以 0.2mL/min 的小流量来冲色谱柱,如果溶剂的流速太快或者是压力突然上升都将会导致柱性能降低。d. 如果流出的溶剂里不含有气泡,说明柱内的气体已经被排出了,再将色谱柱以正确的方向接好,这样气泡就进不到色谱柱里面了。

② 色谱柱的清洗。为了不使被测物质和杂质停留在色谱柱中,在每次的样品分析工作完成之后,都应及时地清洗色谱柱。首先要用对被测样品洗脱能力强的溶剂来洗脱色谱柱。以分析工作中常用的反相色谱分析法为例,因其先流出的物质是极性大的物质,此时应用 100% 的甲醇或异丙醇、四氢呋喃等极性稍弱的溶剂将吸附在柱内的极性小的物质洗脱下来,洗脱液的用量一般为 20 倍柱体积。如果流动相是缓冲溶液,则应先用蒸馏水来冲洗色谱柱,以冲掉柱内的盐,然后再用合适的溶剂来冲洗。

凝胶渗透色谱法中所使用的凝胶柱常用缓冲溶液作流动相,用完之后要用蒸馏水冲洗。如果连续操作,可以将缓冲溶液置于柱内过夜,但最好是维持小流速(<0.5mL/min)以防止缓冲盐的析出,如果流动相中含有卤化物,必须要用蒸馏水将色谱柱冲洗干净,以防止它们对柱体的腐蚀。

③ 色谱柱的存放。色谱柱应贮存在室温条件下。几天之内的短期放置,凝胶柱则用蒸馏水来冲洗,再把色谱柱的两头用密封螺丝密封好即可。如果色谱柱长期不用,需冲洗干净后,再用色谱柱使用说明书中所指明的溶剂充满色谱柱。色谱柱长期放置时,一定要将色谱柱的两端封严,以防止溶剂挥发而造成的柱填料干缩现象,因这可导致柱效的严重降低。

④ 其他。不要在高温条件下使用色谱柱,也不要在高压下冲洗色谱柱。

(7) 样品制备

聚合物大分子具有很高的黏度,而且随着分子量的增加黏度增大。因此在样品溶液制备过程中要时刻考虑黏度的影响。通常按照"相似相溶"原理选择与样品分子性质相似的溶剂来溶解样品,制备低黏度样品,将溶液中分子间的相互影响降到最低。同时溶液黏度较低也能保证样品溶液在流动相中能快速分散形成均匀的溶液。相对于小分子样品溶液的"高浓度,低进样体积"思路,大分子分析中则采用"低浓度,大进样体积"方式,考虑到溶液快速扩散和检测灵敏度两方面的要求,一般采用流动相溶解样品。由于大分子的溶解过程较慢,因此在溶解步骤需要很长时间,可适当采用加热、涡旋混合等辅助手段。在纯化阶段,推荐采用长时间静置、离心方式。

(8) 数据处理

凝胶渗透色谱法分析聚合物分子量过程中,多数采用校准曲线(外标法)的方式。校准方法分为窄分布校准和宽分布校准。窄分布校准中常用的有直接校准法和普适校准法。

直接校准法又称为峰顶点校准法,即选取一系列已知分子量的标准品对色谱系统进行校准,以目标物质的分子量或其分子量的对数值为纵坐标,保留时间为横坐标,进行回归分析。在相同色谱条件下分析样品溶液并测得其保留体积或保留时间,将该值代入校准曲线中求出分子量。这种方法所得到的结果准确度由系统和标准品决定,本质上是一个分子量。

普适校准法是基于分子的特征黏度与在稀溶液中分子完全展开形成的摩尔体积关系进行校准。基本原理为当温度和压力不变的前提下,理想稀溶液中标准品和样品具有相同的普适特征,用公式描述如下:

$$M_1\eta_1 = M_2\eta_2$$

式中,M 为摩尔质量;η 为特征黏度。

而特征黏度又与摩尔质量和摩尔体积（V_h）存在如下关系：
$$\eta = V_h/M$$
通过 Mark-Houwink-Sakurada 方程变换可得到关系式：
$$\eta = KM\alpha$$

测试时选择与样品性质相似的不同分子量的对照品，从数据库中查到 K 和 α 值后，使用 lg$[M\eta]$ 值与保留时间进行校准并计算样品的平均分子量。

为了克服用同类高聚物标样来作标定曲线的困难，就发展了普适标定曲线，即以一种标样作标定曲线，通过转换关系，在相同操作条件下，用于不同结构、不同化学性质的高聚物试样的测定。

不同类型的高分子，分子量相同时，它们的流体力学体积并不相同，如果标定曲线用流体力学体积来标定，那么这个标定曲线就是普适的，可以用一种标样标定后来测定的另一种试样的流体力学体积。

(9) 常见问题及解决方法

① 保留时间变化。柱温变化有时会引起保留时间变化，此时需配备恒温箱；系统未能充分平衡，至少用 20 倍柱体积的流动相平衡色谱柱；应每天冲洗色谱柱，避免柱污染引起的保留时间不准确。

② 保留时间缩短。流速增加、样品超载、键合相流失、流动相组成变化、温度增加都会引起保留时间的缩短。可通过重新设定流速、降低样品量、流动相的 pH 值维持一定范围、防止流动相蒸发或沉淀、使用柱温箱等办法解决。

③ 出现肩峰。样品体积过大、样品溶剂极性过强、柱塌陷或形成短路通道、柱内烧结不锈钢失效、进样器损坏等会出现肩峰。当样品体积过大时可用流动相配样，总的样品体积小于第一峰的 15%；样品溶剂极性过强时更换为极性较弱的样品溶剂；当柱塌陷或形成短路通道时需要更换色谱柱，采用较弱腐蚀性条件；当柱内烧结不锈钢失效时需更换烧结不锈钢，加在线过滤器，过滤样品；进样器损坏时更换新的进样器。

④ 峰展宽。进样阀中峰扩展时可在进样前后排出气泡以降低扩散；数据系统采样速率太慢时也会引起峰展宽，设定速率需每峰大于 10 点；流动相黏度过高可通过增加柱温、采用低黏度流动相来避免峰展宽。此外，保留时间过长、样品过载等也会造成峰展宽。

19.2.3 凝胶色谱仪的日常维护

(1) 气路管路

清洗气路连接管时，首先应将该管的两端接头拆下，再将该段管线从色谱仪中取出，这时应先把管外壁灰尘擦洗干净，以免清洗完管内壁时再产生污染。清洗管路内壁时应先用无水乙醇进行疏通处理，这可除去管路内大部分颗粒状堵塞物及易被乙醇溶解的有机物和水分。在此疏通步骤中，如发现管路不通，可用洗耳球加压吹洗，加压后仍无效可考虑用细钢丝捅针疏通管路。如此法还不能使管线畅通，可使用酒精灯加热管路使堵塞物在高温下炭化而达到疏通的目的。用无水乙醇清洗完气路管路后，应考虑管路内壁是否有不易被乙醇溶解的污染物。如没有，可加热该管线并用干燥气体对其吹扫，将管线装回原气路待用。如果由分析样品过程判定气路内壁可能还有其他不易被乙醇溶解的污染物，可针对具体物质溶解特性选择其他清洗液。选择清洗液的顺序为：先使用高沸点溶剂而后再使用低沸点溶剂浸泡和清洗。可供选择的清洗液有萘烷、N,N-二甲基酰胺、甲醇、蒸馏水、丙酮、乙醚、石油醚、乙醇等。

(2) 进样器

对进样器的清洗应先疏通。通常进样器中的堵塞物是进样隔垫的碎片、样品中被炭化了的高沸点物，对这些固态杂质可用不锈钢捅针疏通，然后再用乙醇或丙酮冲洗。为了使清洗更彻底，可选用 2∶1∶4 的 $H_2SO_4/HNO_3/H_2O$ 混合溶液先对进样器进行清洗，然后再用蒸馏水，最后用丙酮或乙醇清洗。清洗完后烘干，装上仪器通载气半小时，加热到120℃几小时后即可正常工作。在拆装进样器时需注意不要碰断加热器引线或使引线碰到外壳；测温元件也应按原先测温点装回。通常测温元件和进样器加热体是紧密接触的，如距离过大将会造成过高的气化温度。

(3) 注射器

注射器使用前可先用丙酮清洗，以免沾污样品，但最好还是用待注射样品对注射器本身做二次清洗。清洗时只能吸入样品，排出样品时要在样品瓶之外。注射器在使用结束后要立即清洗，以免被样品中的高沸点物质沾污。一般常用5%氢氧化钠水溶液、蒸馏水、丙酮、氯仿依次清洗，最后用真空泵抽干。

(4) 泵

不要在没有流动相或流动相未进入泵头的情况下长时间运行泵，这样会造成柱塞杆干磨从而引起密封圈损坏；使用色谱级流动相，流动相使用前需要进行过滤（0.45μm）和超声；入液管前端要加装溶剂滤头，防止管路或单向阀的堵塞；可以设置压力下限，防止储液器中的流动相被抽干而引起柱塞杆干磨；长期不用需要定期开机清洗；需要定期对溶剂滤头进行清洗，密封圈等易损配件也需要定期更换。

(5) 检测器

每次使用完后需要冲洗流通池，定期进行流通池的清洗；检测器光源，氘灯或钨灯，是消耗品，仪器冲柱时建议关闭。

(6) 进样阀

手动进样时需要使用玻璃注射器或者无橡胶头注射器；不同的样品进样前需要先对进样口进行清洗。

(7) 馏分收集器

每次使用前后需要对馏分收集器收集管路进行冲洗，防止污染样品；每次使用前确保试管都是洁净和干燥的。

(8) 凝胶净化色谱柱

含水量大的样品在进样前须脱水；GPC净化柱在保存过程中要定期查看和冲洗，防止柱床干涸造成柱子塌陷；流动相最好现配现用，放置时间长后需要重新配制；GPC净化柱用完后需要冲洗干净。

19.3　典型应用

凝胶渗透色谱是20世纪60年代发展起来的一种分离技术，GPC技术的应用范围较广，除了用于测定高聚物的分子量及分布情况外，还可用于分离测定小分子混合物及其组成，以及在色谱分析之前用于净化除去样品中的高分子量物质。

19.3.1 凝胶色谱在样品前处理中的应用

凝胶渗透色谱净化技术能够在 LC、GC 或 GC-MS 等分析之前使样品中的目标分析物与产生干扰的物质自动分离,从有机物样品中除去硫和高分子化合物,如油脂、糖、聚合物和蛋白质等。GPC 净化技术能极大地减少 GC 停机时间,降低 LC、GC 或 GC-MS 等仪器的故障发生频率,延长分析色谱柱的寿命。

19.3.2 凝胶色谱在农残检测中的应用

GPC 具有自动化程度高、较好的净化效率以及回收率等特点,被广泛用于纯化含脂质的复杂基体组分。随着农药品种的增多和溶剂体系的不断完善,在农药多残留分析中,凝胶渗透色谱技术已经成为不可或缺的净化手段之一。在用多残留分析法分析脂溶性、水溶性农药以及其代谢物时,凝胶渗透色谱把所要分析的农药从食品和饲料中分离、净化出来。近年来不断有在农药多残留分析中使用凝胶渗透色谱作为提取、净化手段的研究报道,该法已经广泛地用于药材、甘蓝、鸡蛋、蜂蜜等农药残留的分析。

19.3.3 凝胶渗透色谱在高分子中的应用

凝胶渗透色谱可用于水性和油性高分子聚合物的分子量及分子量分布检测。高聚物的许多加工和使用性能与其分子量和分子量分布有着密切关系,使用准确和快速的分离测定方法对其分子量和分子量分布、组成进行测定,能够为控制聚合工艺工程、改进产品质量、制订合成条件提供很好的依据。在 GPC 出现之前,高分子聚合物的分子量测定多用柱上淋洗、溶解分级、超离心沉淀等经典方法,但这些分级方法都十分费时,而且溶剂消耗量很大,操作步骤繁杂。

19.4 实验

实验 19-1 凝胶色谱法检测分子量及其分布

一、【实验目的】

1. 熟悉凝胶渗透色谱的原理。
2. 了解凝胶渗透色谱的仪器构造和凝胶渗透色谱的实验技术。
3. 掌握测定聚苯乙烯样品的分子量分布的方法。

二、【实验原理】

凝胶渗透色谱也称为体积排阻色谱，是一种液体（液相）色谱。和各种类型的色谱一样，凝胶渗透色谱的作用也是分离，其分离对象是同一聚合物中不同分子量的高分子组分。当样品中各组分的分子量和含量被确定后，就可得到聚合物的分子量分布，然后可以很方便地对分子量进行统计，得到各种平均值。

一般认为，凝胶渗透色谱是根据溶质体积的大小，在色谱中利用体积排阻效应即渗透能力的差异进行分离的。高分子在溶液中的体积取决于分子量、高分子链的柔顺性、支化、溶剂和温度，当高分子链的结构、溶剂和温度确定后，高分子的体积主要依赖于分子量。凝胶渗透色谱的固定相是多孔性微球，可由交联度很高的聚苯乙烯、聚丙烯酸酰胺、葡萄糖和琼脂糖的凝胶以及多孔硅胶、多孔玻璃等来制备。色谱的淋洗液是聚合物的溶剂。当聚合物溶液进入色谱后，溶质高分子向固定相的微孔中渗透。由于微孔尺寸与高分子的体积相当，高分子的渗透概率取决于高分子的体积，体积越小渗透概率越大，随着淋洗液流动，在色谱中走过的路程就越长，用色谱术语来说就是淋洗体积或保留体积增大。反之，高分子体积增大，淋洗体积减小，因而达到依高分子体积进行分离的目的。基于这种分离机理，凝胶渗透色谱的淋洗体积是有极限的。当高分子体积增大到已完全不能向微孔渗透，淋洗体积趋于最小值，为固定相微球在色谱中的粒间体积。反之，当高分子体积减小到对微孔的渗透概率达到最大时，淋洗体积趋于最大值，为固定相微孔的总体积与粒间体积之和，因此只有高分子的体积居于两者之间，色谱才会有良好的分离作用。对一般色谱分辨率和分离效率的评定指标，在凝胶渗透色谱中也沿用。

聚合物样品进样后，淋洗液带动溶液样品进入色谱柱并开始分离，随着淋洗液的不断洗提，被分离的高分子组分陆续从色谱柱中淋出。浓度检测器不断检测淋洗液中高分子组分的浓度响应，数据被记录，最后得到一完整的凝胶渗透色谱淋洗曲线。淋洗曲线表示凝胶渗透色谱对聚合物样品依高分子体积进行分离的结果，并不是分子量分布曲线。实验证明淋洗体积和聚合物分子量有如下关系：

$$\ln M = A - BV \text{ 或 } \lg M = A' - B' \lg V$$

式中，M 为高分子组分的摩尔质量；A、B（或 A'、B'）与高分子链结构、支化以及溶剂温度等影响高分子在溶液中体积的因素有关，也与色谱的固定相、体积和操作条件等仪器因素有关，因此该关系被称为凝胶渗透色谱的校正关系。该方程式的适用性还限制在色谱固定相渗透极限以内，也就是说分子量过大或太小都会使标定关系偏离线性。一般需要用一组已知分子量的窄分布的聚合物标准样品对仪器进行标定，得到在指定实验条件，适用于结构和标样相同的聚合物的标定关系。

三、【仪器与试剂】

1. 仪器：凝胶渗透色谱仪，分析天平，微孔滤膜过滤器，一次性注射器。
2. 试剂：聚苯乙烯标准品，聚苯乙烯，四氢呋喃，待测样品。

四、【实验步骤】

1. 样品配制

选取 9 个不同分子量的标准品，按分子量顺序 1～9 排序，每组标准品分别称取约 2mg

混在一个配样瓶中,加入约 6mL 四氢呋喃溶剂,溶解后用 0.45μm 的微孔滤膜过滤器过滤。

称取约 4mg 待测样品于配样瓶中,加入约 4mL 四氢呋喃溶剂,溶解后过滤。

2. 仪器参数设定

设定淋洗液流速为 1.0mL/min,柱温和检测温度为 30℃。

3. GPC 的标定

待仪器基线稳定后,用进样针筒先后取 3 个混合标样进样,进样量为 100μL,等待色谱淋洗,最后得到完整的淋洗曲线。通过 3 个淋洗曲线确定 9 个标准品的淋洗体积。

4. 样品测定

按上述方法,将样品溶液进样,得到淋洗曲线后,使用分析软件进行数据处理,得到数均分子量、重均分子量、Z 均分子量以及分散系数。

五、【数据处理】

将得出的数均分子量、重均分子量、Z 均分子量以及分散系数填入表 19-1 中。

表 19-1 实验结果

样品序号	数均分子量	重均分子量	Z 均分子量	分散系数
1				
2				
3				

六、【注意事项】

1. 溶剂流中的空气,不可逆地损害色谱柱的填料,严重降低色谱柱的分离效果。操作时,必须防止因样品引起温度变化而产生的膨胀或收缩,或因停泵等原因使空气进入体系。
2. 精确地控制温度,对获得稳定的基线是非常重要的。

七、【思考题】

1. 高分子的链结构、溶剂和温度为什么会影响凝胶渗透色谱的校正关系?
2. 为什么在凝胶渗透色谱实验中,样品溶液的浓度不必准确配制?

实验 19-2 设计性实验

聚合物类水处理剂分子量及其分布的测定

一、【实验目的】

1. 掌握凝胶渗透色谱法测定分子量的原理。
2. 掌握检索收集资料的方法,并能根据文献资料设计实验。
3. 测定水处理剂的分子量及其分布。

二、【设计提示】

1. 水处理剂的作用是什么？具有哪些性质？
2. 常用的检测水处理剂含量的方法有哪些？
3. 怎样选择淋洗液？
4. 根据现有文献报道还可以用哪些方法测定水处理剂分子量及其分布？

三、【要求】

1. 设计利用凝胶渗透色谱法测定水处理剂的分子量及其分布的方法。
2. 按照详细的设计实验方法，利用凝胶渗透色谱法测定聚合物类水处理剂的分子量及其分布，并写出详细的实验报告。

19.5 知识拓展

凝胶渗透色谱是三十年前才发展起来的一种新型液相色谱，是色谱中较新的分离技术之一。利用多孔性物质按分子体积大小进行分离，在六十年前就已有报道。Mc Bain 用人造沸石成功地分离了气体和低分子量的有机化合物。1953 年，Wheaton 和 Bauman 用离子交换树脂按分子量大小分离了苷、多元醇和其他非离子物质。1959 年，Porath 和 Flodin 用交联的缩聚葡糖制成凝胶来分离水溶液中不同分子量的样品。20 世纪 60 年代，J.C. Moore 在总结了前人经验的基础上，结合大网状结构离子交换树脂制备的经验，将高交联度聚苯乙烯凝胶用作柱填料，同时配以连续式高灵敏度的示差折射仪，制成了快速且自动化的高聚物分子量及分子量分布的测定仪，从而创立了液相色谱中的凝胶渗透色谱技术。

附：仪器操作规程

PL-GPC50 操作规程

岛津 LC-10ADvp 操作规程

第 20 章　离子色谱法

离子色谱是高效液相色谱的一种，是分析离子的一种液相色谱方法。从离子色谱问世到现在，已经发生了巨大的变化。在其初期，离子色谱主要用于阴离子的分析，而今，离子色谱已在非常广的范围得到应用，已经成为在无机和有机阴、阳离子分析中起重要作用的分析技术。虽然离子交换仍是离子色谱的主要分离方式，离子排斥和离子对色谱在离子型和高极化分子的分析中也起着重要的补充作用。就其主要应用而言，电导检测器是最通用的检测器，紫外-可见光、安培、荧光以及原子吸收等元素特征检测器也得到了广泛应用。

20.1　基本原理

离子交换色谱的固定相具有固定电荷的功能基团，阴离子交换色谱中，其固定相的功能基团一般是季铵基；阳离子交换色谱的固定相一般为磺酸基。在离子交换进行的过程中，流动相连续提供与固定相离子交换位置的平衡离子相同电荷的离子，这种平衡离子（淋洗液淋洗离子）与固定相离子交换位置的相反电荷以库仑力结合，并保持电荷平衡。进样之后，样品离子与淋洗离子竞争固定相上的电荷位置。当固定相上的离子交换位置被样品离子置换时，由于样品离子与固定相电荷之间的库仑力，样品离子将暂时被固定相保留。样品中不同离子与固定相电荷之间的库仑力不同，即亲和力不同，因此被固定相保留的程度不同。离子交换树脂耐酸碱可在任何 pH 范围内使用，易再生处理、使用寿命长，缺点是机械强度差、易溶解、易膨胀、易受有机物污染。硅质键合离子交换剂以硅胶为载体，将有离子交换基的有机硅烷与其表面的硅醇基反应，形成化学键合型离子交换剂，其特点是柱效高、交换平衡快、机械强度高，缺点是不耐酸碱、只宜在 pH 2~8 范围内使用。

离子排斥色谱主要用于无机弱酸和有机酸的分离，也可用于醇类、醛类、氨基酸和糖类的分离。由于道南（Donnan）排斥，完全解离的酸不被固定相保留，在死体积处被洗脱。而未解离的化合物不受 Donnan 排斥，能进入树脂的内微孔，分离是基于溶质和固定相之间的非离子性相互作用。除 Donnan 排斥之外，起主要作用的分离机理还包括空间排阻，保留与样品分子的大小有关。离子排斥与离子交换色谱结合，一次进样可将大量的无机阴离子和有机阴离子分开。主要的检测方式是电导检测。对短碳链有机酸的分析，电导检测器与抑制器结合，在选择性和灵敏度等方面明显优于其他的检测方法，如紫外检测法和折射率检测法等。它主要采用高交换容量的磺化 H 型阳离子交换树脂为填料，稀盐酸为淋洗液。

在流动相中加入亲脂性离子，如烷基磺酸或季铵化合物，能在化学键合的反相柱上分离相反电荷的溶质离子。用 UV 作检测器，并将这种方法称为反相离子对色谱。离子对色谱将反相离子对色谱的基本原理和抑制型电导检测结合起来，用高交联度、高比表面积的中性无离子交换功能基的聚苯乙烯大孔树脂为柱填料，可用于分离多种分子量大的阴阳离子，特别是带局部电荷的大分子（如表面活性剂）以及疏水性的阴阳离子。用于离子对色谱的检测器包括电导检测器和紫外分光检测器。化学抑制型电导检测主要用于脂肪羧酸、磺酸盐和季铵离子的检测。离子对试剂是一种较大的离子型分子，所带的电荷与被测离子相反。它通常有两个区，一个是与固定相作用的疏水区，另一个是与被分析离子作用的亲水性电荷区。固定相是中性疏水的苯乙烯/二乙烯基苯树脂或键合的硅胶。这种固定相既可用于阴离子分析，也可用于阳离子的分析。目前提出的离子对色谱保留机理的三种主要理论是离子对形成、动态离子交换、离子相互作用。动态离子交换模式认为离子对试剂的疏水性部分吸附到固定相并形成动态的离子交换表面，被分离的离子像经典的离子交换那样被保留在这个动态的离子交换表面上。离子相互作用模式认为非极性固定相与极性流动相之间的表面张力很高，因此固定相对流动相中能减少这种表面张力的分子如极性有机溶剂、表面活性剂和季铵碱等有较高的亲和力。

20.2 仪器组成与分析技术

20.2.1 离子色谱仪

离子色谱仪主要包括由淋洗液系统、检测系统、色谱泵系统、进样系统、流路系统、分离系统、化学抑制系统和数据处理系统等组成。

（1）淋洗液系统

离子色谱仪常用的分析模式为离子交换电导检测模式，主要用于阴离子和阳离子的分析。常用的阴离子分析淋洗液有氢氧根体系和碳酸盐体系等，常用阳离子分析淋洗液有甲烷磺酸体系和草酸体系等。淋洗液的一致性是保证分析重现性的基本条件。为保证同一次分析过程中淋洗液的一致性，在淋洗液系统中加装淋洗液保护装置，可以将进入淋洗液瓶的空气中的有害部分吸附和过滤，如 CO_2 和 H_2O 等。

（2）检测系统

离子色谱最基本和常用的检测器是电导检测器，其次是安培检测器。电导检测器是基于极限摩尔电导率应用的检测器，主要用于检测无机阴阳离子、有机酸和有机胺等。常用的有双极脉冲检测器、四极电导检测器和五极电导检测器。

双极脉冲检测器是在流路上设置两个电极，通过施加脉冲电压，在合适的时间读取电流，进行放大和显示，容易受到电极极化和双电层的影响。四极电导检测器是在流路上设置四个电极，在电路设计中维持两测量电极间电压恒定，不受负载电阻、电极间电阻和双电层电容变化的影响，具有电子抑制功能。五极电导检测器是在四极电导检测模式中加一个接地屏蔽电极，极大提高了测量稳定性，在高背景电导下仍能获得极低的噪声，具有电子抑制功能。

安培检测器是以测量电解电流大小为基础的检测器，主要用于检测具有氧化还原特性的物质。在直流安培检测模式下主要进行抗坏血酸、溴、碘、氰、酚、硫化物、亚硫酸盐、儿茶酚胺、芳香族硝基化合物、芳香胺、尿酸和对二苯酚等物质的检测。在脉冲安培检测模式下主要进行醇类、醛类、糖类、胺类、有机硫、硫醇、硫醚和硫脲等物质的检测。不可检测硫的氧化物。积分脉冲安培检测模式是脉冲安培检测的升级检测模式，适用于检测脉冲安培检测的物质。

（3）色谱泵系统

离子色谱的淋洗液为酸、碱溶液，与金属接触会对其产生化学腐蚀。如果选择不锈钢泵头，腐蚀会导致色谱泵漏液、流量稳定性差和色谱柱寿命缩短等。离子色谱泵头应选择全聚醚醚酮（PEEK）材质（色谱柱正常使用压力一般小于 20MPa）。色谱泵有单柱塞泵和双柱塞泵两种类型，双柱塞泵分为串联双柱塞泵和并联双柱塞泵。压力脉动的消除方式有电子脉冲抑制和使用脉冲阻尼器。

（4）流路系统

采用色谱专用管路、接头及其他连接部件，保证全塑无污染溶出，保证材料的可靠性和使用寿命。材料有 PEEK 管（高压区）、PTFE 管、硅胶管（气路或废液用）、各种接头和连接配件。

（5）分离系统

分离系统是离子色谱的重要部件，也是主要耗材。分离系统中的预柱又称在线过滤器，PEEK 材质，主要作用是保证去除颗粒杂质。保护柱与分析柱填料相同，用来消除样品中可能损坏分析柱填料的杂质。如果不一致，会导致死体积增大、峰扩散和分离度差等。分析柱可有效分离样品组分。

（6）化学抑制系统

抑制系统是离子色谱的核心部件之一，主要作用是降低背景电导和提高检测灵敏度。抑制器的好坏关系到离子色谱的基线稳定性、重现性和灵敏度等关键指标。其中柱-胶抑制是采用固定短柱或现场填充抑制胶进行抑制，不同的抑制柱交替使用，属于间歇式抑制。离子交换膜抑制是采用离子交换膜，利用离子浓度渗透的原理进行抑制。需要配制硫酸再生液，系统需要配置氮气或动力装置。电解自再生膜抑制是利用电解水产生媒介离子，配合离子交换膜进行抑制。其中电解自再生膜抑制是最佳的选择。

（7）进样系统

进样系统是将常压状态的样品切换到高压状态下的部件。保证每次工作状态的重现性是提高分析重现性的重要途径。进样系统的进样阀的材质与色谱泵类似，选择全 PEEK 材质的进样阀才能保证仪器的寿命和分析结果的准确性。进样系统的类型有手动进样和自动进样两种，手动进样可分为手动进样阀和电动进样阀两种，其中手动进样阀的进样一致性与人操作的规范度有关，系统集成性差。电动进样阀的进样一致性较好，系统集成性高。自动进样器的进样一致性最好，系统集成性最好。

（8）数据处理系统

完成数据处理，连通仪器。

20.2.2 常用分析技术

（1）离子色谱仪常见故障分析

① 分析泵常见故障。高压分析泵是离子色谱仪最重要的部件之一。分析泵的作用主要是通过等浓度或梯度浓度的方式在高压下将淋洗液经由进样阀输送到色谱柱内并对待测物进行洗脱。分析泵输出压力应高，不低于 35MPa；耐腐蚀，能够承受 pH=1~14 的溶剂；流

量要稳定，流量精度和重复性为100%±0.5%；要有良好的密封性和噪声小等。高压泵工作正常的情况下，系统压力和流量稳定，噪声很小，色谱峰形正常。与之相反，在高压泵工作不正常的情况时，系统压力波动较大，产生噪声，基线的噪声加大，流量不稳并导致色谱峰形变差（出现乱峰）。产生以上情况原因有以下几种：淋洗液及泵内有气泡、系统压力波动大、漏液、系统压力升高、系统压力降低或无压力。

② 抑制器常见故障。抑制器在化学抑制型离子色谱中具有举足轻重的作用。抑制器工作性能的好坏对分析结果有很大的影响。抑制器最常见的故障是漏液，使峰面积减小和背景电导升高。

③ 色谱柱常见故障。色谱柱的常见问题有以下几点。

柱压升高。可能是由色谱柱过滤网板被沾污、柱接头拧得过紧致使输液管端口变形、PEEK材料的管子切口不齐造成。

分离度降低。可能的原因有系统泄漏、分离柱被沾污后柱容量因子数值变小、淋洗液类型和浓度不合适等。

死体积增大。分离柱入口树脂损失造成死体积增大或树脂床进入空气使树脂床产生沟流使分离度下降。若分离柱入口处出现空隙，可通过填充一些惰性树脂球以减小死体积的影响。

保留时间缩短或延长。色谱峰保留时间的改变会影响待测组分的定性和容量，因为在色谱分析中稳定的保留时间对获得准确、可靠的结果是十分重要的。离子色谱中影响保留时间稳定的因素有仪器的某部位漏液、系统内有气泡使得泵不能按设定的流速传送淋洗液、分离柱交换容量下降使保留时间缩短、抑制器的问题、使用NaOH淋洗液时空气中CO_2产生的影响。

④ 检测器常见故障。检测器尚未达到稳定状态可使基线产生漂移。另外在使用抑制器时，正常情况下背景电导会由高向低的方向逐渐降低，最后达到平衡。如果背景电导值持续增加，说明抑制器部分有问题，检查抑制器是否失效。

(2) 保护柱

离子色谱仪保护柱是液相色谱分析中重要的色谱耗材，使用保护柱可大大降低分析柱受污染的程度，延长分析柱使用寿命。离子色谱仪保护柱位于进样器与分析柱之间，作用主要是截留不溶性颗粒和吸附样品基质中的杂质。

选择保护柱时其填料要与分析柱保持一致，包括品牌、规格等。对于精细分离，保护柱本身的装填柱效要足够好。对于精细分离或者小内径色谱柱分离，保护柱的连接死体积要尽可能小。如果是用于UHPLC柱，还要考虑保护柱的耐压能力。保护柱选择不当时会导致峰扩散、分离度下降，不利于精细分离。

保护柱在使用时要专柱专用，避免交叉污染。要及时更换保护柱，当峰的理论塔板数下降15%，或是柱压上升15%，或是关键分离度下降15%时，都应该及时更换保护柱。当不慎发生强污染时，可以将分析柱卸下，单独冲洗保护柱，使污染物更快地从保护柱中流出。保护柱不可以用超声的方法进行清洗。

(3) 离子对试剂

离子对试剂通常分为用于酸性化合物分析和用于碱性物质分析两种类型，常用的用于分析酸性化合物的试剂有三乙胺、四丁基氢氧化铵、四丁基溴化铵、十二烷基三甲基氯化铵等；用于分析碱性物质的试剂有三氟乙酸、戊烷磺酸钠、己烷磺酸钠、庚烷磺酸钠、辛烷磺酸钠、十二烷基磺酸钠、十二烷基硫酸钠等。具体离子对试剂的选择没有特殊的要求，根据目标化合物的酸碱性进行选择就好。如果目标化合物是弱酸性或弱碱性的，离子对试剂对应选择强碱性或强酸性为最佳。

在使用离子对色谱的时候，需要注意以下几点：

① 在离子对色谱中，比较容易出现鬼峰，在建立方法的时候应同步进行空白试验。

② 加入离子对试剂之后，色谱柱固定相对于离子对试剂的吸附需要一定的时间，因此平衡时间会比常规的反相柱要长。

③ 改变温度对于离子对色谱的峰形会起到改善的作用，当碰到峰形不好的时候，升高或者降低柱温可能会有意想不到的效果。

④ 离子对试剂和固定相的吸附结合是不可逆的，很难将色谱柱冲洗干净，会使色谱柱改性和造成不可逆的损伤，影响色谱柱的使用寿命。

20.2.3　离子色谱仪日常维护

离子色谱仪维护注意事项主要包括以下几部分。

（1）滤头

滤头是流动相的起始部位，长期置于超纯水中，保持湿润状态，但是水是容易变质的，所以要经常换水，以免生出藻类和菌类堵塞滤头，造成系统压力升高，或者会吸入泵头内造成单向阀的污染，引起压力不稳、流速不定。滤头要始终处于液面以下，防止将溶液吸干。

（2）恒流泵

每次实验结束后需对泵头进行清洗，泵头内比较重要的部件是单向阀、宝石杆、高压密封圈，出问题时可首先排除是不是这几个部位的问题，使用碱性试剂很容易结晶，容易划伤这些部位，所以要保证完整充分的清洗。如果长期不使用仪器，也要定期进行清洗工作。启动泵前观察从流动相瓶到泵之间的管路中是否有气泡，如果有则应将其排除。

（3）进样阀

进样阀污染会很容易造成堵塞等问题，所以每次做完实验最好是对进样阀进行一些清洗工作，避免残留和污染，清洗完后想办法盖上进样口，防止灰尘污染。

（4）色谱柱

色谱柱在淋洗液的环境中密封保存就可以了，尽量避免用水去冲洗，因为色谱柱在酸性或者碱性条件下更容易抑制细菌的生长，而且更接近于使用环境，如果纯水保存很容易变质，另外色谱柱最难承受有机物和重金属的干扰，进样品时尽量避免这两种物质进入。如果长时间不使用色谱柱，要定期使用淋洗液进行清洗，防止内部干燥和细菌生长。

（5）抑制器

抑制器最重要的是内部要保持湿润，如果长期不使用一定要定期进行冲洗，冲洗完毕后将几个与大气相同的端口封闭保存。另外如果没有液体经过抑制器时，绝对不能开电流，否则内部的交换膜会被电解干裂，造成损坏。

（6）电导检测器

需要定期冲洗，如果一段时间不使用仪器，可能会出现电导值居高不下的情况，这就是抑制器内或者电导池内的水变质引起的，多冲洗一下就会降下来，最好是定期通水维护。

20.3 典型应用

离子色谱在其产生初期最重要的应用是分析环境样品。其应用对象主要是环境样品中各种阴、阳离子的定性、定量分析。例如大气，干、湿沉降物和地表水等样品中的各种阴、阳离子的测定，如 Cl^-、NO_2^-、Br^-、NO_3^-、PO_4^{3-}、SO_4^{2-} 等阴离子和 Li^+、Na^+、NH_4^+、K^+、Mg^{2+}、Ca^{2+} 等阳离子可在 10min 左右完成分离与检测。目前我国各级环境监测部门已广泛使用离子色谱对酸雨进行测定。与其他方法相比，离子色谱法分析空气污染物样品中的阴、阳离子要更简单、准确。

饮用水用氯气消毒，因其成本低、消毒效果较好而得到广泛的使用。但自 1970 年以来的研究表明，在使用氯气消毒的过程中可能会产生致癌的副产物如三卤甲烷，因此各国正在寻找一种更为安全可靠的可替代氯气的消毒方法。目前发达国家较为普遍地使用二氧化氯和臭氧作为饮用水和水箱贮水的消毒剂。研究表明，上述消毒剂在使用过程中也会产生少量对健康不利的副产物，如亚氯酸根、氯酸根和溴酸根。使用二氧化氯溶液对饮用水进行消毒时会伴随生成亚氯酸根（ClO_2^-）和氯酸根（ClO_3^-）。用次氯酸盐（如漂白粉）溶液消毒，会将氯酸根引入末级处理后的饮用水中。而用臭氧对饮用水消毒的过程中会将水体中自然存在的溴化物氧化为对人体有害的溴酸根。

饮用水中经常需要测定的离子包括常见的阴、阳离子和消毒剂的副产物，如一些卤素含氧酸：亚氯酸根（ClO_2^-）、次氯酸根（ClO^-）、氯酸根（ClO_3^-）、溴酸根（BrO_3^-）、次溴酸根（BrO^-）等。美国国家环境保护局（EPA）建议使用化学抑制型离子色谱法测定上述含氧卤素副产物。

饮用水中亚硝酸盐、硝酸盐是必测项目之一。亚硝酸钠和亚硝酸钾在食品生产中广泛用作防腐剂和颜色的固定剂。亚硝酸盐是氮循环中的一种中间状态，存在于土壤、水体和废水中。在工业上，亚硝酸盐用来抑制工业用水的腐蚀作用。近年来人们已经注意到亚硝酸盐在胃里可与胺类和酰胺类化合物生成致癌性很强的亚硝胺化合物。常见的测定亚硝酸盐的方法有滴定法、分光光度法和电位滴定法等。近年来，离子色谱法正逐渐代替上述方法而成为一种常规的分析方法。

食品与饮料中的无机阴、阳离子的测定对于满足营养指标、实现生产工艺以及控制产品质量是十分重要的。食品中，广泛测定的阴离子包括卤素离子、CN^-、CO_3^-，以及砷和硒的化合物；阳离子包括铵离子、碱金属、重金属和过渡金属离子。水是食品、饮料的重要原料，水的分析对食品的口味、营养和质量控制十分重要。硝酸根和亚硝酸根作为护色剂常用于各种肉制品中，在酒类和很多其他的食品和饮料中，亚硫酸盐广泛地被用作防腐剂，这些物质若过量会对人体健康造成毒害，因此必须限制其用量，离子色谱法是测定上述离子的首选方法。

除了以上领域，农业中对农药、肥料及土壤的分析，生物医学中对血液、尿液、人体微量元素等的分析，材料中金属材料、半导体材料的分析，日化行业中对化妆品、洗涤剂、清洁剂的成分分析等同样需要使用离子色谱分析法，效率高且精准。

20.4 实验

实验 20-1 离子色谱法测定水中阴离子

一、【实验目的】

1. 了解离子色谱法分析的基本原理。
2. 了解常见阴离子的测定方法。
3. 掌握离子色谱的定性和定量分析方法。

二、【实验原理】

离子色谱中使用的固定相是离子交换树脂。离子交换树脂上分布有固定的带电荷的基团和能解离的离子。当样品加入离子交换色谱柱后,用适当的溶液洗脱,样品离子即与树脂上能解离的离子进行交换,并且连续进行可逆交换分配,最后达到平衡。不同阴离子(F^-、Cl^-、NO_2^-、NO_3^- 等)与阴离子树脂之间亲和力不同,其在交换柱上的保留时间不同,从而达到分离的目的。根据离子色谱峰的峰高或峰面积可对样品中的阴离子进行定性和定量分析。离子色谱仪应用电导检测器。

三、【仪器与试剂】

1. 仪器:离子色谱仪,阴离子分析色谱柱,保护柱,真空抽滤装置,超声波清洗仪,注射器,水系滤膜。
2. 试剂:NaF(G.R.),KCl(G.R.),$NaNO_2$(G.R.),$NaNO_3$(G.R.),去离子水。

四、【实验步骤】

1. 配制 9mmol/L 碳酸盐淋洗液

称取适量干燥 Na_2CO_3 和 $NaHCO_3$ 溶于水,经 $0.20\mu m$ 滤膜过滤,转移至 1000mL 容量瓶中,加水稀释至刻度,摇匀,超声除去气泡。

2. 配制 1000mg/L 阴离子标准储备液

分别称取适量烘干后的 NaF、KCl、$NaNO_2$、$NaNO_3$,用去离子水溶解,定容至 1000mL 容量瓶中,摇匀备用。

3. 配制标准溶液

分别移取 2.5mL NaF、5.0mL KCl、5.0mL $NaNO_2$、10.0mL $NaNO_3$ 于 250mL 容量瓶中,用去离子水定容至刻度,摇匀,得浓度为 10mg/L F^-、20mg/L Cl^-、20mg/L NO_2^-、40mg/L NO_3^- 的标准混合溶液。再分别移取 2.5mL NaF、5.0mL KCl、5.0mL

$NaNO_2$、10.0mL $NaNO_3$ 于不同的 250mL 容量瓶中,分别得 10mg/L F^-、20mg/L Cl^-、20mg/L NO_2^-、40mg/L NO_3^- 的标准溶液。

4. 仪器设置

设置抑制器抑制电流为 50mA;淋洗液流量为 0.7mL/min;采集时间为 20min。

5. 阴离子的定性分析

吸取上述阴离子标准混合液 5.0mL 于 50mL 容量瓶中,用去离子水稀释至刻度,摇匀。吸取该溶液 0.50mL 进样,记录流出曲线。分别吸取每种离子标准溶液 5.00mL 于 50mL 容量瓶中,稀释摇匀后吸取 0.50mL 分别进样,记录色谱图。

6. 绘制标准曲线

分别吸取混合标准溶液 2.00mL、4.00mL、6.00mL、8.00mL、10.00mL 于 50mL 的容量瓶中,用去离子水定容至刻度线,摇匀备用,取 0.50mL 进样测试,记录色谱图。

7. 测定样品

取未知水样 10mL,过滤,取 0.50mL 在上述条件下进样,记录色谱图。

五、【数据处理】

1. 根据标准品和样品色谱图中的色谱峰保留时间,确定被分析离子在色谱图中的位置。
2. 将各阴离子标准系列溶液在不同浓度下所对应的峰面积填在表 20-1 中。

表 20-1　阴离子标准系列溶液数据

阴离子		1	2	3	4	5
F^-	浓度/(mg/L)					
	峰面积					
Cl^-	浓度/(mg/L)					
	峰面积					
NO_2^-	浓度/(mg/L)					
	峰面积					
NO_3^-	浓度/(mg/L)					
	峰面积					

3. 绘制标准曲线,根据线性方程计算水样中被测阴离子的含量。

六、【注意事项】

1. 淋洗液必须进行超声脱气处理。
2. 所有进样液体必须经滤膜过滤。
3. 标准品和样品的进样量要严格保持一致。

七、【思考题】

1. 比较离子色谱法和高效液相色谱法的异同点。
2. 测定阴离子的方法有哪些?各自的优缺点是什么?
3. 抑制器的作用是什么?

实验 20-2 离子色谱法测定水中的阳离子

一、【实验目的】

1. 了解离子色谱分析阳离子的基本原理及操作方法。
2. 掌握离子色谱法中抑制器的选用方法。

二、【实验原理】

离子色谱法是在经典的离子交换色谱法的基础上发展起来的，这种色谱以阴离子或阳离子交换树脂为固定相，电解质溶液为流动相即淋洗液，在分离阴离子时常用碳酸钠或碳酸氢钠-碳酸钠混合液作为淋洗液，在分离阳离子时常用稀盐酸或硝酸溶液作为淋洗液。待测离子对离子交换树脂亲和力不同，导致它们在分离柱内具有不同的保留时间而得到分离。一般选用电导检测器进行检测，为消除洗脱液中强电解质对电导检测的干扰，在检测器前加一个抑制器成为抑制型离子色谱。抑制器的种类有很多，如填充有高容量离子交换树脂的抑制柱、中空纤维管抑制柱、电化学自再生微膜抑制器等。目前常用的是电化学自再生微膜抑制器，具有高的抑制容量、无需化学再生液等优点。

在本实验中，选用甲烷磺酸作为淋洗液，淋洗液由高压泵输入经定量管时试样被带入色谱柱。在色谱柱中发生如下交换过程：

$$CH_3SO_3H + MX \rightleftharpoons CH_3X + MSO_3H$$

被测阳离子随甲烷磺酸淋洗液进入阳离子分离柱。根据离子交换树脂对各阳离子的不同亲和程度，将被测离子分离，经抑制器系统时将强电解的淋洗液转换为弱电解溶液，通过电导检测器进行检测，根据保留时间定性，通过峰面积或峰高定量。

三、【仪器与试剂】

1. 仪器：离子色谱仪，阳离子分析色谱柱，保护柱，真空抽滤装置，超声波清洗仪，注射器，水系滤膜，样品预处理柱。
2. 试剂：甲烷磺酸（G.R.），硝酸钠（G.R.），氯化铵（G.R.），硝酸钙（G.R.），硝酸镁（G.R.），硝酸钾（G.R.），去离子水。

四、【实验步骤】

1. 配制 20mmol/L 甲烷磺酸淋洗液

移取 1294.4μL 甲烷磺酸溶于适量水中，转移至 1000mL 容量瓶中，加水稀释至刻度，摇匀，超声除去气泡。该淋洗液需 3 天配制一次。

2. 配制 1000mg/L 阴离子标准储备液

分别称取 3.697g $NaNO_3$、2.965g NH_4Cl、2.586g KNO_3、5.892g $Ca(NO_3)_2$、10.548g $Mg(NO_3)_2$，用去离子水溶解，分别定容至 1000mL 容量瓶中，摇匀备用。

3. 配制混合标准中间液

分别移取 50.00mL NaNO₃、50.00mL NH₄Cl、50.00mL KNO₃、200.00mL Ca(NO₃)₂、25.00mL Mg(NO₃)₂ 标准储备溶液于 1000mL 容量瓶中，用去离子水定容至刻度线，摇匀，得浓度为 50.00mg/L NaNO₃、50.00mg/L NH₄Cl、50.00mg/L KNO₃、200.00mg/L Ca(NO₃)₂、25.00mg/L Mg(NO₃)₂ 的标准混合溶液。再分别移取 50.00mL NaNO₃、50.00mL NH₄Cl、50.00mL KNO₃、200.00mL Ca(NO₃)₂、25.00mL Mg(NO₃)₂ 标准储备溶液于 1000mL 容量瓶中，用去离子水定容至刻度，摇匀，得浓度为 50.00mg/L NaNO₃、50.00mg/L NH₄Cl、50.00mg/L KNO₃、200.00mg/L Ca(NO₃)₂、25.00mg/L Mg(NO₃)₂ 的标准溶液。

4. 仪器设置

设置抑制器抑制电流为 59mA；淋洗液流量为 1.0mL/min；进样量 25μL；采集时间为 20min；柱温 30℃。

5. 阳离子的定性分析

将上述阳离子标准混合液及各阳离子标准溶液进样，记录色谱图，根据保留时间确定各离子在色谱图中的位置。

6. 绘制标准曲线

分别吸取混合标准溶液 5.00mL、10.00mL、20.00mL、30.00mL、50.00mL 于 100mL 的容量瓶中，用去离子水定容至刻度，摇匀，上机测试，记录色谱图。以浓度为横坐标，峰面积或峰高为纵坐标，绘制标准曲线。

7. 测定样品

将未知水样过柱子后经滤膜过滤，在上述条件下进样，记录色谱图。根据标准曲线求出水样中各阳离子的含量。

五、【数据处理】

1. 将各阳离子标准系列溶液在不同浓度下所对应的峰面积填在表 20-2 中。

表 20-2　阳离子标准系列溶液数据

阳离子		1	2	3	4	5
Na^+	浓度/(mg/L)					
	峰面积					
NH_4^+	浓度/(mg/L)					
	峰面积					
K^+	浓度/(mg/L)					
	峰面积					
Ca^{2+}	浓度/(mg/L)					
	峰面积					
Mg^{2+}	浓度/(mg/L)					
	峰面积					

2. 以浓度为横坐标，峰面积为纵坐标，绘制标准工作曲线，得到标准工作曲线方程（校正曲线）及相关系数。

3. 根据标准工作曲线求出未知水样中被测阳离子的含量。

六、【注意事项】

1. 气泡会干扰或影响分离效果，进入系统的淋洗液和样品溶液必须进行脱气处理。
2. 有机物会缩短分离柱的使用寿命。含有机物的水样应通过螯合树脂或者固相萃取柱进行净化处理。
3. 标准曲线应经常校准，一般每测定一系列试样应校准一次。若任何一个离子的响应值或保留时间改变10%左右时，需重新校准标准曲线。

七、【思考题】

1. 测定阳离子的方法有哪些？各自的优缺点是什么？
2. 引起保留时间变化的原因有哪些？
3. 色谱柱堵塞后会产生哪些变化？

实验 20-3 设计性实验

小麦粉中溴酸盐的测定

一、【实验目的】

1. 掌握离子色谱法测定溴酸盐的原理。
2. 掌握检索收集资料的方法，并能根据文献资料设计实验。
3. 测定小麦粉中溴酸盐的含量。

二、【设计提示】

1. 溴酸盐的物理化学性质如何？
2. 常用的检测溴酸盐含量的方法有哪些？
3. 根据现有文献报道还可以用哪些方法测定小麦粉中的溴酸钠含量？

三、【要求】

1. 设计利用离子色谱法测定小麦粉中溴酸钠含量的方法。
2. 按照详细的设计实验方法，利用离子色谱法测定小麦粉中溴酸钠含量，并写出详细的实验报告。

20.5 知识拓展

1975年，Small等成功地解决了用电导检测器连续检测柱流出物的难题，即采用低交换容量的阴离子或阳离子交换柱，以强电解质作流动相分离无机离子，流出物通过一根称为抑制柱的与分离柱填料带相反电荷的离子交换树脂柱。这样,将流动相中被测离子的反离子除去,使流动相背景电导降低,从而获得高的检测灵敏度。从此,有了真正意义上的离子色谱法(ion chromatography,IC),IC 作为一门色谱分离技术从液相色谱法中独立出来。1979年,Gjerde 等用弱电解质作流动相,因流动相本身的电导率较低,不必用抑制柱就可以用电导检测器直接检测。人们把使用抑制柱的离子色谱法称作双柱离子色谱法或抑制型离子色谱法,把不使用抑制柱的离子色谱法称作单柱离子色谱法或非抑制型离子色谱法。

附:仪器操作规程

戴安 ICS-900 离子色谱操作规程

Thermo Scientific ICS-1600 离子色谱操作规程

第六篇　电化学分析法

电化学分析法是基于溶液电化学性质的化学分析方法，通常以电位、电流、电荷量和电导等电学参数与被测物质的量之间的关系作为计量基础。根据电化学分析系统不同的分类条件，电化学分析法有不同的分类。①根据在某一特定条件下，化学电池中的电极电位、电量、电流、电压及电导等物理量与溶液浓度的关系进行分析的方法。例如，电位测定法、恒电位库仑法、极谱法和电导法等。②以化学电池中的电极电位、电量、电流和电导等物理量的突变作为指示终点的方法。例如，电位滴定法、库仑滴定法、电流滴定法和电导滴定法等。③将试液中某一被测组分通过电极反应，使其在工作电极上析出金属或氧化物，称量此电沉积物的质量求得被测得组分的含量。例如，电解分析法。电化学分析具有分析速度快、灵敏度高、所需试样量较少等特点，所以在诸多领域有着广泛的研究，尤其在生理、医学以及各种化学平衡常数的测定、化学机理的研究等方面有着较好的应用。

第 21 章　电位分析法

21.1　基本原理

电位分析法是电化学分析法的一个重要组成部分，是以测量原电池的电动势为基础，根据电动势与溶液中某种离子的活度（或浓度）之间的定量关系（Nernst 方程式）来测定待测物质活度或浓度的一种电化学分析法。它是以待测试液作为化学电池的电解质溶液，于其中插入两个电极，一个是电极电位随试液中待测离子的活度或浓度的变化而变化，用以指示待测离子活度（或浓度）的指示电极（常作负极），另一个是在一定温度下，电极电位基本稳定不变，不随试液中待测离子活度变化而变化的参比电极（常作正极），通过测量该电池的电动势来确定待测物质的含量。

21.1.1 化学电池

化学电池是一种电化学反应器,它由两个电极插入适当的电解质溶液中组成。化学电池分为电解池和原电池两类。由电能转变为化学能的装置称为电解池(electrolytic cell);由化学能转变成电能的装置称为原电池(galvanic cell)。本章主要讨论原电池。现以铜锌电池为例,说明原电池产生电流的原理。将 Zn 棒插入 $ZnSO_4$ 溶液(1mol/L)中,Cu 棒插入 $CuSO_4$ 溶液(1mol/L)中,两溶液间用饱和 KCl 盐桥相连,两极用导线相连,并在导线中间接一个灵敏电流计,则电流计的指针发生偏转。两电极的电极反应(半电池反应)为:

正极 $\qquad Cu^{2+} + 2e^- \longrightarrow Cu \qquad$ (还原反应)

负极 $\qquad Zn - 2e^- \longrightarrow Zn^{2+} \qquad$ (氧化反应)

电池反应 $\qquad Cu^{2+} + Zn \longrightarrow Cu + Zn^{2+}$

上述原电池可用下面简式表示:$(-)Zn|Zn^{2+}(1mol/L) \| Cu^{2+}(1mol/L)|Cu(+)$。根据规定,右边的电极上进行还原反应为正极,左边电极上进行氧化反应为负极;凡是能产生电位差的相界面,都用单竖线表示,当两溶液通过盐桥连接,已消除液接电位时,用双竖线"$\|$"表示;电池中的溶液应注明浓(活)度,如有气体,则应注明温度、压力,若不注明,系指 25℃ 及 101325Pa,固体或纯液体的活度看作是 1;气体或均相的电极反应,反应物本身不能直接作为电极,要用惰性材料(如铂、金或碳等)作电极,以传导电流。

原电池电动势为右边的电极的电位减左边电极的电位,电动势为正值。

21.1.2 参比电极

电位分析法使用的原电池,通常由两种性能不同的电极组成。其中电位值随被测离子活(浓)度的变化而改变的电极称为指示电极(indicator electrode);电位值已知并保持不变的电极称为参比电极(reference electrode)。

参比电极(reference electrode)是指温度、压力一定的条件下,其电极电位已知,且不随待测溶液的组成改变而改变的电极。对参比电极的要求是装置简单,电极电位再现性好。在测量电动势时,即使有微量电流通过,电极电位仍保持恒定。精确的参比电极是标准氢电极,它是参比电极的一级标准,但由于它在制作和使用上均不方便,日常工作中很少应用。常用的参比电极是甘汞电极和银-氯化银电极。

(1)甘汞电极

属二级标准电极,是由汞、甘汞(Hg_2Cl_2)和氯化钾溶液组成甘汞电极(如图 21-1 所示)。电极表示式为:$Hg,Hg_2Cl_2(固)|Cl^-(x mol/L)$。

电极反应 $\qquad Hg_2Cl_2 + 2e^- \longrightarrow 2Hg + 2Cl^-$

所以甘汞电极的电位决定于溶液中 Cl^- 的活度。甘汞电极根据其中所用 KCl 浓度的不同可分为 0.1mol/L、1mol/L 及饱和甘汞电极三种。25℃ 时,这三种浓度的甘汞电极电位分别为 0.336V、0.282V 和 0.224V。甘汞电极制备容易,使用方便,能满足一般分析测量的要求。在电位测定中常用的甘汞电极是饱和

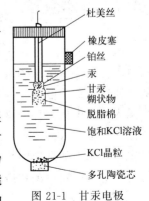

图 21-1 甘汞电极

甘汞电极（saturated calomel electrode, SCE）。使用甘汞电极时，特别要防止被测试液扩散进入电极中，为此有时要采取双液接甘汞电极。

(2) 银-氯化银电极

Ag 丝镀上一层 AgCl，浸在不同浓度的 KCl 溶液中，即构成银-氯化银电极。电极表示式为：Ag，AgCl(固)|Cl^-($x$mol/L)。

电极反应 $AgCl + e^- \longrightarrow Ag + Cl^-$

25℃时，0.1mol/L、1mol/L、饱和 KCl 的 Ag-AgCl 电极电位分别为 0.288V、0.222V 和 0.200V。

由于 Ag-AgCl 电极的结构简单，可制成很小体积，所以常用作玻璃电极和其他离子选择电极的内参比电极及复合玻璃电极的内外参比电极。

21.1.3 指示电极

理想的指示电极应具备以下特点：电极电位只与待测离子活度符合能斯特关系式；电极电位稳定；响应速度快。指示电极分为金属基电极和薄膜电极两大类。金属基电极是以金属为基体的电极。它早被应用于经典电位分析法中。这类电极受到溶液中氧化剂、还原剂等许多因素干扰，只有少数几种金属基电极能用于离子活度的测定。对某种离子具有选择性响应的膜所构成的电极称为膜电极。从 20 世纪 60 年代中期起，相继制成了许多离子选择电极。到目前为止，国内外制成的商品选择电极已有二十多种，可直接或间接测定五十余种离子。

(1) 玻璃电极

玻璃电极由 pH 敏感膜、内参比电极（AgCl/Ag）、内参比液、带屏蔽的导线组成，玻璃电极的核心部分是玻璃敏感膜，它属于离子选择电极。当玻璃电极的玻璃敏感膜的内外表面浸泡在水溶液中后，能吸收水分形成厚度为 $10^{-4} \sim 10^{-5}$ 的水化硅胶凝胶层，该层中的 Na^+ 可与溶液中的 H^+ 进行交换，使凝胶层内外表面上的 Na^+ 的点位几乎被 H^+ 所占据，越深入该层内部，交换的数量越少，达到干玻璃处则无交换。由于溶液中和水化层中 H^+ 活度不同，H^+ 将由活度高的一方向低的一方扩散。若 H^+ 由溶液向凝胶层方向扩散，改变了两界面的电荷分布，因而在两相界面上形成双电层，产生电位差，产生的电位差值，抑制 H^+ 继续扩散，当达到动态平衡时，电位差达到一个稳定值，该电位差值即为相界电位。

(2) 离子选择电极

离子选择电极即膜电极，其构造随电极膜（敏感膜）特性的不同而异，但一般都包括电极膜、电极管、内充溶液和内参比电极四个部分。pH 玻璃电极是最早使用的离子选择电极，其他离子选择电极的工作原理与 pH 玻璃电极相仿。当电极膜浸入外部溶液时，膜内、外溶液中有选择响应的离子，通过交换和扩散等作用在膜两侧建立电位差，达到平衡后即形成稳定的膜电位，又因内参比溶液中有关离子浓度和内参比电极电位恒定，故离子选择电极的电位与外部溶液中有关离子活度或浓度的关系符合能斯特方程式：

$$E = K' \pm \frac{2.303RT}{nF} \lg a_1$$

式中，E 为电位；K' 为标准电极电势；a_1 为活度；n 为电子数；F 为法拉第常量；R 为摩尔气体常数；T 为温度。

根据膜性质的不同可以将离子选择电极分为：非晶体膜电极、晶体膜电极以及敏化电极。

21.2 仪器组成与分析技术

21.2.1 电位分析法测量仪器

电极电位的测定是通过测量待测电极与参比电极组成的原电池的电动势来实现的。因此,电位法测量仪器是将参比电极、指示电极和测量仪器构成回路来进行电极电位的测量。电位测量仪器分为两种类型:直接电位法测量仪器和电位滴定法测量仪器。

直接电位法仪器有利用 pH 玻璃电极为指示电极测定酸度的 pH 计和利用离子选择电极为指示电极测定各种离子浓度的离子计。由于许多电极具有很高的电阻,因此,pH 计和离子计均需要很高的输入阻抗,而且带有温度自动测定与补偿功能。经过简单的标定,这种仪器可以直接给出酸度或离子浓度。

电位滴定法又分为手动滴定法和自动滴定法。手动滴定法所需仪器为上述 pH 计或离子计,在滴定过程中测定电极电位变化,然后绘制滴定曲线。这种仪器操作十分不便。随着电子技术与计算机技术的发展,各种自动滴定仪相继出现。自动滴定仪有两种工作方式:自动记录滴定曲线方式和自动终点停止方式。自动记录滴定曲线方式是在滴定过程中自动绘制滴定体系中 pH(或电位值)-滴定体积曲线,然后由计算机找出滴定终点,给出消耗的滴定体积。自动终点停止方式是预先设置滴定终点的电位值,当电位值到达预定值后,滴定自动停止。

21.2.2 常用分析技术

电位分析法有两种分析方式:直接电位法和电位滴定法。

(1) 直接电位法

由于液接电位、不对称电位的存在以及活度因子难于计算,故在直接电位法中一般不采用由能斯特方程式来直接计算被测离子浓度,而采用以下几种方法。

① 标准曲线法。在离子选择电极的线性范围内,测量从稀到浓不同浓度标准溶液的电动势,并作 E-$\lg a$ 标准曲线,然后在相同条件下测量样品溶液的电位值,后在标准曲线上求出相应的浓度,这种方法称为标准曲线法。标准曲线法可测浓度范围广,特别适合批量样品的分析,但它要求标准溶液的组成与样品溶液的组成相近,液温相同。因此,除了组成极简单的样品外,都必须在系列标准溶液样品溶液中加入等量的总离子强度调节缓冲剂(total ion strength adjustment buffer,TISAB),使其离子强度高且近于一致,即各溶液的活度因子基本相同后再测量。总离子强度调节缓冲剂是一种不含被测离子,不与被测离子反应,不污染或损害电极膜的浓电解质溶液。它一般由固定离子强度、保持液接电位稳定的离子强度调节剂,起 pH 缓冲液作用的缓冲剂和掩蔽干扰离子作用的掩蔽剂三部分组成。

② 标准比较法。若标准曲线线性好,则可用标准比较法。即在标准溶液和样品溶液中分别加入总离子强度调节缓冲剂后,再分别测定 E_s 和 E_x,然后将两式相减,此法操作简单,但 ΔE 值不能太小,否则会产生较大误差。

③ 标准加入法。若样品溶液离子强度很大,离子强度调节剂不能起作用,或样品溶液

基质复杂且变动性较大时，则可用标准加入法。即先测样品溶液（浓度为 c_x，体积为 V_x）的电动势 E_1，然后在该液中加入小体积的该离子的标准溶液，再测混合液的电动势 E_2，由两次测定的电位差，根据能斯特方程可计算出被测离子的浓度。此法不需加入总离子强度调节缓冲剂，仅需一种标准溶液，操作简单快速，可得较高准确度。

(2) 电位滴定法

电位滴定法是一种用电位确定终点的滴定分析法，是根据电极电位的突跃来确定化学计量点的到达。电位滴定时，在待测溶液中插入一个指示电极和一个参比电极。随着滴定剂的加入，由于发生化学反应被测离子的浓度不断变化，因而指示电极的电位或工作电池的电动势也相应地变化。在计量点附近，离子浓度发生突变，引起电位突变，指示终点达到。通过连接在两电极间的电位计来测量工作电池的电动势。

为了使滴定反应迅速达到平衡，溶液的搅拌是必不可少的。滴定初期，滴定剂加入的速度可以很快，如每次加入 1~5mL。在化学计量点附近，因电位变化率增大，应减小滴定剂的加入量，最好每加入一小份（0.1~0.2mL），记录一次数据，并保持每次加入滴定剂的数量相等。这样，便于更准确地根据电位的突跃来确定滴定终点。与直接电位法相比，电位滴定法不需要准确地测量电极电位，因此溶液温度、液体接界电位的影响并不重要，准确度较高，与一般滴定分析法相当，但费时较多。

电位滴定中确定终点的方法通常有三种，以银电极为指示电极，饱和甘汞电极为参比电极，用 0.1mol/L $AgNO_3$ 标准溶液滴定 10.0mL NaCl 溶液。现以此为例讨论几种确定终点的方法。

① E-V 曲线法。用加入滴定液的体积（V）作横坐标，电动势（E）作纵坐标，绘制 E-V 曲线，曲线上的转折点（斜率大处）即为计量点。此法应用方便，但要求滴定化学计量点处的电位突跃明显。

② $\Delta E/\Delta V$-V 曲线法。以 E-V 曲线的斜率 $\Delta E/\Delta V$ 作纵坐标，相邻两体积的平均值作横坐标作图，得一尖锋状极大的曲线，尖锋所对应的 V 即为滴定终点。由于在化学计量点附近 $\Delta E/\Delta V$ 比变化率大得多，因而用此法确定终点较为准确，但数据处理及作图较麻烦。

利用上述两种作图法确定滴定终点，主要是根据化学计量点附近的测量数据。因此，除非要研究滴定的全过程，通过只需要准确测量和记录化学计量点前、后 12mL 内的测量数据便可求得滴定终点。在电位滴定过程中，要随时测定电池的电动势，然后绘制滴定曲线求得终点，十分费时，随着电子技术的发展出现了自动电位滴定计。

21.3 典型应用

(1) 免疫电化学传感器

抗体与抗原结合后的电化学性质与单一抗体或抗原的电化学性质相比发生了较大的变化。将抗体（或抗原）固定在膜或电极的表面，与抗原（或抗体）形成免疫复合物后，膜中电极表面的物理性质，如表面电荷密度、离子在膜中的扩散速度，发生了改变，从而引起了膜电位或电极电位的改变。

将人绒毛膜促性腺激素（HCG）的抗体通过共价交联的方法固定在二氧化钛电极上，形成检测 HCG 的免疫电极。当该电极上 HCG 抗体与被测液中的 HCG 形成免疫复合物时，电极表面的电荷分布发生变化。该变化通过电极电位的测量反映出来。同样，抗体也可以交联在乙酰纤维素膜上形成免疫电极。

(2) 微生物传感器

我们知道，微生物是易于获得的酶源。随着微生物固定化技术的进展，越来越多的微生物被用作生物传感器的敏感材料。由其构成的传感器大致可以分为两类。一类是测定呼吸活性型微生物传感器，需氧微生物与底物作用的同时，微生物细胞的呼吸活性提高，扩散到氧传感器附近的氧量相应减小，借此可获得底物的浓度。另一类是测定代谢物质型微生物传感器，微生物与底物因代谢作用产生各种代谢产物，用相应的基础传感器即可获得响应信号。

(3) 组织传感器

使用组织切片作为生物传感器的敏感膜是基于组织切片有很高的生物选择性。换句话说，组织电极是以生物组织内丰富存在的酶作为催化剂，利用电位法指示电极对酶促反应产物或反应物的响应，实现对底物的测量。组织电极所使用的生物敏感膜可以是动物组织切片，如肾、肝、肌肉、肠黏膜等，也可以是植物组织切片，如植物的根、茎、叶等。

21.4 实验

实验 21-1 电位分析法测定未知溶液的 pH 值

一、【实验目的】

1. 掌握用直接电位法测定溶液 pH 值的方法和实验操作技术。
2. 掌握酸度计的使用方法。

二、【实验原理】

测定溶液的 pH 值通常用 pH 玻璃电极作指示电极，甘汞电极作参比电极，与待测溶液组成工作电池，用精密毫伏计测量电池的电动势。前面已推导 pH 值的操作定义：

$$E = \varphi_{\text{参}} - \varphi_{\text{玻}} = \varphi_{\text{参}} - K' + 0.059\text{V}\,\text{pH} = K'' + 0.059\text{V}\,\text{pH}$$

$$\text{pH} = \frac{E - (\varphi_{\text{参}} - K')}{0.059\text{V}} = \frac{E - K''}{0.059\text{V}}$$

三、【仪器与试剂】

1. 仪器：pHS-3C 酸度计或其他类型酸度计，231 型 pH 玻璃电极，222 型饱和甘汞电极（或使用 pH 复合电极），温度计。

2. 试剂：苯二甲酸氢钾标准 pH 缓冲溶液，磷酸氢二钠与磷酸二氢钾标准 pH 缓冲溶液，硼砂标准 pH 缓冲溶液，未知 pH 试样溶液（至少 3 个，选 pH 分别在 3、6、9 左右为好）。

四、【实验步骤】

1. 单标准 pH 缓冲溶液法测量溶液 pH 值

这种方法适合于一般要求，即待测溶液的 pH 值与标准缓冲溶液的 pH 值之差小于 3 个 pH 单位。

① 选用仪器"pH"挡，将清洗干净的电极浸入标准 pH 缓冲溶液中，按下测量按钮，转动定位调节旋钮，使仪器显示的 pH 值稳定在该标准缓冲溶液 pH 值。

② 松开测量按钮，取出电极，用蒸馏水冲洗几次，用滤纸小心吸去电极上的水液。

③ 将电极置于欲测试液中，按下测量按钮，读取稳定 pH 值，并记录。松开测量按钮，取出电极，按步骤②清洗，继续下个样品溶液测量。测量完毕，清洗电极，并将玻璃电极浸泡在蒸馏水中。

2. 双标准 pH 缓冲溶液法测量溶液 pH 值

为了获得高精度的 pH 值，通常用两个标准 pH 缓冲溶液定位校正仪器，并且要求未知溶液的 pH 值尽可能落在这两个标准 pH 溶液的 pH 值中间。

① 按单标准 pH 缓冲溶液法的步骤①和②，选择两个标准缓冲溶液，用其中一个对仪器进行定位。

② 将电极置于另一个标准缓冲溶液中，调节斜率旋钮（如果没设斜率旋钮，可使用温度补偿旋钮调节），使仪器显示的 pH 读数至该标准缓冲溶液的 pH 值。

③ 松开测量按钮，取出电极，用蒸馏水冲洗几次，用滤纸小心吸去电极上的水液，再放入第一次测量的标准缓冲溶液中，按下测量按钮，其读数与该试液的 pH 值相差至多不超过 0.05 个 pH 单位，表明仪器和玻璃电极的响应特性均良好。往往要反复测量、反复调节几次，才能使测量系统达到最佳状态。

④ 当测量系统调定后，将清洗干净的电极置于欲测试样溶液中，按下测量按钮，读取稳定 pH 值，记录。松开测量按钮，取出电极，冲洗干净后，将玻璃电极浸泡在蒸馏水中。

五、【数据处理】

利用实验原理中的方程式计算未知 pH 试样溶液的 pH 值，并写出计算过程。

六、【注意事项】

1. 玻璃电极的使用范围：pH＝1～9（不可在有酸差或碱差的范围内测定）。
2. 标液的 pH 应与待测液的 pH 接近：$|\Delta pH| \leqslant 3$。
3. 标液与待测液测定温度应相同（以温度补偿钮调节）。
4. 电极浸入溶液需足够的平衡稳定时间。
5. 间隔中用蒸馏水浸泡，以稳定其不对称电位。

七、【思考题】

1. 测定未知溶液 pH 时，为什么要用 pH 标准缓冲溶液进行校准？
2. 简要说明测定溶液中其他离子浓度的方法。

实验 21-2 用氟离子选择性电极测定水中微量氟离子（标准曲线法）

一、【实验目的】

1. 理解用直接电位法测定微量氟离子的原理和方法。
2. 掌握使用氟离子选择性电极测定氟离子浓度的实验技术。

二、【实验原理】

以氟离子选择性电极为指示电极，饱和甘汞电极为参比电极，氟离子选择性电极的膜电位 φ_{F^-} 为：

$$\varphi_{F^-} = K - \frac{RT}{nF} \lg a_{F^-}$$

则工作电池的电动势为

$$E = \varphi_{F^-} - \varphi_{甘汞} = K' - \frac{RT}{nF} \lg a_{F^-}$$

若加入高离子强度的溶液，可以在测定过程中维持活度系数的恒定，因此工作电池电动势与氟浓度的对数呈线性关系：

$$E = K'' - \frac{RT}{nF} \lg c_{F^-} = K'' + \frac{RT}{nF} \text{pF}$$

本实验采用标准曲线法测定氟离子浓度，即配制不同浓度的氟离子标准溶液，测定工作电池的电动势，并在同样条件下测得试液的 φ_x，由 φ-pF 曲线查得未知试液的 pF，进而求得氟离子浓度。当试液组成较为复杂时，则应采取标准加入法测定。

氟离子选择性电极测定浓度在 $10^{-6} \sim 1 \text{mol/L}$ 范围内，$\Delta\varphi_{F^-}$ 与 $\lg c_{F^-}$ 呈线性响应，电极的检测下限在 10^{-7}mol/L 左右。氟电极适用的酸度范围为 pH＝5～6，在测定过程中应避免能与氟离子发生反应的干扰离子。因此在测量时加入以 HOAc-NaOAc、柠檬酸钠和大量 NaCl 配制成的总离子强度调节缓冲液，以控制一定的离子强度和酸度，消除干扰离子的影响。

氟离子选择性电极是比较成熟的离子选择性电极之一，其应用范围较为广泛。本实验所介绍的测定方法，适用于各种不同试样中氟离子的测定，如人指甲中氟离子的测定（指甲需先经适当的预处理），为诊断氟中毒程度提供科学依据；雪和雨水中的痕量氟离子的测定（采取适当措施，用标准曲线法测定）；河水中氟离子的测定（用标准加入法不需要预处理即可直接测定）；尿和血中总氟含量的测定；大米、玉米、小麦中的微量氟的测定（颗粒经磨碎、干燥，并经 $HClO_4$ 浸取后，用标准加入法测定）；儿童食品中的微量氟测定等。

三、【仪器与试剂】

1. 仪器：pHS-3C 型酸度计或其他型号酸度计，氟离子选择性电极，饱和甘汞电极，电磁搅拌器，容量瓶（1000mL、100mL），吸量管（10mL）。

2. 试剂：0.100mol/L氟离子标准溶液，总离子强度调节缓冲液，氟离子试液。

① 0.100mol/L氟离子标准溶液：准确称取120℃干燥2h并经冷却的优级纯NaF 4.20g于小烧杯中，用去离子水溶解后，转移至1000mL容量瓶中，用去离子水稀释至刻度，摇匀，然后转入洗净、干燥的塑料瓶中。

② 总离子强度调节缓冲液（TISAB）：于1000mL烧杯中加入500mL水和57mL冰醋酸，58g NaCl，12g柠檬酸钠（$Na_3C_6H_5O_7 \cdot 2H_2O$），搅拌至溶解。将烧杯置于冷水中，在pH计的监测下，缓慢滴加6mol/L NaOH溶液，至溶液的pH=5.0~5.5。冷却至室温，转入1000mL容量瓶中，用去离子水稀释至刻度，摇匀。转入洗净、干燥的试剂瓶中。

③ 氟离子试液：浓度为10^{-3}mol/L（pF=3.00）。

四、【实验步骤】

1. 溶液配制

① 准确吸取0.100mol/L氟离子标准溶液10.00mL，置于100mL容量瓶中，加入TISAB 10.00mL，用去离子水稀释至刻度，摇匀，得pF=2.00溶液。吸取pF=2.00溶液10.00mL，置于100mL容量瓶中，加入TISAB 9.0mL，用去离子水稀释至刻度，摇匀，得pF=3.00溶液。仿照上述步骤，配制pF=4.00、pF=5.00、pF=6.00的溶液。

② 准确吸取氟离子试液10.00mL，置于100mL容量瓶中，加入TISAB 10.00mL，用去离子水稀释至刻度，摇匀，配制成试样溶液。

2. 测定

① 打开酸度计电源开关，预热30min。接好氟离子选择性电极和饱和甘汞电极。

② 将氟离子选择性电极和甘汞电极插入去离子水中，放入搅拌子，开动磁力搅拌器，调节酸度计至"mV"和"测量"，待电动势数值不变，更换去离子水，清洗电极2~3次至电动势值达300mV以上。

③ 将配制的标准溶液系列由低浓度到高浓度逐个转入塑料小烧杯中，放入洗净吸干的氟离子选择性电极、饱和甘汞电极和搅拌子，开动搅拌器，调节至适当的搅拌速度，读取各溶液的电动势值。

④ 清洗电极2~3次，按标准溶液的测定步骤，测定氟离子试液的电位φ_x。

五、【数据处理】

1. 将实验数据记录在表21-1中。

表21-1 实验数据记录表

pF	2.00	3.00	4.00	5.00	6.00
φ/mV					

2. 以电位φ为纵坐标，pF为横坐标，绘制φ-pF标准曲线。
3. 在标准曲线上找出与φ_x对应的pF，求得原始试液中氟离子的含量，以g/L表示。

六、【注意事项】

测量过程中，溶液的搅拌速度应始终保持基本一致。搅拌速度不宜过快，以防止小气泡附着在电极的敏感膜上，影响测量的稳定性。

七、【思考题】

1. 本实验测定的是氟离子的活度还是浓度？为什么？
2. 测定氟离子时，为什么要控制酸度，pH过高或过低有何影响？
3. 测定标准溶液系列时，为什么按从稀到浓的顺序进行？
4. 氟电极在使用前应怎样处理？需达到什么要求？

实验 21-3 设计性实验

氟离子选择电极测定牙膏中的氟

一、【实验目的】

1. 学会正确使用氟离子选择性电极和酸度计。
2. 了解氟离子选择性电极的基本性能及测定方法。
3. 构建一系列利用离子选择电极检测日用品中相应离子含量的方法。

二、【设计提示】

1. 用氟离子选择性电极测量氟离子时，最适宜pH范围为5.5～6.5，为什么？了解相应的化学反应方程式。
2. 柠檬酸盐是必要的吗？如何配制柠檬酸缓冲溶液？
3. 应包含配制氟的标准溶液系列、标准氟工作曲线的绘制和牙膏样品中游离氟离子含量的测定。

三、【要求】

1. 设计一种利用氟离子选择电极测定牙膏中氟离子含量的方法。
2. 按照"设计提示"，记录所有实验数据，进行数据处理并写出详细的实验报告。

21.5 知识拓展

离子选择性电极发展史

离子选择性电极的发展起源于玻璃电极。1875年，Thomson将两个金属片分别放到两个电解质溶液中，中间用玻璃薄膜间隔构成了一个电池并测定了此电池的电动势。1881年，Helmoholtz在法拉第演讲会上作了一个有历史意义的报告，其中也详细讨论了玻璃球膜的Dannil电池的性质。1906年，生理学家Cremer首先观察到与玻璃接触的水溶液酸碱度发生变化时，通过膜的电位也发生了变化。他把氢氧化钠加到0.6%的NaCl溶液中，发现玻璃膜电位的变化达 360mV。

1920 年，Freundlick 和 Rena 证明，能影响玻璃表面电位的"毛细管活化"物质，并不影响玻璃电极对 pH 的测量。1922 年，Hughes 进行了重要的观察，他发现玻璃电极与 Pt-H_2 电极不同，其电位不受氧化还原的影响，他还讨论了在碱溶液中玻璃电极 pH 功能的钠离子误差，Hughes 率先研究了玻璃组成对电极性能的影响。

1928 年，Dole 在洛克菲勒医学研究所当 MacInnes 的研究助手。MacInnes 要求 Dole 在较细的玻璃管的前端做一个薄膜玻璃电极，以安装在他所设计的各种电位滴定仪器中，Dole 把软玻璃吹制成很薄的球泡，薄到映出光线的虹彩，然后小心翼翼地将薄玻璃膜粘在已烧红的玻璃管端面上，获得了电位漂移小、电阻低的电极。MacInnes 和 Dole 筛选了一种低熔点的三组分玻璃，用这种玻璃制成的 pH 电极在 pH1～9.5 范围内有良好的功能。在 1949 年以前，这种玻璃一直是广泛应用的 pH 电极玻璃，并用它生产过约数百万支电极。

玻璃电极的研究成功，在一定程度上推动了关于膜电极电位的理论研究。在 20 世纪 30 年代初期和中期，曾经发表了数种关于膜电极电位的理论，其中最重要的有筛作用原理、固定电荷理论和吸附理论。

到 20 世纪 60 年代中期，由于对某些离子有特殊选择效应的电活性材料研制成功，有较好性能的电极不断涌现，并且迅速在工业、农业、医学、环境检测和科学研究等方面获得应用。据粗略统计，从 1966 年至 1969 年，在若干常见刊物上发表的论文达 1400 篇以上，离子选择性电极确实进入了一个蓬勃发展的阶段。当时有人甚至认为，离子选择性电极对溶液化学的作用，与激光对物理学的作用相当，这当然是一个过分乐观的估计。1969 年前后，有两件事情大大推动了离子选择性电极的发展，一是美国及欧洲几家大仪器公司对电极制造技术做了相当大的改进，并资助一些著名大学进行研究和推广；二是美国国家标准局（NBS）于 1969 年 1 月在马里兰州召开首次离子选择性电极专门会议，这次会议大大推动了美国及国际上离子选择性电极的研究，"离子选择性电极"的名称也趋向统一。

附：仪器操作规程

pHS-3C 型 pH 计标准操作规程

离子选择性电极的影响因素

标准缓冲液的配制及其保存

酸度计的使用与维护

第 22 章 伏安法

伏安分析法（voltammetry）是在极谱分析法的基础上发展而来的，它以小面积的工作电极与参比电极组成电解池，电解被分析物质的稀溶液，根据所得到的电流-电位变化曲线来进行定性或定量分析。极谱分析法以液态电极（如滴汞电极）为工作电极，而伏安法则以固态电极（如玻碳电极）为工作电极。由于经典极谱法的检测灵敏度不够高，一般只能测定浓度在 10^{-5} mol/L 以上的组分，而且根据半波电位进行定性鉴定的实用意义不大。因此，发展了一系列其他的伏安分析法，如线性扫描伏安法、循环伏安法、微分脉冲伏安法、溶出伏安法等。

22.1 基本原理

以伏安法为中心的电化学测定方法是将化学物质的变化归结为电化学反应，也就是以体系中的电位、电流或者电量作为体系中发生的化学反应的量度进行测定的方法。随着技术的发展，目前伏安法多采用由工作电极、对电极和参比电极组成的三电极体系进行测试。

线性扫描伏安法作为一种应用最广泛的伏安分析技术，通过在工作电极上施加一个线性变化的电压，实现物质的定性定量分析或机理研究等目的。与光谱、核磁或质谱等采用波长、频率或质荷比进行扫描检测的测试方法类似，线性扫描伏安法实质上是一种电化学扫描分析方法，它采用工作电极作为探头，以线性变化的电位信号作为扫描信号，以采集到的电流信号作为反馈信号，通过扫描探测的方式实现物质的定性和定量分析。

在紫外-可见吸收光谱中，物质的特征吸收反映了其电子能级分布情况。类似地，伏安图中的氧化还原峰也反映了物质的氧化还原性质及电子能级填充情况。例如，利用阳极溶出

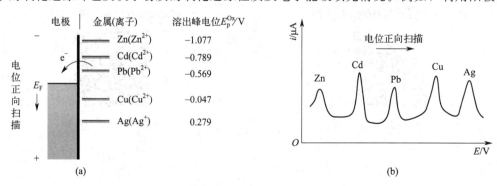

图 22-1　电位扫描（a）及相应伏安示意图（b）

伏安法分析含有多种金属离子的待测物时，首先采用阴极恒电位电解的方法将稀溶液中的金属离子转化为单质富集到电极表面，之后将电极电位从负电位往正电位方向线性扫描。在电极电位正向扫描过程中，富集到电极表面的不同金属单质具有不同的氧化溶出电位，根据峰电位和峰电流大小可对不同离子进行定性分析和定量检测（如图 22-1 所示）。其他伏安分析方法的原理，如循环伏安法、溶出伏安法、微分脉冲伏安法将在实验部分进行介绍。

22.2 仪器组成与分析技术

22.2.1 电化学工作站

伏安分析实验是在电化学工作站上进行的，电化学工作站是电化学测量系统的简称，是电化学研究和教学常用的测量设备。电化学工作站可进行循环伏安法、计时电流法、计时电位法、交流阻抗法、交流伏安法、电流滴定、电位滴定等测量。工作站可以同时满足两电极、三电极及四电极的工作方式。四电极可用于液/液界面电化学测量，对于大电流或低阻抗电解池（如电池）也十分重要，可消除电缆和接触电阻引起的测量误差。图 22-2 为电化学工作站外观和三电极系统装置图。

电化学电解池主要包括电极和电解液，以及连同的一个容器。通常也可能装有一玻璃烧结物、隔板或隔膜来将阳极电解液与阴极电解液隔离开来。通常采用三个电极：确定被研究界面的工作电极（WE）、保持恒定参考电位的参比电极（RE）以及提供电流的对电极（或辅助电极，CE）。电池的设计必须由工作电极的反应性质决定。

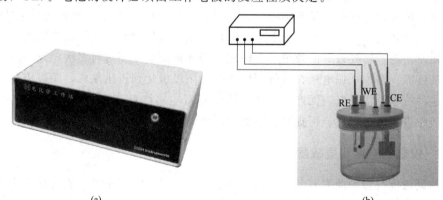

图 22-2　电化学工作站外观 (a) 和常见的三电极电化学电解池 (b)

22.2.2 常用分析技术

22.2.2.1 固体金属电极的预处理

为了提高测量结果的重现性，使用该类电极之前，必须进行细致的电极预处理，目的是清除表面上沾污或吸附杂质造成的污染。

(1) 固体金属电极的机械处理

封装好的电极要用细砂纸打磨光亮。磨光的程序是首先使用从粗到细的砂纸逐级打磨，然后使用抛光粉逐级抛光，直到电极表面没有划痕为止。抛光的时间依电极表面的状态而定，一般为30s至几分钟不等。抛光后，需要使用合适的溶剂（氧化铝抛光件用蒸馏水洗，金刚砂则用甲醇或乙醇洗）洗去电极表面残留的抛光粉，一般是用溶剂直接喷淋电极表面。对于用氧化铝抛光的电极，还需在蒸馏水中超声处理几分钟，以彻底清除表面的氧化铝颗粒。如果是在做一系列实验，每次实验后要重复最后一个步骤的抛光。具体而言，使用前需要对玻碳电极进行预处理，先用金相砂纸将直径为3mm的玻碳电极逐级抛光，再依次用1.0μm、0.3μm的浆在鹿皮上抛光至镜面，每次抛光后先洗去表面污物，再移入超声水浴中清洗，每次2～3min，重复三次，最后依次用1∶1乙醇、1∶1 HNO_3和蒸馏水超声清洗。彻底洗涤后，电极要在0.5～1mol/L H_2SO_4溶液中用循环伏安法活化，扫描范围为-1.0～1.0V，反复扫描直至得到稳定的循环伏安图为止。最后在0.2mol/L溶液中记录循环伏安曲线以测试电极性能，扫描速率为50mV/s，扫描范围为0.6～1.0V。实验室条件下所得循环伏安图中的峰电位差应在80mV以下，并尽可能接近64mV，电极方可使用，否则要重新处理电极，直至符合要求。

(2) 固体金属电极表面的化学处理

固体金属电极表面的"清洁"程度对其电化学行为有很大影响。电极试样特别是易钝化的金属，除在预处理过程中可能会产生氧化膜外，打磨好的试样在空气中停放也会形成氧化膜，对电化学测量也有影响。因此，经过磨光、抛光后的电极还要进行除油和清洗处理。除油多用有机溶剂，如甲醇、丙酮等。铂电极常用王水和热硝酸进行清洗，金因易溶于王水而多用热硝酸等洗净。

(3) 固体金属电极表面的电化学处理

固体金属电极作为研究电极的最后预处理是在与测定用的电解液相同组成的溶液中做几遍电位扫描。这种预处理通常是开始用阳极极化，然后用阴极极化。在阳极极化处理期间，金属离子或非金属离子都可以从电极上溶解下来，在阴极极化期间，溶液中的电活性离子可在电极上还原。为了得到最好的效果，预极化处理通常需要反复进行多次，且一般最后一次极化为阴极还原。例如，铂电极在进行预极化时，阳极极化到析出氧气，阴极极化到产生氧气还原。这种技术可使电极表面产生重现的清洁表面，它将有高度的催化活性。现已发现，在酸性溶液中进行阴极极化，可提高铂电极的活性。

22.2.2.2 仪器的噪声和灵敏度

仪器的灵敏度与多种因素有关。仪器有自己的固有噪声，但很低。大多噪声来自外部环境，其中最主要的是50Hz的工频干扰。解决方法是屏蔽，可用一金属箱子（铜、铝或铁都可）作屏蔽箱，但箱子一定要良好接地，否则无效果或效果很差。如果三芯单相电源插座接地（指大地）良好，则可用仪器后面板上的黑色橡胶插座作为接地点。

22.2.3 电化学工作站的使用注意事项

① 工作电极、参比电极、辅助电极与仪器连接时注意电极夹头一一对应，并且电极夹头导电部分相互分开。

② 若实验过程中发现电流溢出即"Overflow"，应停止实验，调整实验参数中的"Sensitivity"，将数值调大即可（数值越小越灵敏）。

③ 为使测定的实验数据重现性好，固体电极在使用前一般应进行预处理以获得表面平

滑光洁、新鲜的电极表面，通常可采用清洗、抛光、预极化等处理方法。

22.3 典型应用

(1) 定量分析

在循环伏安实验中，某物质在电极上具有明显的氧化峰电流，而且在一定浓度范围内，某物质的氧化峰电流与其浓度呈线性关系。可以根据该物质在某一氧化峰电流，由线性关系反推出该物质的浓度，从而计算出该物质的含量。此方法一般适用于微量分析。

目前，利用循环伏安法进行定量分析主要用于药物的成分分析上，如在 pH＝8.0 的 NH_4Cl-$NH_3 \cdot H_2O$ 的缓冲溶液中，采用循环伏安法测定中药葛根中葛根素的含量。另外，在食品工业中也可以用循环伏安法进行定量分析，如采用循环伏安法测定食物油中过氧化物的含量和测定茶叶中茶多酚的含量。而且在环境监测和质量监测方面也有应用，如采用循环伏安法测定水样中的汞和苯酚。循环伏安法还可测定染发剂中的对苯二胺。

(2) 判断电极反应的可逆性

从图 22-3 的伏安图可以看出，可逆电极体系的伏安图较尖锐对称，而不可逆体系的曲线较钝且不对称，由可逆到不可逆的过程类似于从"峰"向"S"型转变的过程。为了弄清其形状变化的本质，需要考察电极反应过程，尤其是异相电子转移和液相扩散传质两个过程速率的相对快慢。若异相电子转移速率快，整个电极反应过程仅由扩散速率控制，得到的是可逆波，此时消耗快、供应慢，呈现"峰"型；若异相电子转移速率较慢，整个电极反应过程由电化学反应速率控制，需要较高的过电位来驱动，则得到不可逆波形，此时消耗慢、供应相对较快，呈现类似"S"型的钝峰。

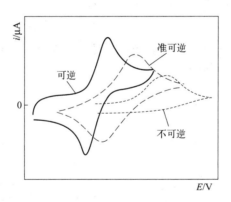

图 22-3 可逆与不可逆伏安示意图

(3) 制备电极

实验技术手段的发展也体现在循环伏安法在电极制备方面的应用上。如采用循环伏安法成功制备了 Pt-Sn/GC 电极，并采用电化学方法研究了 Pt-Sn/GC 电极对乙醇的电催化氧化；在 $Pb(NO_3)_2$ 和 HNO_2 的混合电镀液中，采用循环伏安法成功在石墨板基材上沉积 PbO 薄膜电极，而且此法制备的石墨基 PbO 电极在超级电容中具有很好的电化学性能。

22.4 实验

实验 22-1 循环伏安法测定亚铁氰化钾的电极反应过程

一、【实验目的】

1. 学习电化学工作站的使用方法。
2. 掌握循环伏安法测定的原理和实验技术。
3. 了解固体电极表面的处理方法。

二、【实验原理】

循环伏安法（cyclic voltammetry，CV）往往是首选的电化学分析测试技术，是将线性扫描电压施加在电极上，电压与扫描时间的关系如图 22-4(a) 所示。开始时，从起始电压 E_i 扫描至某一电压 E_s 后，再反向回扫至起始电压，成等腰三角形。若开始扫描方向使工作电极电位不断变负时，就会发生电解液中某物质在电极上被还原的阴极过程；而反向扫描时，在电极上将发生使还原产物重新氧化的阳极过程，于是一次三角波扫描可完成一个还原-氧化过程的循环。所得伏安曲线 [图 22-4(b)] 的上半部是还原波，下半部是氧化波。对于可逆体系，它们的峰电流与待测物的浓度有如下关系：

$$i_p = 2.69 \times 10^5 n^{3/2} D^{1/2} v^{1/2} Ac$$

式中，i_p 为峰电流，A；n 为电子转移数；D 为扩散系数，cm^2/s；v 为扫描速率，V/s；A 为电极面积，cm^2；c 为浓度，mol/L。

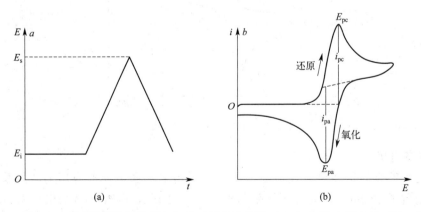

图 22-4 循环伏安法的电压与扫描时间关系曲线 (a) 和电流-电压曲线 (b)

从循环伏安图上，可以测得还原峰电流 i_{pc} 和氧化峰电流 i_{pa}，还原峰电位 E_{pc} 和氧化峰电位 E_{pa} 等重要参数。注意，测量峰电流不是以零电流线而是以背景电流线作为起始值。

对于可逆反应体系：

$$i_{pc} \approx i_{pa}$$
$$\Delta E_p = E_{pa} - E_{pc} = 2.22 \frac{RT}{nF} = \frac{56.5\text{mV}}{n}$$

对于不可逆反应体系：
$$i_{pc} \neq i_{pa}$$
$$\Delta E_p \neq 56.5\text{mV}/n$$

且峰电位相距越远，氧化、还原峰电流相差越大，则该电极体系越不可逆。

根据以上原理可对待测物在电极上的电极反应过程进行研究。本实验以玻碳电极为工作电极，在 1.0mol/L 氯化钾溶液中，采用循环伏安法对铁氰化钾在电极上的反应过程进行研究。

铁氰酸根离子 $\{[Fe(CN)_6]^{3-}\}$-亚铁氰酸根离子 $\{[Fe(CN)_6]^{4-}\}$ 氧化还原电对的标准电极电势为：
$$[Fe(CN)_6]^{3-} + e^- = [Fe(CN)_6]^{4-} \quad \varphi^{\ominus} = 0.36\text{V.(vs. NHE)}$$

电极电势与电极表面活度的能斯特方程为：
$$\varphi = \varphi^{\ominus} + RT/F \ln(c_{氧化}/c_{还原})$$

在一定扫描速率下，从起始电位 E_t（-0.2V）正向扫描到中止电位 E_m（+0.8V）期间，溶液中 $[Fe(CN)_6]^{4-}$ 被氧化生成 $[Fe(CN)_6]^{3-}$，产生氧化电流；当负向扫描从中止电位（+0.8V）变到原起始电位（-0.2V）期间，在指示电极表面生成的 $[Fe(CN)_6]^{3-}$ 被还原生成 $[Fe(CN)_6]^{4-}$，产生还原电流。图 22-5 为实验中扫描电位和电极反应的循环伏安图。为了使液相传质过程只受扩散控制，应在加入电解质和溶液处于静止状态下进行电解。在 0.1mol/L KCl 溶液中，$[Fe(CN)_6]^{4-}$ 的扩散系数为 0.63×10^{-5}cm/s，电子转移速率快，为可逆体系（1mol/L KCl 溶液中，25℃时，标准反应速率常数为 5.2×10^{-2}cm/s）。

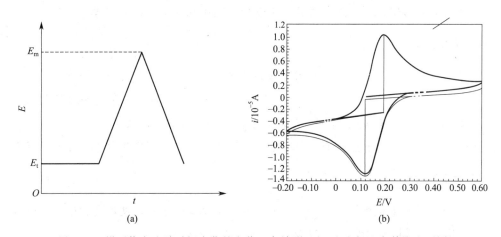

图 22-5 循环伏安法随时间变化的电位三角波形（a）和电极上交替发生不同还原和氧化反应后所记录的电流-电位曲线（b）

三、【仪器与试剂】

1. 仪器：CHI760E 电化学工作站或其他型号电化学工作站，工作电极（玻碳电极），参比电极（饱和甘汞电极或 Ag/AgCl 电极），辅助电极（Pt 丝电极）。

2. 试剂：$K_4[Fe(CN)_6]$（A.R. 或 G.R.），KCl（A.R. 或 G.R.）。

溶液及其浓度：0.1mol/L KCl 溶液；0.100mol/L $K_4[Fe(CN)_6]$ 水溶液储备液。实验中每组学生使用移液枪依次注射适量体积的 0.100mol/L $K_4[Fe(CN)_6]$ 水溶液到 10mL 0.1mol/L KCl 溶液中，使 $K_4[Fe(CN)_6]$ 浓度为 1mmol/L、3mmol/L、5mmol/L、8mmol/L、10mmol/L。

四、【实验步骤】

1. 指示电极的预处理

玻碳电极用 Al_2O_3 粉末（粒径 0.05μm 和 0.3μm）将电极表面抛光，然后用蒸馏水清洗。

2. 仪器设定

在电解池中放入 0.1mol/L KCl 溶液，插入电极，以新处理的铂电极为指示电极，铂丝电极为辅助电极，饱和甘汞电极为参比电极，进行循环伏安仪设定。扫描速率为 100mV/s，起始电位为 -0.2V，终止电位为 +0.8V。开始循环伏安扫描，记录循环伏安图。

3. 测定 $K_4[Fe(CN)_6]$ 溶液的循环伏安曲线

分别作 1mmol/L、3mmol/L、5mmol/L、8mmol/L、10mmol/L 的 $K_4[Fe(CN)_6]$ 溶液（均含支持电解质 KCl，浓度为 0.1mol/L）的循环伏安图。运行 CV 测试，以合适文件名保存 CV 测试结果，建议为 CV 1mmol/L、CV 3mmol/L、CV 5mmol/L 等。

4. 测定不同扫描速率下 $K_4[Fe(CN)_6]$ 溶液的循环伏安曲线

在 5mmol/L $K_4[Fe(CN)_6]$ 溶液中，以 20mV/s、50mV/s、100mV/s、200mV/s、300mV/s 的扫描速率在 -0.2~+0.8V 电位范围内扫描，分别记录循环伏安图。运行 CV 测试，以合适文件名保存 CV 测试结果，建议为 CV20、CV50、CV100 等。

五、【数据处理】

1. 根据 $K_4[Fe(CN)_6]$ 溶液的循环伏安图，测量 i_{pa}、i_{pc}、φ_{pa}、φ_{pc} 的值。
2. 分别以 i_{pa}、i_{pc} 对 $K_4[Fe(CN)_6]$ 溶液的浓度作图，说明峰电流与浓度的关系。
3. 分别以 i_{pa}、i_{pc} 对 $V^{1/2}$ 作图，说明峰电流与扫描速率间的关系。
4. 计算 i_{pa}/i_{pc}、$\varphi^{\ominus}$ 和 $\Delta\varphi$ 值，说明 $K_4[Fe(CN)_6]$ 在 KCl 溶液中电极过程的可逆性。

六、【注意事项】

1. 电化学实验中电极预处理非常重要。电极一定要处理干净，使得实验中 $K_4[Fe(CN)_6]$ 体系的峰电位差接近其理论值（56.5mV），否则误差较大。
2. 电极千万不能接错，本实验中也不能短路，否则会导致错误结果，甚至烧坏仪器。

七、【思考题】

1. 实验前电极表面为什么要处理干净？
2. 扫描过程溶液为什么保持静止？为什么加入 0.1mol/L KCl？
3. 实验中 $K_4[Fe(CN)_6]$ 体系的峰电位差理论值（56.5mV）从何得来？

实验 22-2　阳极溶出伏安法测定水样中的铜、镉

一、【实验目的】

1. 学习并掌握阳极溶出伏安法的基本原理。
2. 进一步掌握电化学工作站的使用方法。
3. 关注环境污染，树立可持续发展观，践行环境保护理念。

二、【实验原理】

溶出伏安法是一种将富集与测定相结合的方法，包括阳极溶出伏安法和阴极溶出伏安法。在阳极溶出伏安法中，首先将待测金属离子在恒定电位下电解，并以金属的形式沉积在工作电极上，从而得到富集；然后，将电极电位由负电位向正电位方向快速扫描（可以是线性扫描电压，也可是脉冲扫描电压），当达到一定电位时，已富集的金属经氧化又以离子状态进入溶液，在这一过程中形成一定强度的氧化电流峰。在一定的实验条件下，此峰电流与待测组分的浓度成正比，由此可对该组分进行定量分析。由于经历了富集阶段，测定的灵敏度比一般的极谱法提高 2~3 个数量级甚至更多，特别适合于痕量分析。

对于溶出伏安法来说，通常以汞膜电极为工作电极，采用非化学计量的富集法，即无须使溶液中全部待测离子都富集在工作电极上，这样可缩短富集时间，提高分析速度。为使富集部分的量与溶液中的总量之间维持恒定的比例关系，实验中富集电位、富集时间、静止时间、扫描速率、电极的位置和搅拌状况等条件都应保持一致。

本实验在 HAc-NaAc 支持电解质中，以汞膜电极为工作电极，采用阳极溶出伏安法对水样中的 Cd^{2+} 和 Cu^{2+} 进行测定。在富集阶段，汞膜电极为阴极，铂丝辅助电极为阳极，Cd^{2+} 和 Cu^{2+} 被还原富集在汞膜电极上；在溶出阶段，汞膜电极为阳极，铂电极为阴极，施加线性扫描电压对富集的镉和铜氧化溶出，根据其氧化峰的大小进行定量分析，并采用标准曲线法对水样中 Cd^{2+} 和 Cu^{2+} 进行测定。

三、【仪器与试剂】

1. 仪器：CHI760E 电化学工作站或其他型号电化学工作站，玻碳汞膜电极，饱和甘汞电极或 Ag/AgCl 电极，Pt 丝电极。
2. 试剂：10.0μg/mL Cu^{2+} 标准溶液，10.0μg/mL Cd^{2+} 标准溶液，2×10^{-2} mol/L $HgSO_4$ 溶液，HAc-NaAc 溶液（pH≈5.6，将 2mol/L NaAc 溶液 905mL 与 2mol/L HAc 溶液 95mL 混合均匀得到），约含 0.02μg/mL Cu^{2+}、0.2μg/mL Cd^{2+} 的水样。

四、【实验步骤】

1. 实验条件

可根据所使用的仪器、电极等条件作相应调整。实验技术，线性扫描溶出伏安法；富集电位，−1.2V；富集时间，30s；静止电位，−1.2V；扫描速度，0.1V/s；扫描范围，

$-1.2V \sim +0.1V$；静止时间，30s。

2. 玻碳汞膜电极的制备

于电解杯中加入25mL二次蒸馏水和数滴$HgSO_4$溶液，将玻碳电极抛光洗净后浸入溶液中，以玻碳电极为工作电极，铂电极为辅助电极，连接仪器，在"Control"菜单中选择"Precondition"功能，设置阴极电位在$-1.0V$，在通N_2搅拌下，电镀$5\sim 10min$即得玻碳汞膜电极。

3. 配制Cu^{2+}和Cd^{2+}系列混合标准溶液

于5个25mL容量瓶中，用吸量管分别移入0.20mL、0.40mL、0.60mL、0.80mL、1.00mL Cu^{2+}标准溶液和0.80mL、1.60mL、2.40mL、3.20mL、4.00mL Cd^{2+}标准溶液，再分别加入1mL HAc-NaAc溶液，用去离子水稀释至刻度，摇匀，得$1\sim 5$号混合标准溶液。

4. 连接仪器

在"Control"菜单中选择溶出模式，在溶出模式界面中钩选"StrippingModeEnable"，设置富集电位、富集时间、静止电位；再选择溶出实验方法为"LinearSweepVoltammetry"，设置扫描速度、扫描范围、静止时间。

5. 混合标准溶液测定

将$1\sim 5$号混合标准溶液分别置于电解杯中，插入电极，通N_2除氧10min，运行仪器，记录溶出伏安曲线。其中Cd^{2+}先溶出，Cu^{2+}后溶出。

6. 试样测定

将25mL水样和1mL HAc-NaAc溶液置于电解杯中，插入电极，通N_2除氧10min，运行仪器，记录溶出伏安曲线。

7. 实验结束

清洗电极，退出软件，关闭仪器和计算机。

五、【数据处理】

1. 自行设计测量数据的记录表格，分别记录各标准溶液和试样溶液中Cu^{2+}及Cd^{2+}的E_p和i_p。

2. 分别以Cu^{2+}及Cd^{2+}溶出伏安曲线的峰电流i_p，对它们相应浓度作图，得到Cu^{2+}和Cd^{2+}的标准曲线，计算其相关系数和线性回归方程。

3. 根据回归方程，计算水样中Cu^{2+}和Cd^{2+}的质量浓度，以$\mu g/mL$表示。

六、【注意事项】

1. 在实验过程中，应该注意控制电解时间和电解电压，以避免过度电解或者不足电解。

2. 在记录数据时，应该注意记录阳极波形和峰值电流等参数，以便后续数据分析。

七、【思考题】

1. 溶出伏安法为什么有较高的灵敏度？

2. 实验中为什么必须使各实验条件保持一致？

实验 22-3 | 微分脉冲伏安法测定水中的微量铜

一、【实验目的】

1. 学习和掌握微分脉冲伏安法的基本原理。
2. 学习标准加入法进行定量分析。
3. 对比光谱法测量微量铜的方法，培养辩证思维。

二、【实验原理】

微分脉冲伏安法的原理是在直流线性扫描电压上叠加一小振幅、低频率的脉冲电压（如 10～100mV），脉冲持续时间较长（如 60ms），如图 22-6 所示。当直流电压到达有关电活性物质的还原电位时，所叠加的脉冲电压就使电极产生脉冲电解电流和电容电流。由于电容电流以 $e^{\frac{-1}{RT}}$ 关系衰减，电解电流则以 $t^{\frac{-1}{2}}$ 关系衰减，因此经适当延时（如 60ms）后，电容电流便几乎衰减为零，而电解电流仍是显著的。如果在脉冲电压叠加前的 t_1（图 22-7）先取一次电流试样，在脉冲叠加后并经适当延时的 t_2 再取出一次电流试样，将这两次电流试样进行差分，则两者的差值 Δi 便是扣除了电容电流后的纯的脉冲电解电流，所得的伏安曲线为峰形曲线（图 22-8），其中 i_p 为峰电流，E_p 为峰电位。

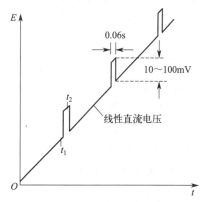

图 22-6 微分脉冲极谱法施加的电压波形图

当测定条件一定时，微分脉冲伏安法的峰电流 i_p 与待测物浓度有如下关系：

$$i_p = KC$$

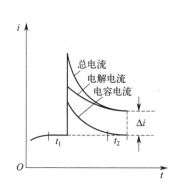

图 22-7 微分脉冲极谱法的电流-时间曲线

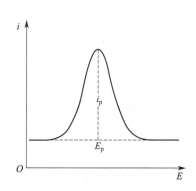

图 22-8 微分脉冲伏安曲线

可以看出，微分脉冲伏安峰电流与待测物质的浓度成正比，这是该方法的定量分析依据，而峰电位 E_p 则是微分脉冲伏安法的定性依据。

微分脉冲伏安法改善了法拉第电流与充电电流间的比值，因此可提高信噪比，从而可以提高检测的灵敏度。本实验以玻碳电极为工作电极，一定浓度的 HNO_3-$NaNO_3$ 为支持电解质，对水样中微量铜进行微分脉冲伏安法测定。利用铜离子的还原峰峰电位 E_p 进行定性分析，利用峰电流 i_p 进行定量分析。定量方法采用标准加入法，先测量未知浓度水样中铜的峰电流，然后逐次加入一定浓度、一定体积的标准铜溶液，每加入一次铜测量一次峰电流，最后以峰电流 i_p 对加入的标准铜的量作图，得一直线，它的外延线与横轴相交，交点与原点之间的距离即为水样中铜的量。实验中所用的标准铜溶液一般浓度高，每次需要加入的体积小，因此对溶液总体积的影响可以忽略，这样可以简化计算。

三、【仪器与试剂】

1. 仪器：CHI760E 电化学工作站或其他型号电化学工作站，玻碳电极，饱和甘汞电极或 Ag/AgCl 电极，Pt 丝电极。

2. 试剂：1.00mg/mL Cu^{2+} 标准溶液（准确称取 0.3930g $CuSO_4 \cdot 5H_2O$ 于 100mL 的烧杯中，加入少量 H_2SO_4 后，以去离子水溶解并定容至 100mL，摇匀备用），0.5mol/L HNO_3-0.5mol/L $NaNO_3$ 支持电解质溶液，水样。

四、【实验步骤】

1. 实验条件

可根据所使用的仪器、电极等条件作相应调整。实验技术，微分脉冲伏安法（differential pulse voltammetry）；起始电压，0.4V；终止电压，−0.4V；增长电压，0.004V；脉冲振幅，0.05V；脉冲宽度，0.2s；灵敏度，10^{-5}。

2. 玻碳电极的预处理

将玻碳电极用 $1.0\mu m$、$0.3\mu m$、$0.05\mu m$ 粒度的 α-Al_2O_3 粉进行抛光后，置于超声波中清洗 2~3min，再用蒸馏水淋洗，得到一表面光洁、新鲜的电极。

3. 配制溶液

吸取水样 5.00mL 置于电解池中，加入 2mL 支持电解质溶液，加 8mL 去离子水，使得配制后的测试样品总体积为 15mL。

4. 连接仪器

打开电化学工作站软件，选择实验方法为 "Differential Pulse Voltammetry"，设置仪器参数（具体参见"实验条件"），其他参数选择默认值。

5. 试样的测定

在装有试样溶液的电解池中插入电极，开动搅拌器搅拌 15s 使溶液搅拌均匀，通入氮气 10min 以除去溶液中的溶解氧后，点击软件中运行选项，采集伏安曲线，记录峰电流 i_p 和峰电位 E_p。

6. 标准溶液的测定

往电解池中逐次（3~4 次）加入 $50\mu L$ 1.00mg/mL Cu^{2+} 标准液，搅拌均匀后，按步骤 5 进行测定，分别记录伏安分析数据。

7. 实验结束

清洗电极，退出软件，关闭仪器和计算机。

五、【数据处理】

1. 自行设计测量数据的记录表格,分别记录试样溶液和每次加入标准溶液之后测得的 Cu^{2+} 伏安曲线的 E_p 和 i_p。

2. 以 i_p 对标准铜的质量(或标准铜溶液的体积)作图,然后利用外延线与 Cu^{2+} 的质量(或体积)轴的交点求出水样中 Cu 的质量或水样相应于标准溶液的体积,并计算出原始水样中铜的质量浓度,以 mg/L 表示。

六、【注意事项】

1. 脉冲持续时间的增加可使毛细管噪声得到充分衰减。
2. 对于电极反应速率较慢的不可逆电对,采用较长的脉冲持续时间可提高其灵敏度。

七、【思考题】

1. 为什么微分脉冲伏安法能消除电容电流的干扰?
2. 标准加入法定量有何优缺点?

实验 22-4 | 设计性实验

修饰电极的制备及抗坏血酸电化学催化行为的研究

一、【实验目的】

1. 学习固体电极表面的处理方法。
2. 掌握电化学沉积方法修饰电极。
3. 了解电化学催化过程。

二、【设计提示】

1. 抗坏血酸的电化学氧化是不可逆的。
2. 本实验可采用电化学聚合方法,制备聚谷氨酸修饰电极。电化学聚合所形成的聚谷氨酸以纳米纤维形式存在,在玻碳电极表面呈现聚合网状形貌。这种结构在溶液中易膨胀,有利于与聚合物膜带相反电荷离子的作用,对抗坏血酸具有选择性响应,可测定样品中抗坏血酸的含量。

三、【要求】

1. 根据抗坏血酸的电化学行为,说明其在电极过程的可逆性。
2. 以抗坏血酸氧化峰的 i_p 对 V 作图,说明峰电流与扫描速率间的关系,并说明抗坏血酸在电极表面是扩散控制还是吸附控制。

3. 以抗坏血酸氧化峰的 E_p 对 V 作图,说明峰电位与扫描速率间的关系,并通过公式计算说明抗坏血酸在电极表面的电子转移数。

22.5 知识拓展

常见的伏安图解析

(1) 常规与超微电极伏安图

在常用的电位扫描速度(如 0.005~0.1V/s)下,利用常规尺寸电极可得到如图 22-9(a) 所示的"峰"型伏安图,例如工作电极为直径 0.787mm 的碳糊电极;而缩小电极的尺寸,如采用由碳纤维制得的直径 5.1μm 的超微电极时,会得到"S"型曲线,如图 22-9(b) 所示。

实际上,大量的研究表明,在电极材质、溶液组成和伏安扫描方式等因素保持不变,仅将平面工作电极的尺寸从常规毫米级变化为微米或纳米级时,所得到的伏安图会由典型的"峰"型变化为"S"型,原因是其扩散供应的模式发生了变化。随着电极尺寸的缩小,电极与溶液界面接触的有效面积所占的比例逐渐增大,溶液中物质向电极表面的供应模式由常规尺寸电极的一维方向平面供应转变为微纳电极的三维半球形供应,此时物质能从更多的方向进行供应和补充,从而使得扩散层的演化速度加快,更容易形成稳态扩散和"S"型伏安图(如图 22-10 所示)。

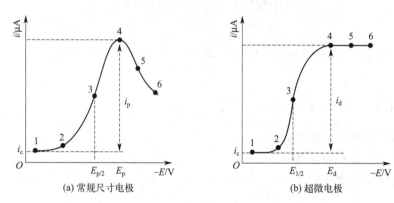

图 22-9 还原反应过程中线性扫描伏安图的形成过程示意图

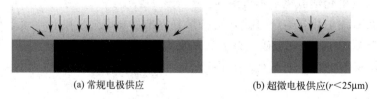

图 22-10 常规与超微电极供应模式示意图

(2) 旋转圆盘电极伏安图

旋转圆盘电极测试体系,利用电极绕轴的高速旋转,人为地引入对流传质过程,能显著抑制扩散层厚度,加快物质的供应速度,易于建立稳态扩散模式。在静止状态下,常规尺寸平面电极在溶液中的线性扫描伏安图类似图 22-9(a)，即典型"峰"型伏安图。然而，当测试电极高速旋转起来时，产生的对流过程能显著减小扩散层的厚度，加快物质的液相扩散供应，从而容易形成稳态扩散和"S"型伏安图。而且，电极的旋转速度越快，其扩散层厚度越小，"S"型曲线上达到平台时对应的稳态电流值越大（如图 22-11 所示）。

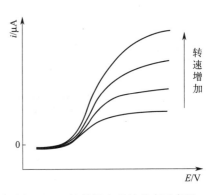

图 22-11　旋转圆盘电极伏安示意图

（3）电催化反应伏安图

对于常规尺寸电极，当电极表面或溶液中同时存在葡萄糖氧化酶（GOD）和二茂铁（Fc）时，测试溶液中加入葡萄糖前后其循环伏安图会发生显著的变化。如图 22-12 所示，当测试溶液中没有葡萄糖存在时，所得到的是 Fc 的氧化还原电流形成的"峰"型伏安图（曲线 a）；当往测试溶液中加入较高浓度葡萄糖时，则得到"S"型伏安图（曲线 b）。

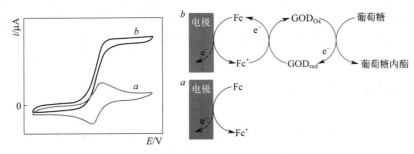

图 22-12　电催化反应伏安图及电极表面反应过程

其原因是，对于状态 a，由于溶液中没有葡萄糖，其伏安响应是 Fc 自身的氧化还原，呈现出常规尺寸电极在静止溶液中典型的"峰"型伏安图。对于状态 b，葡萄糖的加入会经由氧化态 GOD_{ox} 的酶催化反应产生大量的还原态 GOD_{red}，而还原态 GOD_{red} 又能将氧化态 Fc^+ 还原成 Fc，经过该催化循环过程，最终导致电极表面附近溶液中还原态 Fc 浓度的大幅上升。其间接效果是，葡萄糖的存在大大加快了还原态 Fc 的物质供应速率，使其在电极表面的氧化过程更容易形成稳态扩散模式及"S"型伏安图，其电极反应顺序如下所示：

$$葡萄糖 + GOD_{ox} \longrightarrow 葡萄糖内酯 + GOD_{red} \quad (1)$$

$$GOD_{red} + 2Fc^+ \longrightarrow GOD_{ox} + 2Fc + 2H^+ \quad (2)$$

$$2Fc \rightleftharpoons 2Fc^+ + 2e^- \quad (3)$$

这里需满足的前提条件是，电子介体对的异相电子转移速率（3）远快于液相中还原态酶与 Fc^+ 的反应速率（2），即消耗远大于供应，并且对（1）来说，具有充足的底物使得酶被还原恢复至还原态。

第 23 章 修饰电极及其分析方法

修饰电极是在电极表面进行分子设计,将具有优良化学性质的分子、离子、聚合物设计固定在电极表面,使电极具有某种特定的化学和电化学性质。当物质的结构单元小到纳米数量级时,会产生独特的常规材料所不具备的优越性能。利用纳米材料的表面效应、体积效应、量子尺寸效应等性质,通过物理、化学或物理化学的方法,将纳米材料结合至电极表面,使电极表面的反应性能得到显著改善(如对电活性物质反应能量降低、电极电流增加等),电分析检测的灵敏度和选择性有效提高。修饰电极突破了传统电化学中只限于研究裸电极/电解液界面的范围,开创了从化学状态上人为控制电极表面结构的领域,目前已广泛应用于生命、环境、能源、分析、电子以及材料学等诸多方面。

23.1 基本原理

用纳米材料对电极进行修饰有三种方法,分别是吸附法、共价键合法和聚合物法,下面分别介绍三种修饰方法的基本原理。

23.1.1 吸附法

用吸附的方法可制备单分子层,也可以制备多分子层修饰电极。将修饰物质吸附在电极上主要通过四种方法进行:平衡吸附、静电吸附、LB 膜吸附、涂层。

(1) 平衡吸附

在电解液中加入修饰物质,它们就会在电极表面形成热力学吸附平衡。强吸附性物质,如高级醇类、硫醇类、生物碱等在电解液中以 $10^{-3} \sim 10^{-5}$ mol/L 低浓度存在时,有时能生成完整的吸附单分子层,一般则形成不完全的单分子层。这种吸附是可逆的,与浓度、电解液组成、电极电位等都有关。这种方法直接、简单,但修饰物质有限,修饰量一般也较少,因此,在应用上有一定的限制。

(2) 静电吸附

电解液中离子能以静电引力在电极表面集聚,形成多分子层,一般需要在 $10^{-1} \sim 10$ mol/L 的高浓度溶液中,也可能在低浓度溶液中。静电吸附在热力学上是不可逆的。过去在电化学体系中所谓支持电解质的影响,其本质可能就是其离子在电极表面的静电吸附,起到了修饰电极的作用。

(3) LB 膜吸附

将不溶于水的表面活性物质在水面上铺展成单分子膜〔Langmuir-Blodgett(LB)膜〕

后，亲水基伸向水相，而疏水基伸向气相。当该膜与电极接触时，若电极表面是亲水性的，则表明活性物质的亲水基向电极表面排列，若电极表面是疏水性的，则逆向排列。这时，加一定的表面压，并依靠成膜分子本身的自组织能力，得到高度的分子有序排列，最后，把它转移到电极表面，得到LB膜吸附型修饰电极。LB膜修饰电极一般只有一个或几个单分子层厚，电子或物质的传输容易，加上修饰分子的紧密排列，活性中心密度大，所以此类电极的电化学相应信号也较强。LB膜较牢固，电极可能有较长的寿命。另外，由于修饰分子在电极表面有序排列而能产生用一般方法制备的修饰电极所没有的功能，有望在电催化、光电转换、分析化学等方面得到广泛的应用。

（4）涂层

涂层型修饰电极是用适当的方法将功能性物质涂布在电极表面形成薄膜，方法简便，便于多种功能的设计。

23.1.2 共价键合法

常用的基体电极，如金属（Pt、Au、Ge等）、金属氧化物（SnO_2、TiO_2、RuO_2、PbO_2等）和炭（烧结石墨、热解石墨、玻碳等）表面有多种含氧基团存在，但含量较少。而氧化、还原处理，以及酸或碱处理等能导入较多的表面含氧基，利用修饰化合物与这些含氧基的共价键合反应可将其引入电极表面。用这种方法制备的电极称为共价键合型修饰电极。电极经过预处理导入含氧基、氨基、卤基等活化基团后，还需进一步进行表面修饰，接上预定官能团。通常官能团的键合有两种方式，一种是通过硅烷化试剂键合，另外一种是直接通过酯键、酰胺、酰氯等键合。

共价键合法不仅仅局限于电极表面修饰，还用于一般各种固体表面的修饰。共价键合型修饰电极的特点是修饰物较牢固，但步骤烦琐、费时，修饰密度也不高。但若利用一些聚合物末端的基团附着在电极上，或使修饰反应不限制在单分子层，而使其发生聚合，则有希望制成同时具有共价键合型和聚合物型修饰电极特点的电极。

23.1.3 聚合物法

利用聚合物或聚合反应在电极表面形成修饰膜的电极称为聚合物型修饰电极。制备的方法有氧化或还原沉积、有机硅烷缩合、等离子聚合、电化学聚合等。目前，电化学聚合应用较多，常用的单体有苯胺、苯酚类等。除这几种修饰电极外，还有无机物修饰电极。无机物具有构造紧密、反应选择性好等特点，在修饰电极上也有较大的应用。无机物修饰电极主要有普鲁士蓝修饰电极、沸石修饰电极、氧化物修饰电极等。

23.2 电极的制备与分析技术

修饰电极的构造非常简单，一般是在基体电极表面采用吸附、共价键合、聚合等方法修饰一层膜（见图23-1，用滴涂法修饰电极），然后将带膜的电极作为工作电极用于电化学测试中。

修饰玻碳电极　　　　　修饰片状电极　　　　　　修饰线状电极

图 23-1　滴涂法修饰玻碳电极、片状电极与线状电极的示意图

23.2.1　修饰电极的制备

（1）吸附法和滴涂法

吸附法和滴涂法是常用的两种制备纳米修饰电极的方法。吸附法是将基底电极插入含有功能修饰材料的溶液中，通过吸附作用自然地在基底电极表面形成一层薄膜，使电极表面功能化。此法的缺点是电极表面的修饰材料容易流失，吸附的量难以控制和测量。滴涂法是将含有一定量功能材料的溶液直接滴加到基底电极表面，待其挥发后自然成膜。为了使滴加到电极表面的修饰材料不流失，往往需要混入一定量的黏合剂，以增加修饰材料在电极表面的附着强度。碳纳米管修饰电极可以用滴涂法制备：①先用浓硝酸将碳纳米管氧化，使其产生—OH、—COOH、—C＝O 等功能基团；②将碳纳米管用超声分散在 N,N-二甲基甲酰胺（DMF）、丙酮等溶剂中，在疏水性表面活性剂（如双十六烷基磷酸）存在下，多壁碳纳米管可以在水中分散，形成稳定均一的黑色分散液；③取一定量的碳纳米管分散液滴加到玻璃碳电极表面，待溶剂挥发后，就可得到碳纳米管膜修饰电极。

（2）化学键合法

化学键合法是将纳米功能材料通过化学键合结合到基底电极表面，具有结合牢固、性能稳定的优点。由于纳米金具有良好的生物相容性和电化学反应活性，常被修饰到电极表面用于制备生物传感器。在玻璃碳电极（GCE）表面化学键合纳米金的方法如下：①将玻璃碳电极表面用氧化剂氧化，使其表面生成羧基、羟基等功能基团，加入巯基乙胺，使其通过与电极表面的羧基生成酰胺键连接到玻璃碳电极表面；②加入纳米金，利用纳米金易与巯基键合的性质，使键合在电极表面上的巯基乙胺的巯基与纳米金反应，将纳米金键合至电极表面。

（3）电化学沉积法

在一定电位下，将金属盐、金属配合物溶液中金属阳离子还原为金属或化合物纳米粒子，使其在电极表面形成纳米修饰膜。电化学沉积法制备的纳米膜与电极结合牢固，性能稳定。

（4）层层组装法

将一定电位加于基底电极，则基底电极表面带有一定数量的电荷，电荷的符号和数量与所加电位有关。如果溶液中存在带相反电荷的高分子聚电解质 A，则通过静电引力，该高分子聚电解质 A 可以被吸附到基底电极表面。若再将该电极浸入另一种相反电荷的高分子聚电解质 B，则高分子聚电解质 B 又被吸附到基底电极表面的高分子聚电解质 A 吸附层上。这种利用高分子正、负电解质的交替吸附形成含有不同层材料的功能膜的过程称为层层组装法。除利用静电力进行组装外,还可以利用氢键、配位键、分子识别、给受体的电荷转移作用力等其他分子间作用力进行层层组装。采用层层组装技术可以将无机纳米粒子、生物大分子、高分子聚电解质、染料分子等沉积到膜内。

23.2.2 电极的预处理

由于固体表面状态的差异,固体电极上电化学行为的重现性较差,在修饰前必须对电极表面进行清洁处理。

金属和碳材料的表面具有一定的表面能,这种表面能的分布不均匀。晶面上存在的缺陷,如台阶、纽结、位错和吸附原子等,使溶液中的许多物质很容易吸附到这些具有高能的位点上而造成污染。同时金属和碳的表面都能被化学的或电化学的方法氧化,氧化作用的同时也增加了表面粗糙度,容易形成惰化层。

(1) 清洁电极表面的方法

① 机械研磨,抛光至镜面。当电极表面存在惰化层和很强的吸附层时必须用机械或加热的办法处理。抛光电极的材料常用金刚砂、CeO_2、ZrO_2、MgO、$\alpha\text{-}Al_2O_3$ 粉等。抛光时按粒径降低的顺序进行研磨。抛光后放入超声水浴中清洗,直至干净。

② 化学法和电化学法处理。化学的和电化学的处理,是最常用来清洁、活化电极表面的手段。电化学法常用强的无机酸或中性电解质溶液,有时也用配位作用弱的缓冲溶液在恒电位、恒电流或循环电位扫描下极化,可获得氧化的、还原的或干净的电极表面。

(2) 鉴定电极表面是否清洁的方法

对于碳电极,采用观测 $[Fe(CN)_6]^{3-}$ 在中性电解质水溶液中的伏安曲线的方法。在 $10^{-3}mol/L$ 的 $K_3[Fe(CN)_6]$ 磷酸盐缓冲溶液中扫描,直到出现可逆的阴极峰和阳极峰。

对于铂电极,在稀硫酸中进行循环电位扫描,观察氢和氧的电化学行为,即出现了氢和氧的各自的吸附和氧化峰就表示表面已清洁。

对于金电极,在稀硫酸中进行循环电位扫描,观察其氧化与还原峰电位。直到其氧化和还原峰完全重合,即表示电极表面已清洁。

23.2.3 修饰电极的分析方法

目前,主要应用电化学和光谱学的方法研究修饰电极,从而验证功能分子或基团是否已进入电极表面,以及电极的结构如何,修饰后电极的电活性、化学反应活性如何,电荷在修饰膜中如何传递等。

(1) 电化学方法

通过测量化学反应体系的电流、电量、电极电位和电解时间等之间的函数关系来进行研究的,用简单的仪器设备便能获得有关的电极过程动力学的参数。常用的方法有循环伏安法、微分脉冲伏安法、常规脉冲伏安法、计时电流法、计时库仑法、计时电位法以及交流伏安法和旋转圆盘电极法。

(2) 光谱法

能够在分子水平上研究电极表面结构的微观特性,如数量、空间、与电极材料成键的类型、平均分子构象、表面粗糙度对结构的影响、聚合物的溶胀、离子含量、隧沟大小、聚合物结构中的流动性等，这些对于修饰电极的应用是十分重要的。研究化学修饰电极的常用表面分析方法有 X 射线光电子能谱（XPS）、俄歇电子能谱（AES）、反射光谱（Vis-UV、红外反射光谱）、扫描电子显微镜（SEM）、光声及光热光谱等。

23.3 典型应用

自化学修饰电极问世十几年来，在各种化学传感器、伏安分析及色谱电化学检测器等方面的应用很多。

23.3.1 电化学传感器

电极经化学修饰后，不仅能用作一般的电位或者电流传感器，而且将化学修饰应用于离子敏感场效应管及固定酶电极中也能扩展它们的应用范围，这对于提高传感器的灵敏度及选择性都是很有效的。纳米复合物修饰电极，如碳纳米管与表面含有大量氨基的壳聚糖在玻碳电极表面首先形成碳纳米管/壳聚糖膜，通过膜表面丰富的氨基与纳米 Au 的强静电吸附，在玻碳电极表面获得均匀致密的纳米金修饰层，这种基于纳米复合材料制备的新型电化学传感器对芦丁具有很好的响应，可以快速地实现电极与芦丁之间的直接电子转移，有良好的稳定性。如以纳米金为载体、己二硫醇（HDT）为交联剂，构建了一种半网状酶标纳米金，能够有效地增大酶的固定量，以此半网状酶标纳米金修饰电极构建敏感界面，用于计时电流法检测 H_2O_2，并与无交联剂酶标纳米金构建的传感器进行比较，结果表明，半网状酶标纳米金构建的界面稳定性好，电流响应灵敏度高，能对低浓度 H_2O_2 进行准确检测，检出限达 $0.08\mu mol/L$。以电化学聚合法制备了聚苯胺掺杂乙醇胺修饰电极，并成功固定了 DNA 探针。对修饰电极的制备和 DNA 的固定杂交条件进行了探讨，并利用循环伏安法测定嵌入双链 DNA（dsDNA）分子碱基对亚甲基蓝的氧化还原峰电流，识别和测定溶液中互补的单链 DNA（ssDNA）片段，从而实现对溶液中不同基因片段的检测。现已广泛应用于 pH 传感器、电位传感器、电流传感器、离子敏感电子器件、生物物质和药物的传感电极中。

23.3.2 伏安分析、电位溶出工作电极

当修饰电极具有富集能力的聚合物或者有机物时，修饰电极可用作溶出伏安法或者电位溶出中的工作电极，能够大大提高富集能力。可同时测定 3~4 个元素，有 40 种元素可用阳极溶出伏安法测定，20 种元素可用阴极溶出伏安法测定。化学修饰电极在伏安分析上的应用，为改善固体电极的灵敏度、选择性及重现性提供了一种新手段。用三个实验实例说明。①利用循环伏安法（CV）、线性扫描伏安法（LSV）研究了肝素钠在铋膜玻碳电极上的电化学行为。在 pH 为 5.4 的 B-R 缓冲溶液中，肝素钠在 $-0.79V$ 左右处产生一灵敏的不可逆氧化峰，对其电化学检测条件进行了优化，在选定的最佳条件下，峰电流与肝素钠浓度在 $0.4\sim2.0mg/L$ 范围与其峰高有良好的线性关系。考察干扰物质的影响，并据此建立了一种快速、简便测定肝素钠的方法。将本方法应用于肝素钠样品的测定，其结果令人满意。②以制备的离子液体修饰碳糊电极（IL-CPE）为工作电极，将其应用于抗坏血酸的直接电化学行为研究。实验结果表明，抗坏血酸在离子液体修饰电极上表现出较好的电化学行为，与传

统碳糊电极（CPE）相比，过电位降低165mV，峰电流增加2.4倍。③制备了多壁碳纳米管修饰炭黑微电极，研究了多巴胺（DA）和抗坏血酸（AA）在该修饰电极上的电化学行为。实验表明，在pH为7.0的PBS缓冲溶液中，该修饰电极对DA和AA均具有显著的催化氧化作用，AA与DA的氧化电位分别为30mV和280mV（vs. SCE）。

23.3.3 色谱电化学检测器

许多物质在空白电极上反应迟钝、过电位大、可逆性差，用一般电极难监测。利用化学修饰电极的电催化特性，不仅降低了被检测的超电位，加快了反应速率，还增加灵敏度。这种特性非常适用于液相色谱/流动注射体系方面的电化学检测，不仅可靠，而且排除了复杂基体的干扰。例如，用双柱双泵高效液相色谱电化学检测器测定大鼠脑皮层、海马、脑干和杏仁核中的生物胺及其代谢产物。此色谱系统把样品前处理柱放到色谱线上，使生物样品去杂质、富集成分和色谱分析依次连续进行，方法操作简便、回收率高，可以进较大的样品量，因而相对灵敏度明显提高。例如，可用于高效液相色谱（HPLC）电化学检测器的碳纤维电极，受流速影响小，在流通体系中响应快，重现性好，灵敏度高。该法对多种物质进行测定，具有快速、方便和准确的特点。

23.3.4 在光电联用技术上的应用

主要指采用电化学激励信号，用光谱技术来检查体系对电激发信号的响应，能同时获得多种信息。如将化学修饰电极的富集能力与石墨炉原子吸收法的高灵敏度结合，是一种选择性、灵敏度均比较理想的方法。不仅可以用于金属离子的测定，也可用于非金属离子、有机物的间接测定，如精氨酸、头孢拉定的测定。

（1）在生物传感器中的应用

生物传感器是一种将对生物体功能有响应的最小单体（如酶、抗体等）引入电极，以研究生物体功能的传感器，是多学科的交叉，具有专一、灵敏、快速、准确的优点，已广泛应用在临床检测、生化分析和环境监测中。其主要包括酶传感器、免疫传感器、生物亲和传感器、微生物传感器、组织传感器等。其中，酶传感器和微生物传感器是研究热点。

（2）DNA电化学传感器

DNA电化学生物传感器是一种能将目的DNA的存在转变为可检测的电、光、声等信号的传感装置，它与传统的标记基因技术方法相比，具有快速、灵敏、操作简便、无污染的特点，并具有分子识别、分离纯化基因等功能，已成为当今生物传感器领域中的前沿性课题。DNA电化学传感器，就是用DNA的识别元素修饰电极制作的传感器，是目前各种DNA传感器中最成熟的一种。DNA修饰电极所使用的基底电极有玻碳电极、金电极、碳糊电极和裂解石墨电极等。制作DNA修饰电极主要有3种方法：吸附法、共价键合法和组合法。

主要应用于：

① 疾病检测：人类的遗传病和某些传染病的早期诊断基于已知非正常碱基序列DNA的测定。

② 环境监测：用小牛胸腺DNA传感器可以检测水中污染物。

③ 药物检测：可以用于一些 DNA 结合药物的检测以及新型烟雾分子的设计，抗癌药物的筛选等。

23.4 实验

实验 23-1　电催化甲醇氧化反应

一、【实验目的】

1. 熟悉电化学工作站的使用。
2. 掌握电催化反应常用的电极修饰方法。
3. 掌握修饰电极在电化学三电极体系的分析方法。

二、【实验原理】

用修饰电极作为工作电极进行电催化甲醇氧化反应。甲醇燃料电池的核心是阳极发生甲醇氧化反应（MOR），即甲醇分子在阳极催化剂作用下失去电子发生氧化的过程。一分子甲醇完全氧化为 CO_2 涉及 $6e^-$ 转移，因此反应过程包含多种不同路径，其中最被广泛认可的是双路径机理。一种反应路径是甲醇首先失电子和质子，被氧化为吸附态 CO（CO_{ads}），再进一步被氧化为 CO_2。另一种反应路径则是甲醇分子先被氧化成吸附态 $HCOO^-$（$HCOO_{ads}^-$），最终被完全氧化为 CO_2。由于前一种反应路径产生的 CO_{ads} 中间体对于 Pt 催化剂具有强吸附能力，且难以被氧化脱附，进而造成催化剂活性位点被占据而中毒失活，对于酸性电解质而言，第一种反应路径为主要 MOR 途径，因此氧化去除 Pt 原子上 CO_{ads} 物种是该反应的决速步骤。Pt 催化 MOR 过程机理如下所示：

$$CH_3OH + H_2O \longrightarrow CO_2 + 6H^+ + 6e^- \tag{1}$$

$$CH_3OH-H \longrightarrow Pt*CH_2OH-H \longrightarrow Pt*CHOH-H \longrightarrow Pt*COH-H \longrightarrow Pt*CO_{ads} \tag{2}$$

$$Pt + H_2O \longrightarrow Pt*OH_{ads} + H^+ + e^- \tag{3}$$

$$Pt_1*CO + Pt_2*OH \longrightarrow CO_2 + Pt*Pt + H^+ + e^- \tag{4}$$

三、【仪器与试剂】

1. 仪器：电化学工作站，玻碳电极，电解槽，Ag/AgCl 电极，铂片电极。
2. 试剂：甲醇，无水乙醇，硫酸，Nafion 溶液，商业 Pt/C。

四、【实验步骤】

1. 滴涂法制备修饰电极

将 2mg 商业 Pt/C 分散于 1mL 无水乙醇中，并加入 10μL nafion 溶液，超声处理 15min，使 Pt/C 呈悬浮状态。用移液器取 10μL 悬浮液滴于内径为 5mm 的玻碳电极上，干燥待用。

2. 电催化甲醇氧化测试

将干燥后的修饰玻碳电极作为工作电极，铂片作为对电极，Ag/AgCl 作为参比电极构建三电极催化体系。电解液为 0.5mol/L H_2SO_4 + 0.5mol/L CH_3OH 溶液。

3. 循环伏安法分析

在 -0.2V 到 1.0V 之间，以 50mV/s 扫描速率进行循环伏安测试，循环伏安曲线上会出现甲醇氧化的 2 个峰，正扫的峰是甲醇分子的氧化，拟扫的峰是碳中间体（CO 等）的氧化。

4. 计时电流法分析

将测试电位固定在 0.7V，测试时间为 3600s，观察电流随时间的变化。

五、【数据处理】

1. 分别计算循环伏安曲线正扫的氧化峰强（I_f）和拟扫的氧化峰强（I_b），I_f/I_b 表示催化甲醇氧化的效率，比值越大，表示催化甲醇氧化的效率越高。

2. 在计时电流曲线上，3600s 测试结束后，剩余的电流值较大，则表示 Pt/C 修饰电极具有优秀的催化甲醇电氧化的活性和稳定性。

六、【注意事项】

1. 电极的连接要正确，实验过程中三电极不能相互碰触。
2. 参比电极使用后要放回原储存瓶。

七、【思考题】

1. 如何提高甲醇催化氧化的效率？
2. 催化剂起什么作用？催化剂优化的方向是什么？

实验 23-2　设计性实验

电沉积法修饰电极并测试电催化析氢反应性能

一、【实验目的】

1. 了解电沉积法修饰电极的原理及过程。
2. 熟练掌握检索搜集资料的方法，并能根据文献资料设计实验方案。
3. 掌握一种原位电催化剂制备与析氢性能分析方法。

二、【设计提示】

1. 可以用电沉积法制备的材料有哪些，其中又有哪种材料可用于电催化析氢反应？

2. 常用于电催化析氢反应的催化剂有哪些？催化的基本原理是什么？
3. 根据现有文献报道还可以用哪些方法原位制备析氢反应的催化剂？

三、【要求】

1. 设计一种电沉积法进行电极的修饰，并利用修饰电极进行电催化析氢反应测试。
2. 按照详细的设计实验方法，利用电沉积法修饰电极并测试电催化析氢反应性能，并写出详细的实验报告。

23.5 知识拓展

化学修饰电极发展史

化学修饰电极（CME）是当前电化学、电分析化学方面十分活跃的研究领域。1975年化学修饰电极的问世，突破了传统电化学中的只限于研究裸电极/电解液界面的范围，开创了从化学状态上人为控制电极表面结构的领域。通过对电极表面的分子剪裁，可按意图给电极预定的功能，以便在其上有选择地进行所期望的反应，在分子水平上实现了电极功能的设计。研究这种人为设计和制作的电极表面微结构和其界面反应，不仅对电极过程动力学理论的发展是一种新的推动，同时它显示出的催化、光电、电色、表面配合、富集和分离、开关和整流、立体有机合成、分子识别、掺杂和释放等效应和功能，使整个化学领域的发展显示出有吸引力的前景。化学修饰剪辑为化学和相关边缘科学开拓了一个创新的和充满希望的广阔研究领域。

Lane 和 Hubbard 于 1973 年提出了改变电极表面结构以控制电化学反应过程的新概念。他们把具不同尾端基团的多类烯烃化合物化学强吸附在电极表面上，观察到许多有趣的现象。其中最有意义的是在吸附在电极上的 3-烷基水杨酸配合溶液中的铁离子，它在电极表面上的吸附只能在负于 0.0V 的电位下发生，而不能正于 0.2V。这有力地说明了吸附在电极表面上的基团能够发生表面配合反应，并且借改变电极电位可调制其配合能力，指示了化学修饰电极的发展。

1975 年报道了按人为设计对电极表面进行化学修饰的研究，标志着化学修饰电极的正式问世。化学修饰电极的兴起与其他学科，特别是表面科学技术的发展是相辅相成的。到 20 世纪 70 年代，各种谱学技术的大量出现，为电极表面化学状态的研究提供详细、精确的信息，显示了新的表面技术的威力，促使电化学家们考虑用这些技术进行电极表面微结构的表征。

到 20 世纪 80 年代初，光谱电化学研究中最重要的是发展红外反射-吸收光谱（IRAS）和表面增强拉曼光谱（SERS），特别有利于对电极表面进行现场研究。随着谱学技术的研究进展，能用于电化学现场测定的物理方法也明显增多，在深入认识化学修饰电极研究中的关键问题之一"电极表面微结构与电极功能关系"方面发挥重要作用。将来，利用各种交叉科学技术进行电化学实现观测的方法，将对化学修饰电极的微结构特征有全面的了解，并将推动化学修饰电极研究迅速发展。

第七篇　其他仪器分析方法

吸附是人类认识较早的物理现象，根据固体表面和气体分子之间的作用力的性质，可将吸附分为物理吸附和化学吸附两部分。气体在固体表面发生吸附时，若吸附质分子与吸附剂表面的作用力是物理性的（如范德华力、氢键作用力等），则为物理吸附（physical adsorption）；若吸附质分子与吸附剂表面间有电子转移、交换或共用，则会形成化学吸附（chemisorption）。这两类吸附本质的区别在于吸附的作用力不同，由此在吸附热、吸附速度、吸附层数、吸附可逆性及选择性等方面表现出显著差异，可由此来判断吸附的类型。吸附是一种重要的界面现象，其原理被广泛应用于提纯、分离、净化、催化等多个领域。

本章除介绍物理吸附及化学吸附外，还介绍一种用于测定聚合物熔体、聚合物溶液、悬浮液、乳液、涂料、油墨和食品等流变性质的仪器——流变仪。流变学测量是观察高分子材料内部结构的窗口，通过高分子材料，诸如塑料、橡胶、树脂中不同尺度分子链的响应，可以表征高分子材料的分子量和分子量分布，能快速、简便、有效地进行原材料、中间产品和最终产品的质量检测和质量控制。流变测量在高聚物的分子量、分子量分布、支化度与加工性能之间构架了一座桥梁，所以它提供了一种直接的联系，帮助进行原料检验、加工工艺设计和预测产品性能。

第 24 章　物理吸附法

物理吸附法常用的仪器是物理吸附仪。物理吸附仪是测定物质比表面积、孔径、孔容及孔分布的重要仪器，这些信息主要通过测定已知量的气体在吸附前后的体积差，进而得到气体的吸附量，并通过将吸脱附等温线的数据代入不同的统计模型后计算得出。物理吸附仪在药品、陶瓷、活性炭、炭黑及催化剂等领域具有指导作用。

24.1 基本原理

当定量的气体或蒸气与洁净的固体接触时,部分气体将被固体捕获,若气体体积恒定,则压力下降,若压力恒定,则气体体积减小。从气相中消失的气体分子或进入固体内部,或附着于固体表面,前者被称为吸收,后者被称为吸附。吸收和吸附统称为吸着(sorption)。多孔固体因毛细凝聚(capillary condensation)而引起的吸着作用也视为吸附作用。

能有效地从气相吸附某些组分的固体物质称为吸附剂(adsorbent)。在气相中可被吸附的物质称为吸附物(adsorptive),已被吸附的物质称为吸附质(adsorbate)。

固气表面上存在物理吸附和化学吸附两类吸附现象。二者之间的本质区别是气体分子与固体表面之间作用力的性质不同(表24-1)。

表 24-1 物理吸附与化学吸附的基本区别

性质	物理吸附	化学吸附
吸附力	范德华力	化学键力
吸附热	较小,与液化热相似	较大,与反应热相似
吸附速率	较快,不受温度影响,一般不需要活化能	较慢,随温度升高速率加快,需要活化能
吸附层	单分子层或多分子层	单分子层
吸附温度	沸点以下或低于临界温度	无限制
吸附稳定性	不稳定,常可完全脱附	比较稳定,脱附时常伴有化学反应
选择性	无选择性	有选择性

物理吸附是由范德华力,包括偶极-偶极相互作用、偶极-诱导偶极相互作用和色散相互作用等物理力引起,它的性质类似于蒸气的凝聚和气体的液化。化学吸附涉及化学成键,吸附质分子与吸附剂之间电子的交换、转移或共用。

物理吸附提供了测定催化剂表面积、平均孔径及孔径分布的方法。而化学吸附是多相催化过程关键的中间步骤。化学吸附物种的鉴定及其性质的研究也是多相催化机理研究的主要内容。另外,化学吸附还能作为测定某一特定催化剂组分(如金属)表面积的技术。

24.1.1 孔的划分

固体表面由于多种原因总是凹凸不平的,凹坑深度大于凹坑直径就成为孔。有孔的物质叫作多孔体,没有孔的物质是非孔体。多孔体具有多种多样的孔直径、孔径分布和孔容积。

孔的吸附行为因孔直径不同而异。国际纯粹与应用化学联合会(IUPAC)推荐孔的大小限定如下:微孔(micropore),孔尺寸小于 2nm;中孔(mesopore),或称介孔,孔尺寸介于 2~50nm;大孔(macropore),孔尺寸大于 50nm。孔大小范围的边界还依赖于吸附分子的性质和孔的形状,微孔还可被划分为超微孔(ultramicropore,<0.7nm)和次微孔(supermicropore,0.7~2nm)。

24.1.2 孔径分布和孔体积

孔径分布(pore distribution)是指多孔性固体孔体积对孔半径关系的一种表征,包括积分分布曲线(integral distribution curve)和微分分布曲线(differential distribution curve)。孔的大小及其分布是决定多孔材料性能及应用的重要因素。多孔性物质中所包含的孔是不均一的、形状不规则的多分散性孔，因此，为了具体地掌握多孔物质的孔结构，孔径分布是很好的手段，测定孔径分布的方法有压汞法、毛细管凝结法、吸附势能法以及密度函数理论等。

孔体积（pore volume）是表征多孔材料结构性能的又一常用物理量，实际使用中常用比孔容（specific pore volume），即单位质量的多孔固体材料中所含孔隙容积的大小，表示多孔材料孔体积的大小。测定孔体积大小的主要方法有气体吸附法（gas adsorption method）和置换法（replacement method）两种。在置换法测定中，首先用不能进入细孔内部的液体求出表观密度 d_a（apparent density），然后用能进入细孔内部的液体或气体求出真密度 d_t（true density），最后，由式(24-1)即可求出比孔容 V_s：

$$V_s = \frac{1}{d_a} - \frac{1}{d_t} \tag{24-1}$$

在气体吸附法测定中，一般地，在相对压力 $p/p_0 \approx 1$ 时，被吸附气体以接近液体的状态充满细孔，把此时的吸附量换算成液体体积，即得到细孔的孔体积。由于气体吸附理论分析方法的不断完善，以及具有测定装置易自动化、可以和比表面积及孔径分布同时测定等优点，气体吸附法已成为微孔和中孔孔体积测定的主要方法。

孔隙率（porosity），也称作气孔率、孔度，是指开孔孔隙体积占样品总体积的比例。一般地，对于同一类型的吸附剂，孔隙率越大吸附能力越强。孔隙率可由式(24-2)计算：

$$\rho = 1 - \frac{d_a}{d_t} \tag{24-2}$$

24.1.3　吸附量与吸附曲线

吸附量是一热力学量，是表示吸附现象最重要的数据。吸附量常用单位质量吸附剂吸附的吸附质的量（质量、体积、物质的量等）表示。气体在固体表面上的吸附量（V）是温度（T）、气体平衡压力（p）、吸附质（g）以及吸附剂（s）性质的函数。

$$V = f[p, T, u(g), w(s)]$$

当吸附剂和吸附质固定后，吸附量只与温度和气体平衡压力有关。出于不同的研究目的，常固定其中一个参数，研究其他两个参数之间的关系，它们的关系曲线称为吸附曲线。其中：

$T=$ 常数，$V=f(p)$ 称为吸附等温线（adsorption isotherm）

$p=$ 常数，$V=f(T)$ 称为吸附等压线（adsorption isobar）

$V=$ 常数，$p=f(T)$ 称为吸附等量线（adsorption isostere）

实验上最容易得到的是吸附等温线。吸附等压线和吸附等量线可由一系列吸附等温线求得。吸附现象的描述主要采用吸附等温线，各种吸附理论的成功与否也往往以其能否定量描述吸附等温线来评价。

吸附等温线往往采用吸附量与气体相对压力 p/p_0 的关系表达，$V=f(p/p_0)$，p 为气体吸附平衡压力，p_0 为气体在吸附温度下的饱和蒸气压（吸附温度控制在气体临界温度之下）。实验测定吸附等温线的原则是，在恒定温度下，将吸附剂置于吸附质气体中，待达到吸附平衡后测定或计算气体的平衡压力和吸附量。

24.2 仪器组成与分析技术

24.2.1 物理吸附仪

物理吸附仪大致可分为五部分，即工作站、冷阱、脱气站、气路、电源，如图24-1所示。工作站用于测试分析。冷阱位于脱气站样品管和真空泵之间，是一种冷却收集装置。其作用是在液氮环境下，以凝结方式捕集样品在加热抽真空过程中逸出的气体（水汽、有机气体），起到保护管路和真空泵的作用。

所有样品在吸附测定前都必须通过加热抽空处理将其中吸附的水和其他污染物气体脱附掉（脱气站），否则样品在分析过程中会继续脱气，抵消或增加样品所吸附气体的真实量，产生错误数据。

气路一般使用氦气与氮气，因大多数样品不吸附氦气，且氦气具有理想气体特性，所以常使用氦气测定样品管自由体积，氮气为吸附质分子。

图 24-1 物理吸附仪仪器构造
1—工作站；2—冷阱；3—脱气站；
4—气路；5—电源

24.2.2 常用分析技术

(1) 系统的检漏

系统的任何一处都有可能发生由老化及其他原因而引起的漏气。漏气会影响到等温线的数据并在等温线图上有所反映。自动仪器一般都设置了检漏功能，可以帮助验证存在的漏气源并加以隔离。怀疑有漏气时，一般来说首先要检查样品管的密封情况。

(2) 样品量的确定

测试前应对样品的表面积有一个大概的估计，以确定所需样品量。氮气吸附时所测样品应能提供 $2\sim50m^2$ 总比表面积，一般 $10m^2$ 比较好，但样品的体积不要超过球泡部分总体积的 2/3，样品质量最好不要少于 50mg。样品量较少时，装入球管较小的样品管。

(3) 样品的预处理

脱气时，应根据污染分子的吸附特性选择合适的处理条件，注意不要引起样品性质和结构的改变。多孔材料很容易吸附水，因此，脱气时最应该考虑的是水分子。加热脱除分子筛等微孔材料中的水时应注意水热处理有可能改变分子筛的结晶度，因此，应该在低于 100℃ 时，先缓慢抽除大部分的水汽，然后再逐步提高脱气温度。

24.3 典型应用

24.3.1 定性分析

可由吸附等温线推测吸附质与表面相互作用和孔径分布信息。

由于吸附剂表面性质、孔分布及吸附质与吸附剂相互作用的不同，实际的吸附实验数据非常复杂。S. Brunauer、L. S. Deming 和 W. E. Deming 等在总结大量实验数据结果的基础上，将复杂多样的实际等温线归纳为五种类型（BDDT 分类）。这一分类也是目前 IUPAC 吸附等温线分类的基础。IUPAC 吸附等温线分类如图 24-2 所示。

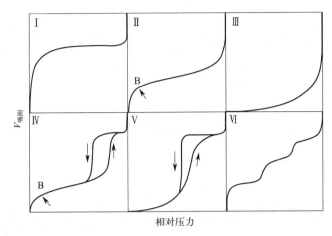

图 24-2　IUPAC 分类的六种吸附等温线（BDDT 分类的Ⅰ～Ⅴ型
吸附等温线和台阶形的Ⅵ型吸附等温线）

Ⅰ型等温线，在较低的相对压力下吸附量迅速上升，达到一定相对压力后吸附出现饱和值，类似于 Langmuir 型吸附等温线。只有在非孔性或者大孔吸附剂上，该饱和值相当于在吸附剂表面上形成单分子层吸附，但这种情况很少见。大多数情况下，Ⅰ型等温线往往反映的是微孔吸附剂（分子筛、微孔活性炭）上的微孔填充现象，饱和吸附值等于微孔的填充体积。可逆的化学吸附也应该是这种吸附等温线。

Ⅱ型等温线反映非孔性固体表面或大孔固体上典型的物理吸附过程，这是 BET 公式最常说明的对象。由于吸附质与表面存在较强的相互作用，在较低的相对压力下吸附量迅速上升，曲线上凸。等温线拐点通常出现于单层吸附附近，随着相对压力的继续增加，多层吸附逐步形成，达到饱和蒸气压时，吸附层数无限大，导致实验难以测定准确的极限平衡吸附值。

Ⅲ型等温线十分少见。等温线下凹，且没有拐点。吸附气体量随组分分压增加而上升。曲线下凹是因为吸附质分子间的相互作用比吸附质和吸附剂之间的强，第一层的吸附热比吸附质的液化热小，以致吸附初期吸附质较难于吸附，而随着吸附过程的进行，吸附出现自加速现象，吸附层数也不受限制。BET 公式 C 值小于 2 时，可以描述Ⅲ型等温线。

Ⅳ型等温线与Ⅱ型等温线类似，但曲线后一段再次凸起，且中间段可能出现吸附回滞环，其对应的是多孔吸附剂出现毛细凝聚的体系。在中等的相对压力下，由于毛细凝聚的发生，Ⅳ型等温线较Ⅱ型等温线上升得快。中孔毛细凝聚填满后，如果吸附剂还有大孔径的孔或者吸附质分子相互作用强，可能继续吸附形成多分子层，吸附等温线继续上升。但在大多数情况下毛细凝聚结束后，出现一吸附终止平台，并不发生进一步的多分子层吸附。

Ⅴ型等温线与Ⅲ型等温线类似，但达到饱和蒸气压时因吸附层数有限，吸附量趋于一极限值。同时由于毛细凝聚的发生，在中等的相对压力下等温线上升较快，并伴有回滞环。

Ⅵ型等温线是一种特殊类型的等温线，反映的是无孔均匀固体表面多层吸附的结果（如洁净的金属或石墨表面）。实际固体表面大都是不均匀的，因此，很难遇到这种情况。

综上所述，由吸附等温线的类型反过来也可以定性地了解有关吸附剂表面性质、孔分布及吸附质与表面相互作用的基本信息（表 24-2）。吸附等温线的低相对压力段的形状反映吸附质与表面相互作用的强弱；中、高相对压力段反映固体表面有孔或无孔，以及孔径分布和孔体积大小等。

表 24-2　吸附等温线反映的吸附质与表面相互作用和孔径分布信息

作用力	微孔(<2nm)	中孔(2~50nm)	大孔(>50nm)
作用力强	Ⅰ型等温线 （分子筛、微孔活性炭、细孔硅胶）	Ⅳ型等温线	Ⅱ型等温线 （无孔粉体）
作用力弱		Ⅴ型等温线 （四氯化碳/硅胶）	Ⅲ型等温线 （溴/硅胶）

24.3.2　定量测定

（1）比表面积的测定

BET 法，是目前公认的测量固体比表面的标准方法，即采用二常数 BET 公式的直线形式，以 $\dfrac{p}{V(p_0-p)}$ 对 $\dfrac{p}{p_0}$ 作图，得到直线。直线斜率是 $\dfrac{C-1}{V_m C}$，截距是 $\dfrac{1}{V_m C}$，则 $V_m = \dfrac{1}{斜率+截距}$。从 V_m 算出固体表面铺满单分子层时所需的分子数，进而求出吸附剂的总表面积和比表面积。

为保证数据的可靠性，BET 法作图应该至少使用 5 个数据点。二常数 BET 公式适用 p/p_0 范围为 0.05~0.35。如果 BET 直线出现负截距，一般是由 C 值过大造成，这时使用有限吸附层数的三常数 BET 方程，可以得到较为可靠的单层吸附容量值，并由此计算表面积值。

（2）中孔体积和孔径分布的测定

气体吸附法测定孔径分布基于毛细凝聚现象，因此 Kelvin 公式是中孔体积和分布的基本计算模型。E. P. Barrett、L. G. Joyner 和 P. P. Halenda 提出了计算中孔分布的最经典方法——BJH 法。在计算中孔孔径分布时，还需要预先设定孔的形状模型。常用的等效孔模型包括圆柱形孔、平板孔和圆筒形孔等。其中圆柱形孔介于后两种孔形之间，所以孔分布计算大都选用这种孔形模型。但吸附-脱附过程的不可逆性源于吸附剂中发生毛细凝聚的中孔的几何结构，回滞环中吸附支和脱附支的分离是由于发生凝聚和蒸发时的液面情况不同。因此，选择吸附支和脱附支数据分别计算中孔分布时，可能给出不同的结果。根据吸附剂孔的几何形状与回滞环形状的关系，一般情况下，孔径计算应该采用脱附支。

（3）微孔体积和孔分布的测定

对于微孔材料而言，微孔体积和孔分布是衡量微孔材料孔性质最重要的指标。

微孔体积的求算需要选择合理的孔模型和相应的计算方法。

① D-R 方程，$\ln V = \ln V_0 - k\left(\ln \dfrac{p_0}{p}\right)^2$。D-R 方程适用于求算微孔活性炭和分子筛等微孔材料的孔体积。以 $\ln V$ 对 $\left(\ln \dfrac{p_0}{p}\right)^2$ 作图应得一直线，由截距可计算得微孔体积。

但 D-R 方程作图，直线两端常常发生线性偏离。高相对压力下的偏离是受 D-R 方程的适用范围所限，低相对压力下的偏离是由于活性扩散作用。D-R 方程作图也可能形成两条直线，这时可认为微孔样品存在两种尺寸的微孔。

② H-K 方程。G. Horvath 和 K. Kawazoe 从作为吸附作用基础的分子间作用力的角度推导了狭缝型孔的有效微孔半径与吸附平衡压力的关系式，并成功地应用于活性炭吸附数据微孔分布计算。随后 A. Saito 和 H. C. Foley 推导了圆柱形孔的 H-K 公式，L. S. Cheng 和 R. T. Yang 推导了球型孔的 H-K 公式以及吸附等温线的非线性校正，修正后的 H-K 公式可用于沸石和分子筛。现在 H-K 微孔分布计算法已经成为一种较普遍的分析方法。

H-K 方程将微孔尺寸与相对压力 p/p_0 相关联，因而根据等温线数据可得到吸附量与微孔尺寸的对应关系。选择合适的孔模型和修正公式可以计算 dV_r/dr-r 的孔分布。

H-K 方程和改进的 H-K 方程考虑了吸附质与吸附剂之间的相互作用，但该法受孔模型的选择和公式中有关物理参数值影响很大。因此，使用时要根据吸附质和微孔样品种类合理选择孔模型和方程参数。

24.4 实验

实验 24-1 | 含有微孔样品的吸附等温线测定及解析

一、【实验目的】

1. 了解物理吸附仪（Autosorb-iQ）的构造和功能。
2. 掌握物理吸附仪的原理和测试方法。
3. 熟悉数据处理的方法。

二、【实验原理】

氮气吸脱附法测定固体比表面和孔径分布是根据气体在固体表面的吸附规律。在恒定温度下，在平衡状态时，一定的气体压力，对应于固体表面一定的气体吸附量，改变压力可以改变吸附量。平衡吸附量随压力而变化的曲线称为吸附等温线，对吸附等温线的测定与研究不仅可以获取有关吸附剂和吸附质性质的信息，还可以计算固体的比表面和孔径分布。

根据吸附等温线定性推测吸附质与表面相互作用和孔径分布信息。吸附等温线的低相对压力段的形状反映吸附质与表面相互作用的强弱；中、高相对压力段反映固体表面有孔或无孔，以及孔径分布和孔体积大小等。

根据 BET 公式的直线形式定量计算样品比表面积：

$$\frac{p}{V(p_0-p)}=\frac{C-1}{V_m C}\times\frac{p}{p_0}+\frac{1}{V_m C}$$

如以 $\dfrac{p}{V(p_0-p)}$ 对 $\dfrac{p}{p_0}$ 作图，则应得到一条直线。直线斜率是 $\dfrac{C-1}{V_m C}$，截距是 $\dfrac{1}{V_m C}$，由此

可求得 V_m 和 C。从 V_m 可以算出固体表面铺满单分子层时所需的分子数。若已知每个分子的截面积，就可以求出吸附剂的总表面积和比表面积。

$$S = \frac{V_m}{22400} N_A \sigma_m$$

式中，S 为吸附剂的总表面积；σ_m 为吸附质分子的截面积；N_A 为阿伏伽德罗常数。

除此之外，美国康塔 Autosorb-iQ 还提供了 Langmuir、D-R、BJH、D-H、NLDFT 等计算模型来确定样品的比表面积，可根据样品选择相应的计算方法，以得到更为准确的结果。

目前常用的分析介孔的模型为 BJH，分析微孔的模型为 DFT。其中 BJH 可以利用吸附支或者脱附支去进行数据计算，但是应该注意假峰的出现，推荐参考吸附支给出的结果。具体使用什么模型，需要结合实际样品和孔分布范围去做选择。美国康塔 Autosorb-iQ 不仅提供了 BJH 和 DFT 计算模型，同时也提供了 S-F 和 H-K 等计算模型，S-F 用于分析氧化性表面材料的微孔分布，H-K 用于碳材料的微孔孔径分布。

美国康塔 Autosorb-iQ 已实现测定的自动化，但其中的基本原理是相同的。设置参数测试结束后，仪器会直接给出所需数据，并可根据实际情况对数据进行处理。

三、【仪器与试剂】

1. 仪器：物理吸附仪（美国康塔 Autosorb-iQ）。
2. 试剂：沸石，分子筛，液氮，高纯氮气，高纯氦气。

四、【实验步骤】

1. 检查仪器

向冷阱杜瓦瓶中添加液氮至约总容积的 4/5 处，并将其悬挂在正中的挂钩处；开机，并调试至正常工作状态。

2. 样品预处理

① 称量样品管空管质量（不含填充棒）。使用漏斗将样品倒入样品管内底部，使用毛刷清理样品管壁面和漏斗中残留的样品，并称量样品管＋样品的质量。

② 把样品管安装在脱气站上，脱气时不加填充棒，使用对应的加热包包裹住样品管，如果使用直形样品管需要使用夹子夹紧，球形样品管则不需要使用夹子。

③ 设置脱气温度、升温速率以及恒温时间，并输入样品名称、样品管质量及样品管＋样品质量，开始脱气。

3. 样品测试

① 脱气结束后，将样品管从脱气站取下，称重并记录，向样品管中加入填充棒，将样品管安装在分析站上［该仪器有两个分析站，左边为 Station 1（分析站1），右边为 Station 2（分析站2）］。向分析杜瓦瓶中加入恒温介质，并放置在分析站下方。

② 设置参数，并填写样品名称、样品质量、样品描述、脱气条件，开始测试。

4. 实验完毕

① 取下样品管，清洗晾干后入盒保存。

② 清理工作台，罩上仪器防尘罩，填写仪器使用记录。

五、【数据处理】

1. 将沸石、分子筛的比表面积、孔径填在表 24-3 中。

表 24-3　沸石的比表面积及孔径

参数	沸石	分子筛
比表面积/(m²/g)		
孔径/nm		

2. 将所测样品的吸附等温线及孔径分布作图,并分析所测样品具有何种吸附等温线。

六、【注意事项】

1. 样品管与填充棒易碎,请轻拿轻放。
2. 不要在杜瓦瓶的上方进行实验操作,防止有异物掉入杜瓦瓶。
3. 开机前检查钢瓶压力,钢瓶总压应大于 5MPa,出口压力应在 0.08MPa 左右。
4. 脱气时无须加填充棒,测试时需加填充棒,以减少样品管内的死体积,提高测试精度。
5. 检查密封 O 形圈的外观,如有污染可以用酒精清洗,如有破损、变形、裂纹则需要更换。
6. 使用球形样品管套入加热包时,需把加热包充分撑开后再将样品管的球形部分套入,以保护加热包的加热组件。
7. 在脱气站或分析站拧紧样品管时,需要用手拧至尽量紧,以减少漏气,但同时不要过紧而损坏 O 形圈。
8. 冷阱必须定期清理,至少 2 周清理一次(根据实际使用情况可以调整),关机前必须清理一次。
9. 只要是仪器的开机阶段,都要保证冷阱杜瓦瓶内随时有液氮。否则容易出现:数据曲线异常、曲线不闭合现象;冷阱管发生爆裂现象,十分危险;分子泵吸入杂质,导致分子泵异常甚至损坏现象等问题。

七、【思考题】

1. Ⅳ型等温线上会出现回滞环,请简要说明回滞环的种类和孔形的关系。
2. 为什么用氮气作吸附质?

实验 24-2 | 设计性实验

超细干粉灭火器中灭火剂的吸附等温线测定及解析

一、【实验目的】

1. 熟悉物理吸附仪(Autosorb-iQ)的构造和使用方法。

2. 掌握物理吸附仪的原理和测试方法，掌握数据处理的方法。
3. 掌握检索搜集资料的方法，并能根据文献资料设计实验方案。

二、【设计提示】

1. 超细干粉灭火器与普通干粉灭火器的区别是什么？
2. 超细干粉灭火器中的灭火剂主要成分是什么？
3. 超细干粉灭火器中灭火剂的哪些性质决定了灭火效率？

三、【要求】

1. 设计一种利用物理吸附仪测定超细干粉灭火器中超细干粉比表面积的方法。
2. 按照详细的设计实验方法，利用物理吸附仪测定超细干粉灭火器中超细干粉的比表面积，并写出详细的实验报告。

24.5 知识拓展

物理吸附常用的测量实验方法

物理吸附分析主要测量的是在一定温度下，样品吸附量与压力的关系，即吸附等温曲线。吸附量作为压力的函数可以由体积测量法（容量法）和重量分析法测得。

重量分析法是由一个灵敏的微量天平和一个压力传感器构成，可以直接测量吸附量，但是需要做浮力修正（而浮力是无法直接测量的）。重量分析法在以室温为中心的不太大的温度范围内进行时，是一种很方便的研究方法。

在重量分析法中，吸附质不能与温度调节装置直接相连，所以无论在低温或高温，都不容易控制和测量吸附质的真实温度。因此，在液氮温度下（77.35K）或液氩温度（87.27K）下测量氮气、氩气和氪气吸附主要依靠体积测量法。

体积测量法即真空容量法，是基于被校准过的体积和压力，利用总气量守恒实现的。利用进入样品管的总气体量和自由空间中的气体量的差值计算出吸附量。体积测量法和重量分析法都需要被测量吸附反应发生在静态和准平衡状态下。在准平衡状态下，被吸附气体以一定的低速率连续地进入样品管，而脱附曲线是通过压力的连续降低获得的。相关准静态平衡过程的最难点是时刻需要达到令人满意的平衡状态。为了检测这样的平衡状态，应该反复利用缓慢的气体释放速率（投气）进行分析。如果在两个不同的气体速率下获得相同的数据，就可以确认分析结果的正确性。这种方法的主要优势在于它能够达到真的平衡状态，并可得到极高分辨率的吸附等温线。

连续流动法和准静态平衡方法相反，是载气（氦气）和吸附气体（如氮气）的混合气流连续通过放有样品的流化床的方法。样品吸附氮气会引起气体组成的改变。热导检测器（TCD）可以监控这一变化，并由此计算出吸附量。这个方法仍然广泛用于单点比表面积的快速分析。

比表面积值是测出来的吗？BET 就是比表面吗？计算比表面积的方法有多少种？

比表面积值不是测出来的，是计算出来的。我们测量的是样品的吸附等温线，然后根据样品的特性，选择恰当的理论模型计算出样品的比表面积。所以，比表面的测定过程实际是一个分析过程。由于不同的人对样品的认知可能不同，对同一组吸附等温线的实验数据分析可能会报告不同的比表面积结果。因此，在"测定"比表面的时候，要牢记这是一个"分析"过程。

BET 法只是比表面分析方法中的一种理论。Langmuir 第一次揭示了吸附的本质，其方法是单分子层吸附理论，适合于仅有微孔的样品分析。BET 理论发表于 1938 年，其正式名称是多分子层吸附理论，是对 Langmuir 理论的修正。BET 是该理论的三个提出者姓氏的首字母缩写。由于 BET 法适合大部分样品，目前成为最流行的比表面分析方法。但 BET 法并不适用于所有样品，因此按介孔材料的分析方法分析微孔材料时，由物理吸附分析仪自动生成的 BET 比表面值是错误的。ISO9277—2010 和 IUPAC 都对含微孔材料的 BET 比表面分析方法及判断 BET 结果的方法做出了规定。

不同的理论模型给出的计算结果是不同的，所以要根据理论模型的假设条件，选择最适合样品性质的理论模型。大多数理论模型是根据发明人的名字或缩写命名的，能计算出比表面的理论模型包括 Langmuir、BET、BJH、D-R 和 NLDFT。NLDFT 是非定域密度泛函理论。研究表明，NLDFT 计算出的比表面值最接近真实值，并且该理论适用于微孔和介孔材料。

附：仪器操作规程及吸附理论

物理吸附仪（Autosorb-iQ）
操作规程

Langmuir 吸附等温式

BET 吸附理论

第25章 化学吸附法

固体与气体接触，有的气体在固体表面发生弹性碰撞，弹回气相，有的发生非弹性碰撞，在固体表面滞留一段时间才返回气相。吸附就是滞留的结果。按照吸附作用力来分，吸附作用力为化学键的吸附类型，称为化学吸附；吸附作用力主要是色散力的吸附类型，称为物理吸附。用于研究化学吸附的常用仪器为化学吸附仪，该仪器可广泛用于能源、环保、化工、烟草等领域，例如可分析测试烟草的保润性能、稀土材料的储氢/储氧性能、空气净化材料中的化学吸附剂对特定气体的吸附性能、催化剂的表面酸性/碱性、活性组分的分散度、比表面积及平均颗粒尺寸、表面吸附物种形态、烧结性能等等。

25.1 基本原理

化学吸附是一种表面现象，是催化反应在两相界面上的五个基元步骤之一。固体产生催化活性的必要条件之一是至少有一个反应物在其表面上进行化学吸附，其决定着反应物分子被活化的程度以及催化过程的性质。同物理吸附相比，化学吸附是单层吸附且具有选择性，其吸附热较高，表面分子与吸附质分子间真正化学成键。因此化学吸附经常用于研究催化剂活性位的性质和测定负载金属的金属表面积等。

化学吸附基于分子与表面之间的化学键力，只能在特定的吸附质和吸附剂表面之间进行，即选择性吸附。化学吸附遵循化学热力学的基本规律，用下式表示吸附过程：

$$A + S \longrightarrow AS \text{（S为表面吸附位，A为吸附物）}$$

化学吸附与温度、吸附热、表面覆盖度、吸附活化能等因素有关。反应物和产物分子在表面上的吸附强度及其相对大小，在很大程度上决定着催化过程进行的程度。吸附热可以作为吸附强度的标志，并可作为选择催化剂活性组分的依据。当吸附为催化反应的限制步骤时，吸附过程的速度对整个催化反应的速度和催化活性起着决定作用。通过吸附速度和吸附活化能的测定，配合其他的物理化学方法，可以区别不同类型的化学吸附，判断它们在表面反应中所起的作用，从而证明催化反应的机理。

化学吸附仪用于材料对于物质的吸、脱附性能研究。除了常规（常压）的 CO_x、NO_x、NH_3、H_2、O_2 等的吸脱附实验外，还可进行吡啶、苯、甲醛等有机物的吸脱附实验，具有真空、加压、负温等多种可选配的实验条件。化学吸附仪借助程序升温分析技术，研究催化剂表面分子在升温时的脱附行为和各种反应行为，可以获取以下重要信息：表面吸附中心的类型、密度和能量分布；吸附分子和吸附中心的键合能和键合态；催化剂活性中心的类型、密度和能量分布；反应分子的动力学行为和反应机理；活性组分和载体、活性组分和活性组分、活性组分和助催化剂、助催化剂和载体之间的相互作用；各种催化效应，如协同效应、溢流效应、合金化效应、助催化效应、载体效应等；催化剂的失活和再生。

化学吸附仪具有多种表征功能，能够对催化剂进行程序升温脱附（TPD）、程序升温还原（TPR）、程序升温表面反应（TPSR）等研究，也可对失活催化剂、干燥催化剂进行程序升温氧化（TPO）研究。利用化学吸附仪中的脉冲吸附技术还可对催化剂的酸性、表面金属分散度、金属与载体的相互作用等进行研究。这些分析方法的使用，在催化剂研制过程中起着至关重要的作用。

TPR 能够确定催化剂中可被还原成分的数量、开始被还原的温度、还原的截止温度等。

TPO 催化剂在完成 TPR 还原之后重新被氧化，确定被重新氧化部分占总共被还原部分的比例，用这个比例来反映催化剂的循环氧化还原性能。

TPD 确定催化剂表面可用活性点在吸附某种气体后，在一定温度下，这些被吸附的气体从表面活性点完全脱除时所需要的能量（解吸附能），以便通过解吸附能的大小反映催化剂的活性强弱。

脉冲化学吸附确定催化剂活性表面积、催化剂表面金属分散率、活性颗粒大小。

25.2 仪器组成与分析技术

25.2.1 化学吸附仪

化学吸附仪及其构造示意图如图 25-1 所示。整个系统分为气体净化和切换单元、反应和控温单元和分析测量单元。

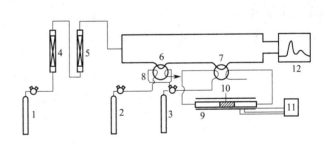

图 25-1 化学吸附仪及其构造示意
1—He；2—吸附气体；3—预处理气体；4—脱氧剂；5—脱水剂（5A 分子筛）；
6，7—六通阀；8—定量管；9—加热炉；10—固体物质；11—程序升温控制系统；12—热导池

切换六通阀 6 使载气不经过待测的固体物质，只让预处理气体通过。选择一定的温度、一定的气体预处理固体物质后，使固体物质保持某一温度，切换六通阀 6 使载气流经固体物质，通过六通阀 7 脉冲进某一吸附气体。当脉冲进样时，由于固体物质的吸附，第一个脉冲出来的峰面积最小（或没有峰），随着脉冲次数增加，峰面积增大，直到峰面积不变，可以认为固体物质表面已被吸附质吸附饱和（图 25-2）。

取达到饱和时的峰面积为标定峰（以 A_0 表示），已知每次脉冲进入的气体体积（标冲

状态）为 V_0，吸附量可按下式计算：

$$V=\frac{V_0}{A_0}[(A_0-A_1)+(A_0-A_2)+(A_0-A_3)+\cdots]$$

待吸附饱和后，继续用载气吹扫至热导基线平衡，以脱除物理吸附，然后进行程序升温。随着固体物质温度上升，预先吸附在固体物质表面的吸附分子，因热运动开始脱附。检测流出气体中脱附物的浓度变化，可得到 TPD 曲线。在许多情况下，由于吸附物与固体物质发生反应或吸附分子解离等化学过程，脱附产物并不是单一的原始吸附物质，其性质往往比较复杂。这时，应用质谱检测。

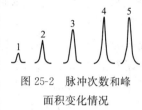

图 25-2 脉冲次数和峰面积变化情况

25.2.2 常用分析技术

（1）样品的制备

程序升温脱附技术虽不用复杂的超真空技术，但存在沾污表面的危险，必须保证表面的清洁。

对催化剂的预处理条件要进行严格控制，载气吹扫时间应以能否把气相和物理吸附的吸附质基本脱除干净为标准。在常压或几个大气压（1 个大气压为 101325Pa）的压力下进行，发生再吸附在所难免。只要当载气流速超过一定值后，T_m 值的变化就会小到可以忽略的程度，从而可认为，此时已基本抑制了再吸附现象。在程序升温中，对温度上升范围唯一实际的限制是固定相的热稳定性和载气流量的变化。

（2）程序升温脱附（TPD）

催化剂经预处理将表面吸附气体除去后，用一定的吸附质进行吸附，再脱去非化学吸附的部分，然后等速升温，使化学吸附物脱附。当化学吸附物被提供的热能活化，足以克服逸出所需要的脱附活化能时，就产生脱附。由于吸附质和吸附剂的不同，吸附质与表面不同中心的结合能不同，所以脱附的结果反映了在脱附发生时温度和表面覆盖度下过程的动力学行为。

在讨论 TPD 理论时，常常先从理想情况入手，即先讨论均匀表面上（全部表面在能量上是均匀的）的 TPD 过程。分子从表面脱附的动力学可用 Polanyl-Wingner 方程来描述：

$$K_d=v\exp\left(-\frac{E_d}{RT}\right)$$

式中，K_d 为脱附速率常数；E_d 为脱附活化能；v 为指前因子。

（3）程序升温还原（TPR）

TPR 技术可以提供负载金属催化剂在还原过程中金属氧化物之间或金属氧化物与载体之间相互作用的信息。在升温过程中如果试样发生还原，气相中的氢气浓度随温度变化而发生浓度变化，把这种变化过程记录下来就得到氢气浓度随温度变化的 TPR 图。TPR 原理为：一种纯的金属氧化物具有特定的还原温度，可以利用此还原温度来表征该氧化物的性质。两种氧化物混合在一起时，如果 TPR 过程中每一种氧化物保持自身还原温度不变，则彼此没有发生作用；反之，如果两种氧化物发生了固相反应的相互作用，氧化物的性质发生了变化，则原来的还原温度也要发生变化，用 TPR 技术可以记录

TPD 实验基本操作步骤

到这种变化。TPR 是研究负载型催化剂中金属氧化物之间以及金属氧化物与载体之间相互作用的有效方法。TPR 基本方程如下：

$$2\ln T_m - \ln \beta + \ln c_{H_2,m} = \frac{E_R}{RT} + \ln \frac{E_R}{\upsilon R}$$

式中，$c_{H_2,m}$ 为还原速率极大时的氢气浓度；E_R 为还原反应活化能；β 为加热速率；T_m 为峰极大值相对的温度；υ 为指前因子，$\upsilon = k \exp \Delta S/R$（其中 ΔS 表示吸附熵）。以 $2\ln T_m - \ln \beta$ 对 $1/T_m$ 作图为一直线，由直线的斜率可求得还原反应活化能 E_R。还原气流量、样品量、程序升温速率、还原气中 H_2 含量不同时，常会影响图的峰形。不同的金属氧化物，其图的峰高、峰宽、出峰温度，甚至出峰数，都会有所改变。如升温速度过慢，温度效应减弱，出峰不明显或缓慢，峰宽增大，形如馒头，这时很难确定其还原特征。为得到良好的谱图，不同金属氧化物的程序升温还原条件应标准化。

（4）程序升温氧化（TPO）

程序升温氧化（temperature-programmed oxidization，TPO）技术在原理以及装置、操作等方面与 TPR 极其相似。不同的是：TPR 通入的载气中含有一定量 H_2（或其他还原性气体），检测的是 H_2 的消耗量，主要研究金属氧化物之间以及金属与载体之间的相互作用；TPD 通入的是特定的吸附-脱附气体，主要研究活性中心的数目和强弱；TPO 通入的是 O_2 检测尾气中 O_2 与 CO_2 的含量，主要研究积炭、积炭的难度和发生的部位。

25.3 典型应用

25.3.1 催化研究中的应用

25.3.1.1 TPD 技术在催化研究中的应用

TPD 技术在催化剂表面酸性测定中的应用是 TPD 技术应用中最常见、最重要的应用之一。NH_3-TPD 法是目前公认表征分子筛表面酸性的标准方法。用于表征催化剂表面吸附物种种类的 TPD 技术主要有 O_2-TPD、H_2-TPD、NO-TPD 以及 CO_2-TPD 等。TPD 技术是研究金属催化剂表面性质的一种很有效的方法，它可以得到有关金属催化剂的活性中心性质、金属分散度、合金化、金属与载体相互作用以及结构效应和电子配位体效应等重要信息。

（1）催化剂表面酸性的研究

当碱性气体分子接触固体催化剂时，除发生气-固物理吸附外，还会发生化学吸附。吸附作用首先从催化剂的强酸位开始，逐步向弱酸位发展，而脱附则正好与此相反，弱酸位上的碱性气体分子脱附的温度低于强酸位上的碱性气体分子脱附的温度，因此对某一给定催化剂，可以选择合适的碱性气体（如 NH_3、吡啶等），利用各种测量气体吸附、脱附的实验技术测量催化剂的强度和酸度。其中比较常用的是程序升温脱附法，通过测定脱附出来的碱性气体的量，从而得到催化剂的总酸量。通过计算各脱附峰面积含量，可得到各种酸位的酸量。NH_3-TPD 法是目前公认表征分子筛表面酸性的标准方法。

分子筛的酸中心类型和酸中心数目对分子筛的催化作用起着重要作用，不同的催化反应所需要酸的强度和性质不同。可用 NH_3、C_2H_4 和 C_4H_8（1-丁烯）研究含硼分子筛的酸性质，这三种吸附质的碱性强度为：$NH_3 > C_2H_4 > C_4H_8$。采用碱强度不同的吸附质，可表征催化剂表面酸位的种类。分子筛表面的三种吸附位见图25-3。

（2）催化剂吸附性质研究

用于表征催化剂表面吸附物种类的 TPD 技术主要有 O_2-TPD、H_2-TPD、NO-TPD 以及 CO_2-TPD 等。如用 O_2-TPD 技术研究乙烷氧化脱氢制乙烯反应中，催化剂吸附活化氧物种的能力，根据催化剂的 O_2 脱附峰的出现温度和峰面积判断，峰面积大的催化剂，其吸附和活化气相氧的能力更强。

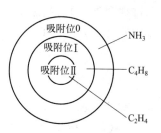

图 25-3　分子筛表面的三种吸附位

吸附位0吸附 NH_3，吸附位Ⅰ吸附 NH_3 和丁烯，吸附位Ⅱ吸附 NH_3、丁烯和乙烯。

25.3.1.2　TPR 技术在催化剂研究中的应用

TPR 技术在催化领域中的应用主要是提供负载型金属催化剂在还原过程中金属氧化物之间或金属氧化物与载体之间相互作用的信息。还原气流量、样品量、程序升温速率、还原气含量不同，常会影响图的峰形。根据不同的金属氧化物，其图的峰高、峰宽、出峰温度，甚至出峰数，都会有所改变。若总压不变，流量增大时，最高还原峰温会下降。如用 4% H_2/N_2 还原气，流量从 10mL/mL 增至 20mL/mL，温度下降 15~30℃，样品量增大时，常导致原来分立的峰互相重叠，甚至变为一个峰。

（1）催化剂还原性质的研究

程序升温还原（TPR）技术广泛用于催化剂还原性质的研究，从 TPR 图谱的峰温、峰形，可定性地分析催化剂的还原性质，常用的有 H_2-TPR 和 CO-TPR。相比而言，由于氢溢流，有时会给 H_2-TPR 的结果带来许多复杂影响，因而选用 CO-TPR，能提供更丰富的还原物种信息。但高温时，CO 容易发生歧化反应而生成 CO_2。这一点在实际操作中应特别注意。

（2）催化剂供氧活性和数目的研究

TPR 从本质上看就是氢和催化剂中活性氧包括表面氧与体相氧的反应。催化剂中活性氧的种类不同，它在 TPR 谱上也必然呈现不同的还原峰。氧的活性越大，数目越多，还原峰的起始峰温就越低，峰面积就越大，反之亦然。在 TPR 谱图上，根据峰温及峰面积的高低及大小，可定性地了解到催化剂的供氧活性及数目。对于已知某种催化剂的供氧活性和数目，用 TPR 技术验证是一种既方便又可靠的手段。

25.3.2　化工领域中的应用

（1）加氢裂化领域

加氢裂化催化剂通常需要在一定条件下进行预硫化才能获得较高的活性和选择性，因此研究催化剂的硫化性质具有重要意义。程序升温硫化（TPS）是研究此过程的最有效方法，此技术可使硫化过程更接近实际反应条件，因此比等温硫化更能代表工业硫化过程。

(2) 工艺参数优化

利用化学吸附仪研究温度、压力及湿度等对于催化剂吸脱附性质的影响，为催化剂选择最佳反应条件，从而确定工艺参数。

(3) 合成领域

甲醇合成领域常进行 H_2-TPD、CO-TPD 和 CO_2-TPD 实验，甲烷化催化剂常进行 CO-TPD、CO_2-TPD 实验，以上均是为了研究催化剂对于反应物和产物的吸脱附能力（间接体现转化能力）。

25.3.3 环境及能源领域中的应用

(1) 烟草领域

可用于分析测试吸附材料对于卷烟的降焦减害性能，烟用添加剂在烟草上的吸附性能，以及烟草原料的保润性能。仪器可在高真空、高压、超低温和高温条件下工作，实现催化反应、程序升温还原（TPR）/脱附（TPD）/氧化（TPO）/表面反应（TPSR）以及脉冲滴定等。

(2) 能源领域

利用化学吸附仪进行 H_2-TPD/O_2-TPD 测试储氢/储氧材料（如稀土材料）的性能。煤炭行业，如山西煤化所，用化学吸附仪测定选择性催化还原脱硝催化剂对 NO、NH_3 等反应气的吸脱附能力。

(3) 环保领域

环保及卫生监测部门等采集室内空气样品，利用化学吸附仪测定甲醛含量是否超标，测定空气净化材料中的化学吸附剂对特定气体的吸附性能。

25.4 实验

实验 25　NH_3 程序升温脱附-质谱分析（NH_3-TPD-MS）研究分子筛酸度的设计实验

一、【实验目的】

1. 掌握化学吸附仪的使用。
2. 掌握程序升温脱附（TPD）的测试方法。
3. 了解 NH_3-碱性气体化学吸附催化剂酸性位的实验原理。

二、【实验原理】

当固体物质或预吸附某些气体的固体物质，在载气中，以一定的升温速率加热时，检流出气体组成和浓度的变化或固体（表面）物理和化学性质变化的技术，称为程序升温技术。NH_3-TPD法是目前公认表征分子筛表面酸性的标准方法。当 NH_3 气体分子接触催化剂时，会发生气-固物理吸附和化学吸附。吸附从催化剂的强酸位开始，逐步向弱酸位发展，而脱附则正好与此相反，弱酸位上的碱性气体分子脱附的温度低于强酸位上的碱性气体分子脱附的温度，对于酸性分子筛，利用 NH_3 气体吸附、脱附的实验技术测量催化剂的强度和酸度。通过测定脱附出来的碱性气体的量，从而得到催化剂的总酸量。通过计算各脱附峰面积，可得到各种酸位的酸量。

三、【仪器与试剂】

1. 仪器：TP-5080 化学吸附仪，OmniStar 质谱仪。
2. 试剂：不同基底的分子筛 $10Co_5CE/CNTs$，$10Co_5CE/C$，$10Co_5CE/SiO_2$。

四、【实验步骤】

① 称取 100mg 催化剂。
② 在高纯 H_2/N_2 气氛中（3mL/min）程序升温至 400℃并恒温 1h。
③ 降温至 100℃，通入 NH_3 气流 5min，吸附饱和后，用 N_2 吹扫走基线。
④ 采用 TCD 检测，以 10℃/min 的升温速率进行程序升温脱附至 800℃。
⑤ 尾气接入质谱仪进行检测。

五、【数据处理】

1. 从机器导出温度、强度数据。
2. 以温度为横坐标，强度为纵坐标作图，绘制不同基底分子筛的 TPD 曲线，并对峰面积积分。

六、【注意事项】

当样品在 400℃预处理后，降至吸附温度 100℃，在一定时间内吸附饱和，然后将气体切换为载气 N_2，吹扫除去物理吸附的部分，同样待基线稳定后开始程序升温脱附（升温至 800℃）。

七、【思考题】

1. 不同基底的分子筛酸性有何不同？
2. 酸性位与吸附曲线的对应关系是什么？

25.5 知识拓展

吸附理论的发展历程

我国胶体与表面化学的主要奠基人傅鹰在他的胶体科学绪论中说："一种科学的历史是那门科学最宝贵的一部分。科学只给我们知识，而历史却给我们智慧。"因而，了解吸附研究的发展概况既可以使我们继承前辈的优秀的研究成果，又可以在开拓新的研究领域中少走弯路。

吸附作用在生活与生产活动中应用的历史起源已不可考。例如，在远古时期人们可能已经知道草木灰、木炭可除去空气中的异味和湿气，这种应用延续至今。公元前5世纪古医学创始人Hippocrates就知道用炭可除去腐败伤口的污秽气味。这些都是气体在固体表面吸附的早期应用。我国考古工作者发现，在马王堆汉墓出土的帛画上有36种颜色，这实际上是织物对燃料吸附的应用。

18世纪60年代开始的工业革命代表了当时生产力的急速发展，吸附研究成果也正是这一时期才以科学论文的形式发表的。

1777年A. F. Fontana在其论文中指出，在水银表面冷却的新燃烧的木炭能吸着几倍于其体积的气体。与此同时，瑞典化学家C. W. Scheele发现木炭在加热时放出的气体，在冷却时又会被木炭吸着。1785年俄国科学家T. Lowitz发现炭可脱除溶液中的有色物质。在其他一些人的工作中记载有木炭净水、除湿等。这些工作都是定性观察和描述。

1814年瑞士学者T. de. Saussure首先指出吸着气体的过程伴随有热量的释出，即这一过程是放热过程。1881年Kayser提出了吸附这一术语，指出吸附是气体在空白表面上的凝聚，它与吸收完全不同。吸着这一术语是McBain于1909年提出的，它包括吸附、毛细凝结和吸收。

吸附方法应用于工业部门起始于18世纪末与19世纪初叶，吸附方法开始用于气体分离和净化的工业操作。吸附作用在初级工业中应用促进了基础研究的发展。吸附热力学、吸附动力学及多种吸附模型的理论成果在19世纪末至20世纪初相继发表。

美国物理学家和化学家J. W. Gibbs在1873年至1878年期间对经典热力学规律进行了总结，提出了Gibbs吸附公式。这一成果对处理气液和液液界面的吸附研究更为方便。

在解决防毒气问题工作的基础上，N. A. Shilov提出了床层吸附动力学的方程式。1911年德国胶体化学家R. A. Zsigmondy为了解释孔性固体吸附等温线滞后环现象，提出了毛细凝结理论，该理论是微孔吸附剂吸附的理论依据。1914年匈牙利外科医生M. Polanyi提出了吸附势理论，但并未能给出明确的吸附等温式。1916年I. Langmuir提出了单层吸附理论，得出了简单的吸附等温式——Langmuir方程。单分子吸附理论是后续发展的BET多层吸附理论的基础。在此之前，经验的Freundlich吸附等温式问世。

20世纪初多相催化开始迅速发展。BET的多分子层吸附理论和BDDT对气体吸附等温线的分类就是在这种历史背景下提出的。20世纪40年代末科学家Dubinin提出了D-R公式。该公式用于得出微孔体积、吸附能及微孔孔结参数。20世纪50年代以后，气体吸附理论的发展主要表现为对原有气体吸附理论的修正与补充、混合气体的吸附研究、吸附热力学和吸附动力学的研究、不均匀固体表面的吸附研究、化学吸附研究等。

附：仪器操作规程

化学吸附仪的操作规程及注意事项

第 26 章　流变学分析法

流变学涉及多个学科分支，如聚合物、化工、石油、生物、食品、化妆品、金属等，流变学主要是研究物质的流动和变形的一门科学。流变学测量是观察高分子材料内部结构的窗口，通过高分子材料，诸如塑料、橡胶、树脂中不同尺度分子链的响应，可以表征高分子材料的分子量和分子量分布，能快速、简便、有效地进行原材料、中间产品和最终产品的质量检测和质量控制。

26.1　基本原理

对某一物体外加压力时，其内部各部分的形状和体积发生变化，即所谓的变形。流动的难易程度与流体本身的黏性（viscosity）有关，因此流动也可视为一种非可逆性变形过程。对固体施加外力，固体内部存在一种与外力相对抗的内力使固体保持原状。此时在单位面积上存在的内力称为内应力（stress）。对于外部应力而产生的固体的变形，当去除其应力时恢复原状的性质称为弹性（elasticity）。把这种可逆性变形称为弹性变形（elastic deformation），而非可逆性变形称为塑性变形（plastic deformation）。实际上，多数物质对外力表现为弹性和黏性双重特性，我们称为黏弹性，具有这种特性的物质我们称为黏弹性物质。

剪切速率与剪切应力是表征体系流变性质的两个基本参数。在流速不太快时可以将流动着的液体视为由若干互相平行移动的液层所组成的，液层之间没有物质交换（即层流）。各层的速度不同，便形成速度梯度 dv/dh，或称剪切速率。流动较慢的液层阻滞着流动较快液层的运动，使各液层间产生相对运动的外力叫剪切力，在单位液层面积（A）上所需施加的这种力称为剪切应力，简称剪切力（shear stress），单位为 N/m^2，即 Pa，以 τ 表示。剪切速度（shear rate），单位为 s^{-1}，以 γ 表示。

流变学的研究对象主要为非牛顿流体和黏弹性材料。
① 非牛顿流体。不满足牛顿黏性定律的流体。
② 黏弹性材料。同时具有黏性和弹性的材料，如凝胶、高分子溶液等。

牛顿流体只具有黏度特性，通常不具有任何弹性，例如低速流动的水、甘油等。牛顿流体的黏度不随剪切速率变化而变化，只和温度有关。对于液体，黏度一般随温度升高而下降；对于气体，黏度随温度升高而增大。

非牛顿流体是指所有不满足牛顿黏性定律的流体，其黏度随温度和剪切速率变化而变化，具有剪切变稀、触变性、屈服应力、黏弹性等。实际上大多数液体不符合牛顿黏性定律，如高分子溶液、胶体溶液、乳剂、混悬剂、软膏以及固-液的不均匀体系等。根据非牛顿流体流动曲线的类型把非牛顿流动分为塑性流动、假塑性流动和胀塑性流动三种。具有屈服应力流体的流动曲线及三种流体的流动曲线如图 26-1 所示。

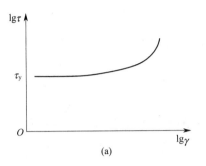
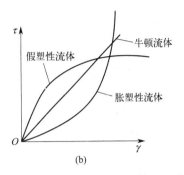

图 26-1　具有屈服应力流体的流动曲线（a）和牛顿流体、假塑性流体、胀塑性流体的流动曲线（b）

黏度的数据通常具有"透视"（window through）的功能，材料的其余性质可以经由黏度获得。由于黏度比其他性质更容易测量，因此黏度可以作为判别材料特性的工具。

影响材料流变学
性质的因素

26.2　仪器组成与分析技术

26.2.1　旋转流变仪

常用的流变仪分为旋转流变仪、毛细管流变仪和同轴圆筒式流变仪三种。

压力型毛细管流变仪（恒速型）的构造如图 26-2(a) 所示，其核心部件是位于料筒下部的给定长径比的毛细管；料筒周围为恒温加热套，内有电热丝；料筒内物料的上部为液压驱动的柱塞。物料经加热变为熔体后，在柱塞高压作用下从毛细管中挤出，由此可测量物料的黏弹性。

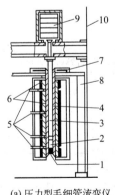
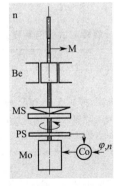
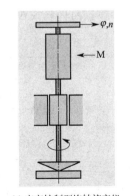

(a) 压力型毛细管流变仪　　(b) 应力控制型旋转流变仪　　(c) 应变控制型旋转流变仪

图 26-2　流变仪示意图

1—毛细管；2—物料；3—柱塞；4—料筒；5—热电偶；6—加热线圈；
7—加热片；8—支架；9—负荷；10—仪器支架

旋转流变仪分为 CMT（电机与传感器一体式结构）应力控制型和 SMT（电机与传感器分离式结构）应变控制型两种，如图 26-2(b) 和（c）所示。

从流变测量的角度来看，流变仪在测量过程中无外乎要为我们提供样品下面几个方面的数据和功能：

① 力学数据：流变学参数中的剪切应力。
② 运动和位移数据：流变学参数中的剪切速率、应变。
③ 温度控制：基本测量条件。
④ 数据采集和分析计算。

其中，①和②方面的数据都是由测量头部分提供的，测量头由电机、光学编码器、空气轴承、法向力传感器等几部分组成。流变仪中的流变学参数与仪器各部件的关系如表 26-1 所示。

表 26-1 流变仪中的流变学参数与仪器各部件的关系

流变学参数		仪器参数	电子参数
黏度	剪切应力	扭矩	电流
	剪切速率	转速	光栅计数
模量	剪切应力	扭矩	电流
	剪切应变	偏转角度	光栅计数

26.2.2 常用分析技术

（1）流动特性——旋转测量

旋转测试中使用连续的旋转来施加应变或应力，以得到恒定的剪切速率，在剪切流动达到稳定时，测量由流动变形产生的扭矩，因此，也称为稳态测量。旋转测试有两种方法，一种是控制剪切速率，即旋转速度（或剪切速率）为设定参数，扭矩（或剪切应力）为测试参数；另一种方法是控制剪切应力，即扭矩（或剪切应力）为设定参数，旋转速度（或剪切速率）为测试参数。两种模式对比如表 26-2 所示。

表 26-2 旋转测试的两种模式对比

控制剪切速率模式	控制剪切应力模式
恒定剪切速率： 测量样品在某一个或几个恒定剪切速率下的黏度、剪切应力，如 shear rate（剪切速率）=10s^{-1}，time profile（数据采集时间的控制模式）=5s（固定时间），温度=25℃，测量点=20 个（可以任意多个）	恒定剪切应力： shear stress（剪切应力）=1Pa，取点时间为 10s
线性变化的剪切速率： 在某一范围内，按照线性规律逐渐改变剪切速率，如剪切速率由 1s^{-1} 升高到 100s^{-1}，线性规律变化	线性变化的剪切应力： 剪切应力由 0.1Pa 升高到 100Pa，线性规律变化，观察样品的黏度、剪切速率随剪切应力的变化
对数变化的剪切速率： 对数规律+点数/数量级	对数变化的剪切应力： 按照对数规律逐渐改变剪切速率

旋转测量后，可以用流变学模型（方程）对测量结果进行拟合，观察样品的流变学特性是否与模型相吻合，并计算出能够表征样品流变学特点的关键参数。常用的几种分析模型如表 26-3 所示。

表 26-3　常见的几种流变模型

流变模型	Ostwald 模型	Bingham 模型	Herschel-Bulkley 模型
适用对象	没有屈服应力的非牛顿流体	塑性流体	有一定屈服应力的非牛顿流体
方程	$\tau = c\gamma^P$ τ 为剪切应力，γ 为剪切速率，c 为流动系数，P 为流动指数	$\tau = \tau_B + \eta_B \gamma$ τ_B 为屈服应力，η_B 为流动系数	$\tau = \tau_{HB} + c\gamma^P$ τ_{HB} 屈服应力，c 为流动系数，P 为流动指数
曲线	剪切增稠，$P>1$；理想黏性流动，$P=1$；剪切变稀，$P<1$	τ_B 屈服应力，η_B	假塑性，$P>1$；胀塑性，$P>1$；τ_{HB}

（2）变形特性——振荡测量

振荡测试也叫动态测试，主要是用来研究材料在交变外力或应变作用下的流变特性。振荡测试原理同样基于平行板模型，见图 26-3。下板静止不动，上板的面积是 A，在剪切应力 F 的作用下位移 s，样品的厚度 h（上下板间隙）不变，样品在两板之间受到以 s 为振幅的往复剪切。样品与两板之间的黏附良好，在测试中无壁滑移现象，同时样品在两板之间各处产生的变形是相同的。因此，可以定义以下变量：

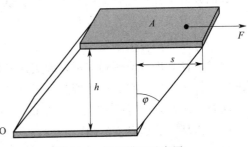

图 26-3　平板模型示意图

$$\tau = F/A, \quad \gamma = s/h, \quad G = \tau/\gamma$$

26.2.3　仪器保养

① 实验结束后及时清理仪器和测量系统，保持清洁状态。
② 使用溶剂清洗夹具时勿污染 Toolmaster（自动识别和配置工具）部件。
③ 严禁使用坚硬工具清理测量系统，避免造成夹具表面划伤。
④ 仪器开机状态下，保证压缩空气通畅。
⑤ 关机状态下，必须安装轴承保护套。
⑥ 定期进行空气检查、调整电机和检测标准油。
⑦ 建议每年进行一次专业的维护保养。

26.3 典型应用

(1) 材料的剪切黏度测定

控制剪切速率，测量样品在某一个或几个恒定剪切速率下的黏度、剪切应力；也可以控制剪切应力在某一范围内，按照线性规律逐渐改变剪切速率，可以由低到高，也可以由高到低，观察样品的黏度、剪切速率随剪切应力变化的规律。

(2) 振荡测量

振荡测试也叫动态测试，主要是用来研究材料在交变外力或应变作用下的流变特性。如材料的储能模量、损耗模量和复数黏度等。振荡测试的模式有应变控制模式(CSR)和应力控制模式(CSS)。

(3) 材料的线性黏弹区测定

通过对样品进行应变扫描来确定样品的线性黏弹区。可以用来确定线性黏弹区的变量有G'（储能模量）、G''（损耗模量），$\tan\delta$（损耗因子），在大多数情况下用G'来确定材料的线性黏弹区，因为G'最敏感，当应变超过线性黏弹区时，G'首先出现变化。在测试开始时，G'和G''是两个恒定的值，假设定义G'和开始测试时的恒定值的偏差为5%（一般在3%~10%之间）时为线性黏弹区的终点，那么认为小于这个偏差范围的点就在线性黏弹区内，大于这个偏差范围的值就在线性黏弹区范围之外。

(4) 样品流动点的测定

通过对样品进行应变扫描可以确定样品的流动点（前提条件是$G'>G''$）。在线性黏弹区范围内，样品为凝胶状态；随着振幅逐渐增大，G'、G''出现交点，随后$G''>G'$，样品表现出流动态。因此，G'、G''的交点，即$G'=G''$的点，称为流动点。

(5) 样品零剪切黏度的测定

对于非交联聚合物熔体或浓溶液，在频率扫描中，低频率区的复数黏度会出现一个平台区，当频率（剪切速率）低于一定程度后，黏度趋于一个恒定值，这个值就是样品的零剪切黏度，通过Carreau/Yasuda模型可以计算此零剪切黏度的值。

(6) 化学反应过程中的流变测试

当需要用流变学研究某一化学反应过程时，常用时间扫描或温度扫描进行测试，最常见的应用是热固性聚合物（如环氧树脂、聚酰亚胺等）的固化过程、凝胶反应过程、UV固化反应过程、氧化分解过程等等。

(7) 温度变化过程中的流变测试

温度是影响材料流变学性能的首要因素，因此研究温度对材料性能的影响是非常重要的。按照材料性能和研究目的的不同，大致有以下几种情况：①在研究温度范围内没有相变和化学反应，只研究温度对样品力学性能、热力学性能的影响；②在研究温度范围内只有物理相变，没有化学反应，如熔融、凝固、结晶等过程；③在研究温度范围内不仅有物理相变，也有化学反应发生，如固化、化学凝胶、氧化分解等。

26.4 实验

实验 26 | 流变仪法测定牙膏的流变特性

一、【实验目的】

1. 熟悉安东帕流变仪的构造和使用方法。
2. 掌握流变仪测定牙膏流变特性的原理和方法。
3. 掌握零剪切黏度的计算方法,掌握牙膏储能模量、损耗模量和复数黏度的测试方法。

二、【实验原理】

对于非交联聚合物熔体或浓溶液,在频率扫描中,低频率区的复数黏度会出现一个平台区,当频率(剪切速率)低于一定程度后,黏度趋于一个恒定值,这个值就是样品的零剪切黏度,通过 Carreau/Yasuda 模型可以计算此零剪切黏度的值。

$$n_o = \lim_{\omega \to 0} |n^*(\omega)|$$

三、【仪器与试剂】

1. 仪器:旋转流变仪(安东帕),标准模具。
2. 试剂:牙膏 A,牙膏 B,牙膏 C 和乙醇等。

四、【实验步骤】

1. 检查仪器

开机预热 60min,并调试至正常工作状态。

2. 配制系列标准溶液

① 将不同品种的牙膏放入标准模具中,25℃下制备直径 25mm、厚度 1.5mm 的标准样品。

② 选用剪切振荡模式,应变 $r=5\%$,$T=25℃$,$f=0.01\sim10Hz$。

3. 实验完毕

① 实验完毕,关闭电源。用乙醇清洗实验台及实验磨具。

② 清理工作台,罩上仪器防尘罩,填写仪器使用记录。

五、【数据处理】

1. 将牙膏 A、牙膏 B 和牙膏 C 在不同频率下的复数黏度填入表 26-4 中。

表 26-4　牙膏 A、牙膏 B 和牙膏 C 在不同频率下的复数黏度　　　单位：Pa·s

频率/Hz	复数黏度		
	牙膏 A	牙膏 B	牙膏 C
0.01			
0.05			
0.1			
1			
10			

2. 以频率为横坐标，复数黏度为纵坐标作图，绘制牙膏复数黏度随频率变化的工作曲线，用 origin 软件推导出牙膏的零剪切黏度。

六、【注意事项】

牙膏在剪切过程中出现剪切变稀情况，重复试验时应取新鲜样品测试。

七、【思考题】

1. 不同牙膏之间的零剪切黏度不一样是什么原因？是否和添加剂有关系？
2. 剪切黏度和储能模量与损耗模量之间有什么关系？

26.5　知识拓展

流变学发展史

麦克斯韦在 1869 年发现，材料可以是弹性的，又可以是黏性的。对于黏性材料，应力不能保持恒定，而是以某一速率减小到零，其速率取决于施加的起始应力值和材料的性质。这种现象称为应力松弛。许多学者还发现，应力虽然不变，材料却可随时间变形，这种性能就是蠕变或流动。

经过长期探索，人们终于得知，一切材料都具有时间效应，于是出现了流变学，并在 20 世纪 30 年代后得到蓬勃发展。1929 年，美国在宾厄姆教授的倡议下，创建流变学会；1939 年，荷兰皇家科学院成立了以伯格斯教授为首的流变学小组；1940 年英国出现了流变学家学会。当时，荷兰的工作处于领先地位，1948 年国际流变学会议就是在荷兰举行的。法国、日本、瑞典、澳大利亚、奥地利、捷克斯洛伐克、意大利、比利时等国也先后成立了流变学会。

流变学的发展同世界经济发展和工业化进程密切相关。现代工业需要耐蠕变、耐高温的高质量金属、合金、陶瓷和高强度的聚合物等，因此同固体蠕变、黏弹性和蠕变断裂有关的流变学迅速发展起来。核工业中核反应堆和粒子加速器的发展，为研究由辐射产生的变形打下了基础。

在地球科学中，人们很早就知道时间过程这一重要因素。流变学为研究地壳中极有趣的地球物理现象提供了物理-数学工具，如冰川期以后的上升、层状岩层的褶皱、造山作用、地震成因以及成矿作用等。对于地球内部过程，如岩浆活动、地幔热对流等，可利用高温、高压岩石流变试验来模拟，从而发展了地球动力学。

在土木工程中，建筑的地基的变形可延续数十年之久。地下隧道竣工数十年后，仍可出现蠕变断裂。因此，土壤流变性能和岩石流变性能的研究日益受到重视。

附：仪器操作规程

安东帕 MCR302 流变仪操作规程

第八篇　虚拟仿真实验

大型仪器虚拟仿真实验教学是指利用计算机技术、网络技术、仿真技术和信息技术，在计算机上建立起一套反应性与真实分析仪器完全相同的虚拟分析系统进行教学，是对传统实验的拓展、补充、延伸和提升。学生直接在计算机上通过虚拟仿真软件了解特定型号仪器的结构、原理，还可以进行具体的实验模拟操作，从而掌握不同大型仪器的使用方法。

开展虚拟仿真教学的必要性和重要性：

（1）节约优质资源，实现优质实验教学资源共享

由于经费不足、条件受限等原因，目前许多高精端的大型仪器比如透射电子显微镜、核磁共振仪以及 X 射线衍射能谱很难在普通高等院校广泛使用，这样就造成了普通院校的学生很难接触到这些大型精密仪器，不利于我国高等人才的培养。大型仪器虚拟仿真实验项目的开设可以有效地解决这一弊端，实现优质实验教学资源的共享，提高普通院校人才的素质。

（2）生动形象，利于加深对仪器内部结构、原理的认识

传统的仪器分析实验主要采用讲授、演示、学生操作的手段进行教学，学生难以理解大型仪器的内部结构以及工作原理，而大型仪器虚拟仿真软件在每个教学模块都涉及实验仪器的内部结构、原理及使用流程的介绍和练习，因此，学生可以通过学习和练习加深对仪器的结构、原理的认识。同时，可以缓解实验教学与理论教学的不同步性，对传统实验教学进行有效的补充，可强化实验操作技能，使相关课程的教学质量和教学水平得到稳步提高。

（3）绿色环保，实现节能教学环境

传统的大型仪器实验涉及较多大型仪器，然而每台大型仪器都需要一定环境的实验室，同时多种大型仪器设备存在辐射等危害，而大型仪器虚拟仿真实验教学只需要建成虚拟仿真实验室，安装电脑及相关软件即可进行实验教学，不仅节约了购置大型仪器所需的高额费用、实验场地，而且还满足学生反复练习的需求，同时绿色化的虚拟实验室可以开设一些因污染或者安全问题而不易实施的仪器分析实验，是创建绿色、环保、节能实验室的一种有效方式，也是实际实验教学的有力补充。

（4）赛教互促，提高教学质量

学科竞赛不仅可以提高学生实践能力和综合应用能力，还有利于提高学生的创新能力，大型仪器虚拟仿真实验是许多竞赛中的一部分内容，因此，积极开展大型仪器虚拟仿真实验，有利于学生参加各种仪器分析或者分析检验比赛，提高学生的竞争力，达到以赛促学的目的。

第27章 虚拟仿真实验项目

具体实验项目：
(1) 核磁共振氢谱法测乙酰乙酸乙酯
(2) 液质联用仪检测猪肉中的瘦肉精
(3) 火焰原子吸收分光光度计分析茶叶中的铅含量
(4) 气相色谱法检测小青菜中的拟除虫菊酯
(5) 透射电子显微镜测二氧化硅形貌及粒径
(6) X射线光电子能谱仪测水泥粉末的元素组成及价态